人工知能と哲学と四つの問い

Ohmsha

はじめに

２０１９年末、私達の日常に突如として侵入してきた新型コロナウイルス。その影響は瞬く間に全世界に広がり、多くの人々の生活や仕事のスタイルに大きな変化をもたらしました。リモートワークという働き方が広まり、対面での会議や打ち合わせの多くがオンラインに置き換わりました。

この激動の時代、私達の日常により深く浸透したのがＡＩ（Artificial Intelligence：人工知能）技術でした。オンライン会議でのバーチャル背景や音声ノイズの除去、自動文字起こしなど、ＡＩの活用は至るところに見られました。さらに、音声アシスタント、自動運転技術、医療診断支援システムなど、ＡＩサービスは私達の生活に急速に浸透していきました。

コロナ禍の影響がやや薄れた今、社会の中に新たな格差や分断が生まれています。リモートワークを継続している人々がいる一方で、元のオフィス出勤に戻った人々もたくさんいます。製造業や農業、物流、建設などの現場で働く多くの人々にとっては、リモートワークは全く縁のない世界の話です。コロナ禍により加速したＡＩの浸透に恩恵を受けて、収入を大きく増やした人々がいる一方で、失業したり、低い賃金で苦しい生活を強いられたりしている人々も大勢います。以前から広がりつつあった格差や分断が、コロナ禍を経てより顕著になりました。

２０２２年の終わり頃から爆発的に普及した大規模言語モデルなどの生成ＡＩ技術は、ＡＩの存在感をさらに高めました。ChatGPTをはじめとする対話型ＡＩサービスの登場により、誰もが簡単にＡＩ

の力を体験できるようになりました。しかし、ＡＩ技術の急速な発展は、新たな疑問も生み出していま す。例えば、スマートフォンの音声アシスタントは本当に私達を理解しているのでしょうか？ ＡＩを搭載した自動運転車が引き起こした事故の責任はどこに帰すべきでしょうか？ ＡＩが生成した文章や画像の著作権は誰に帰属するのでしょうか？ ＡＩは本当に人間の仕事を奪ってしまうのでしょうか？ ＡＩの発展は社会の中の格差や分断をさらに広げてしまうのでしょうか？ これらの問いは、単なる技術的な課題を超えて、私達の社会や倫理、そして人間の本質に関わる深い哲学的な問題を提起していま す。

歴史を振り返ると、哲学の議論が世界の進む方向性に大きな影響を与えてきました。17世紀のデカルトの合理主義哲学は近代科学の発展を支え、18世紀のルソーやロックの社会契約説は民主主義の基盤となりました。20世紀には、サルトルらの実存主義哲学が個人主義や自己実現の概念をかたち作りました。さらに、哲学はテクノロジーの発展にも深く関わっています。論理学や言語哲学の発展がコンピュータの理論的基盤を支え、「開かれた社会」や「公共圏」といった概念がインターネットの理想的な姿を描く土台となりました。このように、哲学は単なる抽象的な思考にとどまらず、科学技術や社会システムの発展に具体的な影響を与えてきたのです。

今、私達はまた一つの大きな歴史的転換点に、ＡＩが社会と文明を根本から変えつつある現場に立ち会っています。ＡＩと哲学の新たな関係を、哲学をはじめとする、いわゆる人文知の領域の研究者の方々との対話の中から見出すことで、これから私達が向かうべき方向について何らかのヒントが得られないだろうか？ この本の企画は、そんな問いかけから生まれました。

ＡＩの「地図」をのぞいてみよう

ＡＩは「人工的な知能」を作り出すことを目指す学問です。しかし、その定義や範囲は時代とともに変化してきました。コンピュータサイエンス、認知科学、神経科学、哲学など、さまざまな分野が交わる学際的な領域なのです。１９３０年代には、今のＡＩにつながる考え方がアラン・チューリングによって提唱されており、長い歴史をもっています。

ＡＩの扱う範囲は非常に広く、その全体像を把握するのは非常に難しくなっています。そこで、人工知能学会では「ＡＩマップ」という見取り図を作成しました。これは、ＡＩ研究を始めたい人や、ＡＩを活用したい人達が、ＡＩの世界を理解するための「地図」のようなものです。

ＡＩマップの「技術マップＤ」（図1）を見てみましょう。この地図の外側にはＡＩのいろいろな使い方を示すキーワードがたくさん並んでいますが、真ん中の「ＡＩフロンティア」という部分はほとんど空っぽです。ドーナツみたいな形をしているのです。

数学や物理学のような伝統的な科学には、その分野の基礎となる重要な理論があります。例えば、数学には「代数学」や「幾何学」、物理学には「力学」や「電磁気学」があります。

しかし、ＡＩにはまだそういった「基礎となる理論」がはっきりとあるわけではありません。むしろ、「知能とは何か」という問いそのものが、ＡＩの大切な研究テーマなのです。ＡＩを作ろうとする中で「知能」の正体を探っているというわけですね。

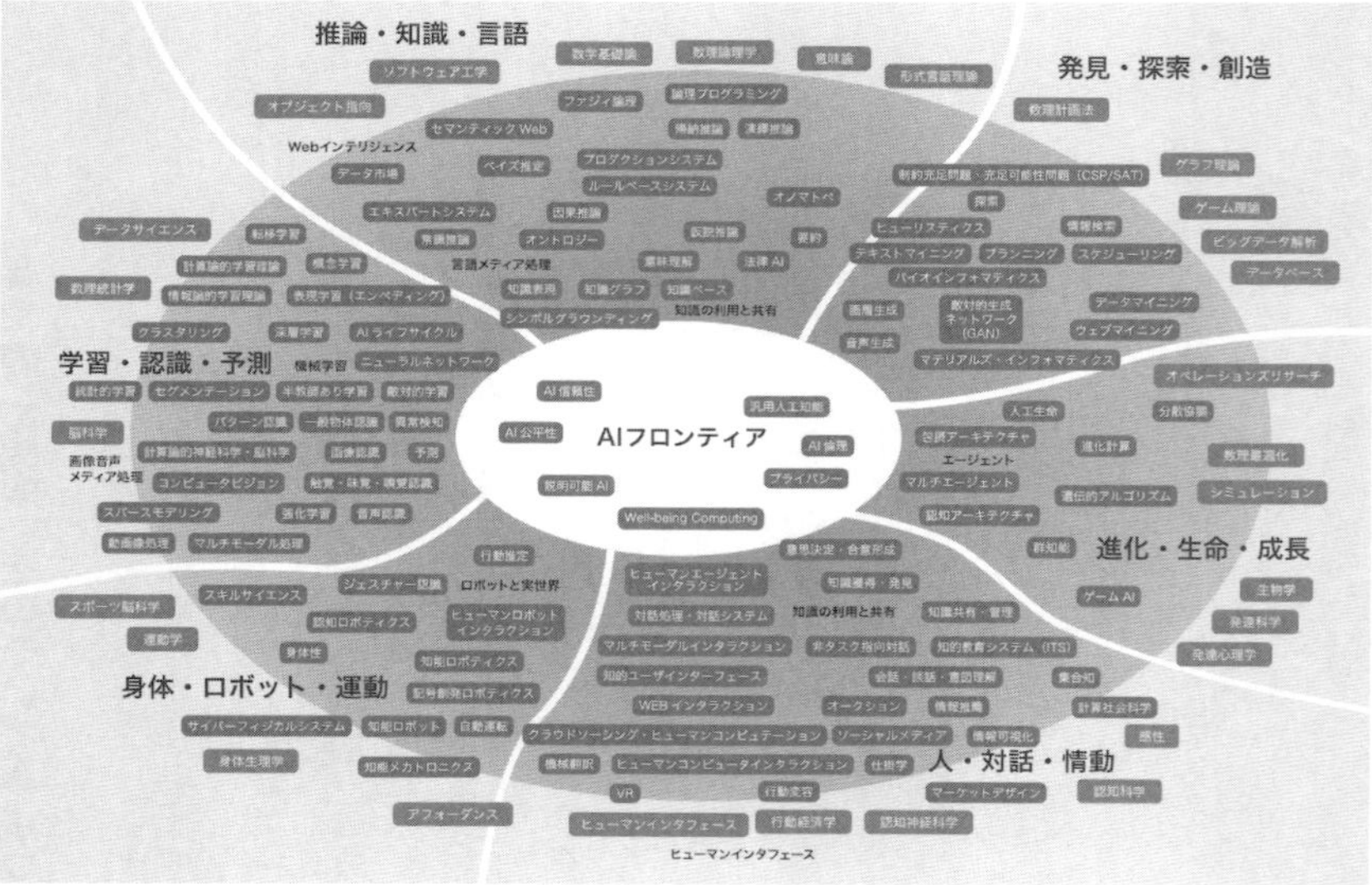

図1　人工知能学会 AIマップβ 2.0 技術マップD「AI研究は多様 フロンティアは広大」
AIマップ ― 人工知能学会（https://www.ai-gakkai.or.jp/aimap/）

AIと哲学の深いつながり

ＡＩは長い間、確立された「基礎となる理論」がないことで批判されてきました。日本におけるＡＩ研究のパイオニアの一人である松原仁先生（元・人工知能学会会長、現・京都橘大学教授）は、東京大学に学生として在籍されていた１９７０年代、ある教員に人工知能を研究したいと相談したところ、猛烈に反対され、「そんなことをやるやつは人間のクズだ」とまで言われてしまったそうです。当時は、ＡＩは「まともな学問」ではないと思われていたのかもしれません。

普通の科学は、物事を細かく調べる「分析的」なやり方をします。一方で、ＡＩは物事を組み立てながら本質を探る「構成的」なやり方をとります。これは、さきほどの技術マップＤ（図１）でよく表されています。ドーナツの真ん中の空洞部分は、まだはっきりしていないＡＩの基礎を表していて、それは哲学の領域とも重なっています。

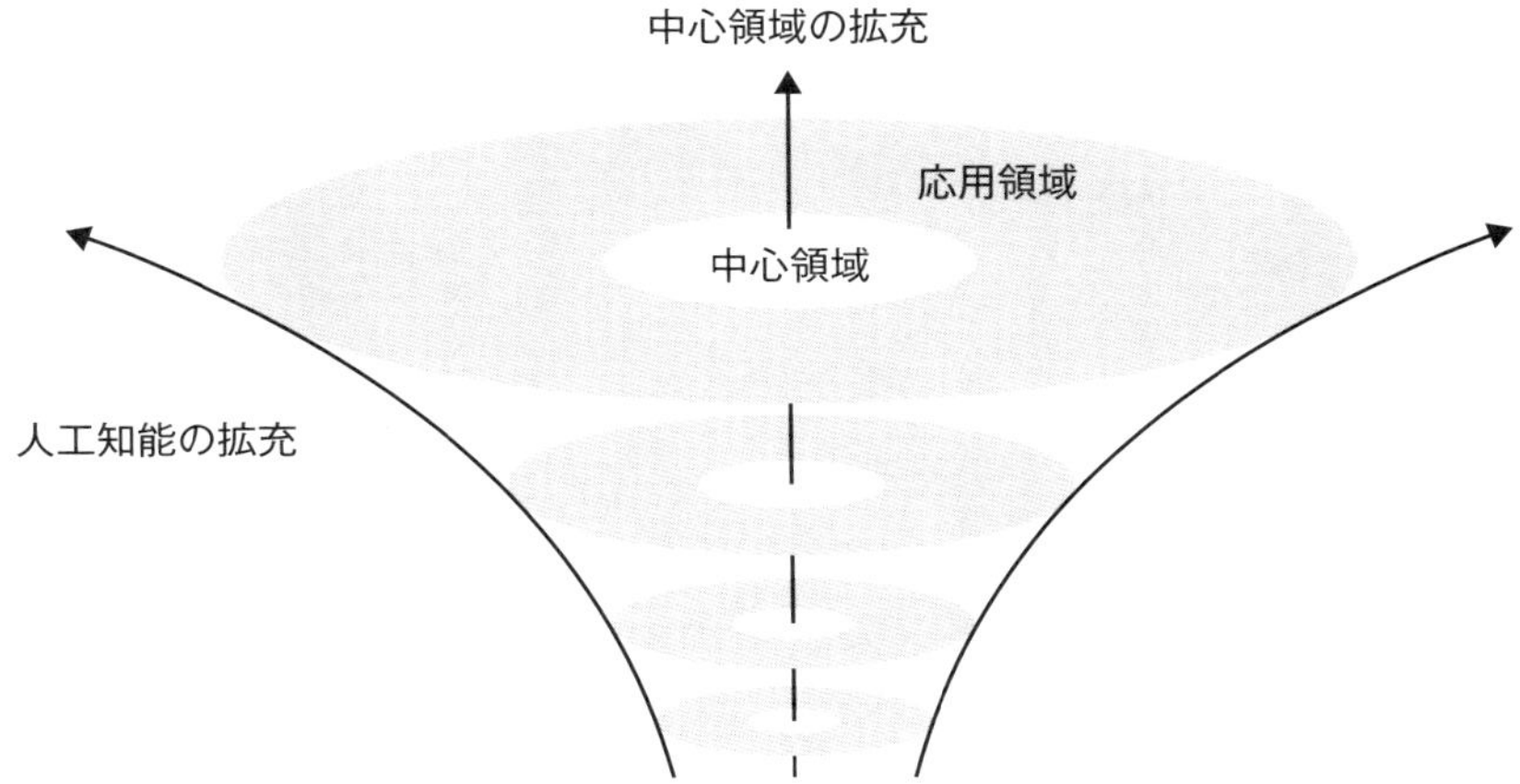

図2　AIの発展

ＡＩの基礎を探るには二つの方法があります。一つは、理論を深く考える方法。もう一つは、実際にＡＩを作って動かしてみて、そこから基礎を探る方法です。例えば、「ディープラーニング（深層学習）」という技術がなぜうまくいくのかを数学的に考えるのが前者、ディープラーニングを様々なところで使ってみて、その特徴や限界から基礎を探るのが後者です。

ＡＩの歴史を見ると、哲学的な問いを中心に据えながら、応用範囲を広げ、そこからまた新しい問いが生まれる……というサイクルを繰り返して発展してきたことがわかります（図2）。

50年代から60年代にかけて、ＡＩは最初のブームを迎えました。アメリカの軍や大企業が自動翻訳などの研究に大金を投じたのです。でも、思ったほどの成果が出ず、ＡＩへの投資は減ってしまいました。これを「ＡＩの冬」と呼びます。

しかし、この「失敗」から新しい発見もありました。ＡＩには何ができて何ができないのか、その限界がわかってきたのです。そこから「フレーム問題」などの新しい考え方が生まれ、哲学者達の注目を集めました。

80年代には第二のＡＩブームが来ます。今度は日本が中心となって、専門家の知識をコンピュータに詰め込む「エキスパートシステム」の研究などに大きな投資が行われました。しかし、こちらも期待したほどの成果は得られず、再び「ＡＩの冬」を迎えます。

その頃、哲学者達は「機械は本当に考えられるのか」「コンピュータに心はあるのか」といった深い問いを議論し始めました。「中国語の部屋」や「シンボルグラウンディング問題」など、今でも影響力のある考え方が生まれたのもこの時期です。これらの議論は、今のＡＩ研究にも大きな影響を与え続けています。

しかし、ＡＩと哲学の関係は、必ずしも円満ではありませんでした。「人間の心とは何か」「コンピュータは本当に考えているのか」といった問いを巡って、ＡＩ研究者と哲学者の間に対立が生まれました。日本のＡＩ研究の草創期を振り返った記事[*1]では、こんなエピソードが紹介されています。

> 若手のAI研究者と若手の哲学者がAIの可能性について議論するという企画に参加したが、議論がまったくかみ合わなかった。哲学者側は「コンピュータで人間の知能を説明できるなんてありえ

＊1　斉藤康己、中島秀之、片桐恭弘、松原 仁「AIUEOのはじまりからおわりまで」（人工知能学会誌、Vol.35, No.2, pp.257-261, 2020）

ない。そもそもそんなことを考えるのが不遜だ」と批判。ＡＩ研究者側は「やってみなければわからない。コンピュータを使うのは研究の方法論であって、方法論を頭ごなしに否定するのは理解できない」と反論。結局、お互いの主張がかみ合わず、後日ＡＩ研究者は「頭の固い計算機学者」と批判されてしまった（一部編集）。

この「すれ違い」は日本だけの問題ではありませんでした。アメリカでも、ＡＩ研究者と哲学者の間で似たような対立が起きていたようです。当時のＡＩはまだ未熟で、できることも限られていました。ＡＩの研究は哲学の考え方に頼る部分が大きかったのですが、同時に哲学者とＡＩ研究者の間では建設的な対話が難しかったのです。

このように、ＡＩと哲学の関係は最初から複雑でした。でも、この複雑な関係が、後のＡＩ研究に深みを与えることにつながります。

２０１０年代から始まった第三次ＡＩブームで、ＡＩと哲学の関係が大きく変わりました。ディープラーニングという新しい技術が登場し、ＡＩはより実用的になりました。同時に、「シンボルグラウンディング問題」などの哲学的な問題にも新しい答えを示すようになったのです。

しかし、新しい課題も生まれました。最新のＡＩの本質を理解するには、コンピュータの仕組みや高度な数学の知識が必要になってきました。哲学の世界では、こうした新しい知識をまだうまく取り入れられていない部分もあります。そのため、急速に発展するＡＩに対して、哲学が少し遅れをとっているようにも見えます。

それでも、多くの哲学者がこの新しい現実に向き合おうとしています。ＡＩが変えつつある世界に対応した、新しい哲学の必要性を感じ、そのための努力を続けているのです。

今、哲学者とＡＩ研究者が一緒に話し合える場所をつくることが大切なのではないか。そうすることでＡＩの健全な発展を支える新しい哲学が生まれるかもしれない。この本の元となった企画はそんな思いから生まれました。先進的な取り組みをしている哲学者やＡＩ研究者の方々に協力していただき、新しい対話の場を作ろうとしたのです。幸い、多くの方々にこの思いにご賛同いただき、実現することができました。

これからのＡＩに向き合うための「問い」の大切さ

コロナ禍の中、２０２０年4月、私の恩師である故・長尾真先生（元京都大学総長、1936 – 2021）が、「危機に直面して」と題したオンライン講演をされました。[*2] その中で長尾先生は、こんな困難な時期だからこその「ものごとの本質について考える」大切さを語られました。

コロナ禍で、学会や研究会もすべてオンラインになりました。発表や質疑応答はできても、研究者ど

*2 長尾真元京都大学総長「危機に直面して」（国立情報学研究所YouTubeチャンネル、２０２０年4月28日公開）

うしが自由に交流する機会が減ってしまいました。そこで私達人工知能学会は、学会誌で「ＡＩ哲学マップ」と題したレクチャーシリーズ（２０２１年3月号～２０２２年11月号に連載）を企画しました。これは前述の課題意識に加え、コロナ禍で自由な交流が制限されていた時期、読者の方々一人ひとりが「ものごとの本質について考える」きっかけになればと思って始めたものです。この本は、その連載をまとめたものです。10組21名の哲学者とＡＩ研究者に参加していただき、Zoomを使って熱い議論を交わしました。三宅陽一郎さんが司会、私（清田）が監修、大内孝子さんが記事を書くという形で進めました。実は、コロナ禍だったからこそできた企画なのです。みんながオンライン会議に慣れたおかげで、距離を気にせず議論ができるようになったのです。それにより、ＡＩの未来につながる大切な「問い」をたくさん見つけることができました。これは、私達の予想以上の成果でした。

そんな10組の対談・鼎談から生まれたさまざまな「問い」を、この本では四つの大きな問いにまとめました。

人工知能にとってコミュニケーションとは何か
人工知能にとって意識とは何か
人工知能にとって社会とは何か
人工知能にとって実世界とは何か

これらの問いはどれも私達の未来に関わる大切なものです。ＡＩとどう付き合っていくべきか、ＡＩ

を使って何ができるのか、そんなことを考えるヒントがたくさん詰まっています。
「哲学って難しそう」と、遠い存在に感じるかもしれません。でも実は、私達の日常生活にとても近い存在なのです。この本をきっかけとして、ＡＩのこと、そして私達人間のことを、ぜひ考えてみてください。家族や友達との何気ない会話の中で「ＡＩってこれからどうなっていくんだろう」なんて話題にしてみるのも面白いかもしれません。

最後に、この本を作るのに協力してくださったたくさんの方々に心からのお礼をお伝えしたいと思います。対談・鼎談に参加いただいた皆様、人工知能学会の皆様、オーム社の皆様ほか、多くの方々のご協力なくしては、この本を世に出すことはできませんでした。とくに、堤富士雄氏・森川幸治氏・市瀬龍太郎氏・植野研氏を中心とする皆様によって作られた人工知能学会「ＡＩマップ」からは、多くのヒントをいただきました。本当にありがとうございました。

そして、長尾真先生。先生が最晩年に出された私家本『情報学は哲学の最前線』からも多くのことを学びました。残念ながら、この本に参加していただくことはできませんでしたが、先生が投げかけた「人間はどうあるべきか」という問いを胸に、これからもＡＩの健全な発展のために微力ながら取り組んでいきたいと思います。

清田　陽司（麗澤大学・株式会社FiveVai）

目次

問い3 人工知能にとって社会とは何か

問い4 人工知能にとって実世界とは何か

［凡例］
- 対談の内容に関しては、原則として収録当時のままとした。
- 標題に表記している所属機関に関しては、対談時のものを表記した。

問い1

人工知能にとってコミュニケーションとは何か

人とAIのコミュニケーション

伊藤亜紗 × 西田豊明

共存在としての人工知能

石田英敬 × 坂本真樹

人とAIのコミュニケーション

伊藤亜紗（東京工業大学）×西田豊明（福知山公立大学）

人とAIはどのように関わっていくのか。そのヒントになるのは、やはり人と人のコミュニケーションだろう。視覚障害、吃音、認知症、幻肢痛など身体のテーマから人間を考える伊藤亜紗氏、会話を研究する西田豊明氏の対話から、コミュニケーションについて探る。［2021年10月30日 収録］

フェーズ0

三宅：まずは伊藤亜紗先生のご研究、経歴や自己紹介などをお願いいたします。

伊藤：伊藤と申します。所属としては東京工業大学という理系の大学に所属していますが、美学を専門にしています。美学がどういう学問かというと、哲学の兄弟というふうによくいわれます。哲学と同じように言葉を使って分析をしていく学問です。ただ哲学とは違う点があって、哲学は基本的に言語で問いを立てるわけですね。存在とは何か、時間とは何かというような形で言葉を使って問いを立てて、それを言語で分析していくという方法を採ります。それに対して私が専門とする美学は、人間のやっていることのすべては言葉では表現できないというところからスタートしています。つまり、言葉にしにくい部分を、言葉を使って分析するというところが哲学と美学の違いになります。具体的には、人間の感性であったり、身体感覚であったり、芸術作品を見たときの印象であったり、そういった言葉にすることがすぐにはできないような、そういう人間の活動をあえて言葉を使って分析する。そうすることで感じることも深まっていくし、さらに言葉にしにくいものとの出合いで言語もどんどん深まっていく、そんな学問だというふうに私は理解しています。

美学に限らず、西洋の科学一般がそうだと思いますが、人文系も理系もいろいろなことを一般化して分析してきました。私は特に人間の身体ということに関心をもっているのですが、哲学・美学は人間の身体一般というものを抽象化して扱ってきたという経緯があります。それはつまり西洋の白人男性の身体です。だから、文献を読んでも自分のリアリティにしっくりこないことがたくさんある。例えば、出産も最近まで哲学の問題には取り上げられてきませんでした。やはり何かずれているところがあるなと思わざるを得ないわけですね。私としては抽象度をちょっと下げて、具体的な身体の多様性、「みんなが違う身体」というものに迫るような美学をしたいと思っています。

何をしているかというと、障害をもった方にいろいろお話を聞くフィールドワークをしています。基本的に美学ではフィールドワークはしないのですが、私はフィールドワークをして、これまで本に書かれていなかった、視覚障害であったり、聴覚障害であったり、吃音をもっている人であったり、認知症であったり、手足を切断した人であったり、人によって全然違う身体の完成のされ方みたいなところを

図1　対談風景（上段左：清田、上段右：伊藤、下段左：西田、下段右：三宅）

調査して、自分自身にはわからないなりにも、こうなのではないかということを言葉にする仕事にしています。

そういうふうに身体を分析していると、基本的には人間の身体は思いどおりにならないというところに行き着くことがあります。こうしたいと思っても身体が思いどおりに動いてくれない。どうしても計画どおりにいかない世界というところにズブズブと入っていくのが身体の研究で、その辺りがおそらく人工知能の研究と対極に見えて、もしかしたら本質的にはつながっているかもしれない部分になるのかなと思っています。

三宅：人工知能は話すにしろ動くにしろ、なるべくなめらかに動作をさせようとします。「詰まる」というのはあまり良くないことだと言われますが、ただ人間も吃ることがありますし、身体がうまく動かないこともある。これがむしろ知能の本質なのではないかなと思って、先生のご研究や著書を読ませていただいております。続いて、西田豊明先生に自己紹介と経歴をいただきたいと思います。

西田：これまであまり話してこなかったことを中心に、今日の対談への期待も含めてお話をさせていただきます。僕は大学2年生の頃からＡＩに興味をもち始めたので、数えるともう47年もＡＩの研究を続けてきたことになります。ただし、長くやっていたからといって直接的なメリットにはつながらないなと最近感じています。

ＡＩの教科書の早期の定番は、ニルス・ニルソン[*1]のＡＩ、パトリック・ウィンストン[*2]のＡＩ、20世紀型ＡＩを集大成したスチュアート・ラッセル[*3]とピーター・ノーヴィグ[*4]のエージェントアプローチくらいですが、僕はニルソンのＡＩから始まったものの、学んでいるうちにこれはちょっと違うかなと

＊1　ニルス・ニルソン（Nils Nilsson, 1933 - 2019）、アメリカの計算機科学者。著作『Problem-Solving Methods in Artificial Intelligence』（1971年、邦訳『人工知能―問題解決のシステム論』、合田周平、増田一比古訳、コロナ社、1973年）は当時の人工知能研究者の必読書であった。

＊2　パトリック・ウィンストン（Patrick Winston, 1943 - 2019）、アメリカの計算機科学者。1972年から1977年までＭＩＴ人工知能研究所の所長を務めた。著作『Artificial Intelligence』（1977年、邦訳『人工知能』、長尾真、白井良明訳、培風館、1980年）はＭＩＴ人工知能研究所での講義をまとめたもの。

＊3　スチュアート・ラッセル（Stuart Russell, 1962 - ）、イギリス出身の計算機科学者。カリフォルニア大学バークレー校人類互換人工知能センター（ＣＨＡＩ）の創設者。ピーター・ノーヴィグとの共著『Artificial Intelligence: A Modern Approach』（1995年、邦訳『エージェントアプローチ―人工知能』、古川康一監訳、共立出版、1997年）は世界中の大学で教科書として使われている。

＊4　ピーター・ノーヴィグ（Peter Norvig, 1956 - ）、アメリカの計算機科学者。ＡＣＭおよびＡＡＡＩのフェロー、研究本部長（Director of Research）を務める。

思ってウィンストンのＡＩ、さらにエージェントアプローチのほうに進みました。しかし、それらは今、ほとんど消えてしまいました。

最初に取り組んだのは自然言語理解です。自分の話し相手になるような、日常的な会話ができるだけではなくプロフェッショナルな問題を自分と一緒に考えてくれるＡＩをつくりたかったのです。自然言語理解に取り組み始めた後、言語の奥に潜んでいるものに興味をもつようになり、定性推論[*5]の研究を始めました。式を解いたり数値計算をしたりするのではなくて、頭の中の数理的な思考プロセスをＡＩに模倣させたかったのです。しかし、やってみると強力な数学力が必要なことがわかり、これは自分にも研究室の学生にも手に負えないし、「自分と一緒に考えてくれるＡＩ」という初めの思いから乖離しつつあると思いました。そこで、学生も含めてみんなで取り組めそうなマルチエージェントシステムの研究に焦点を移しました。小さな知能が協力して複雑なことをする分散知能みたいなことをやりたかったのです。ですが、やっているうちにまた「自分と一緒に考えてくれるＡＩ」からの乖離が始まって、同じ過ちをしていると思い始めました。そして、コミュニケーションのほうに舵を切り直しました。

「会話情報学」という言葉を使い始めたのは２０００年ぐらいからです。今は、コモングラウンド――共通の心の拠りどころ――を中心に研究しています。歳をとってくると自分で問題を解くことはできなくなります。新しい問題を見つけても誰かが解いてくれるのを待たなければなりません。他方、論文と

＊5
人間は、日常的な事象を理解する際に必ずしも具体的な数をもち出して方程式でとくようなことはしない。増える、減る、変化しない、というような定性的な情報をもとに推論を行っている。定性理論は、そうした人間の推論過程をモデル化したもの。

いう形で成果を出さなくてもよいと決め込んでしまえば、好きなスタイルで取り組めるので、自由度は大きいですね。会話の研究には適していると思います。

会話と対話の違いには強いこだわりをもっています。そこも今日議論できればと思っています。僕は、対立的な要素があるから対話が始まる、対立的な要素を消そうとして対話が行われると考えています。では、会話はどうか？　会話では、対立する要素があってもよいけれど、何か共通のものをどんどん発展させていくことが中心になると考えています。短い時間で終わり、問題が解決するのが良い対話だとすると、話が続き、どんどん広がっていくのが良い会話かなと思っています。

コミュニケーションは非常に大事な話題ですが、ＡＩの話題として取り組むのは非常に難しい。他方、対話は取り組みやすい。なぜ取り組みやすいかというと、対話はうまくいったか、うまくいってないかということを評価しやすいからです。人間とＡＩの対話において、ある問題が片付いたら、「そのＡＩは対話がよくできました、良い点をあげましょう」という感じで点数がつけやすいわけです。会話になると、どういう発展の仕方が良いかというのは人によって違っています。そういうことは今の科学研究の対象にはなりにくい。突き詰めてみると、それは個の問題なのです。

伊藤先生の本の中で、普遍的なものを狭めていくのだけれど、あまり狭めすぎて個に入ってしまうと学問にならないと書かれているところがあったと思うのですが、僕はそこに挑戦したいのです。本当に個別のことも学問として取り上げるべきなのではないかと思っています。というのは、学問的に何かを解明することで人を救うことが求められるとすると、個の問題に入っていかざるを得ないからです。たった一人の自分だけの問題であっても、それに対して、学問は知見をつくり出して提示する必要があるのではないかと思っています。ただ、そのような役割を果たすのは、もしかすると芸術かもしれないし、ほかの学術分野かもしれません。

フェーズ1　「個」に踏み込む

三宅：会話と対話の違いというのは、まさに人工知能の研究者が無意識の中でうまく避けてきたところかもしれません。ここでまず、今、西田先生からあげていただいた個の問題と普遍の問題、そこを議論の出発点にしたいと思います。これは非常に興味深い着眼点だと思っていまして、どちらかというと個の問題や一人の問題に向き合ってきたのは哲学あるいは美学、芸術、いわゆる人文系的な発想で、普遍というとサイエンティフィックなところ、学問の中でもかなりフォーマルなところが扱ってきたという歴史があります。では、会話を考えるという意味で個の問題にまで踏み込むべきなのか、あるいはその手前で終わるべきなのか。伊藤先生はいかがでしょうか？

伊藤：私は『目の見えない人は世界をどう見ているのか』（光文社新書、2015年）の中で、個別的なものはサイエンスにならないというふうに書いてはいますが、西田先生がおっしゃるように、実はそれこそが重要で、アカデミズムも個に向かわなければいけないと強く思っています。

自分はいつも小説の手前で寸止めをしているという自覚はあって、これ以上いくと小説になるという手前で本を書いています。本は論文とは違うので個の問題が書けるのです。2019年に出した『記憶する体』（春秋社、２０１９年）では完全に個の問題を扱っています。障害を得たときに人がそれに対してどういう工夫をするかというと、それまでの経験から何らかの答えを探します。例えば、ある方が難病になったとき、在日朝鮮人三世で在日として生きてきた考え方とか、困難に対する向き合い方をその難病のためにちょっと変形して使うみたいなことがあります。その人の中で変形が起こっていくというのは本当に偶然で、個でしかない、そういうものにも光を当てたいと思っています。

面白いことに、個と個が会話をしたときに不思議な抽象化が起こります。最近、私は自分でいろいろな人にインタビューをすることにあまり興味がなくなってきて、違う障害の人にゴールのない会話をやってもらうということをしています。例えば、視覚障害で盲導犬と暮らしている人と最近片足を切断して義足をつくった人が話をする。最初は二人には全然接点がありません。それが1時間くらい会話をしていると何か共通点が見えてきます。このときは「自分の身体の一部のような、そうでないような存在」としての盲導犬と義足について、その距離感などに会話が進んでいきました。お互い違うものを念頭に置いているのに、抽象化された「身体の一部であるような、そうでないようなもの」に関しては話ができるのです。そうなると会話のトーンもシンクロしてきて、最終的に二人の会話がママ友の会話のようになってきて、「最近、うちの子こうなのよ」みたいな感じで、会話のモードを二人でつくり始めるまでになります。

個と個が出会ったときに何らかの抽象化が起きて、その抽象化がそれぞれの個からすると、自分がもっている問題や感覚を全然違う角度からもう一度見返す視点を与えられるわけですよね。自分と盲導犬の問題だと思っていたけれど、義足から見るとこうなんだ、みたいな。違う角度で語られることで楽になる部分がある。それは最初から狙ってつくれるものではなくて、本当にその人とその人だからこその偶然の接点です。個はそもそも重要ですが、そういう意味で個と個が出会って抽象化されたときの面白さというのも、同時に重要なのかなというふうに思います。

西田：今のお話はメタファーにも関わっていて、話をしているうちに体験の中の構造の同型性に気が付いていくということなのかなと思います。

僕も理系の教育を受けていますから、20世紀型の学術の強力さはよくわかっています。おそらく20世紀型学術を基盤にするほうが当面の話が速く進んでいくと思います。他方、アメリカの昔のＡＩを見ていてすごく良いなと思うのは、彼らが個別で具体的なところから入っていることです。彼らは、最初のシステムを頑張ってつくり込んで、それを一般化していくというアプローチを採ります。それに対して、日本は理論から入ってきたという印象があります。自分の若い頃の教育を振り返ってみると、一般的なものがあって、それを具体的・個別的なものへと応用していくことによってよりよいソリューションが得られる、というふうな教わり方をされてきました。それがいまだに続いているような気がします。

三宅：西田先生とは理化学研究所のプロジェクトでご一緒させていただきましたが、共同研究者にイランのご出身のMaryam Sadat Mirzaeiさんがおられて、イランにおける買い物の会話というのを実際に採録されたり、個別の会話をいろいろ集めたりして、そこから会話というものを研究しようというアプローチを採られていますよね。そういう西田先生のアプローチと、伊藤先生の自分ではない他の人の会話を外から眺めていろいろな研究を進めようというアプローチ、実に似ているなと思います。

西田：会話の研究をするときに、工学的、ＡＩ的なアプローチだけでは全然知見が足りないので、会話の専門書をずいぶん参考にしました。いわゆる会話分析みたいな本がとても参考になりました。社会学、エスノメソドロジー*6に端を発する会話分析では、個別の会話を書き取って解釈する形を採ります。解釈した人にその根拠を聞くと「自分がそう思ったから」というので、客観性は危ういところがありますが、会話の研究をするとき、そういう世界から学ぶところがたくさんありました。

伊藤：私は会話に関してそれほど専門的に何かをやっているわけではないのですが、ずっと考えたいなと思っているのは認知症の方の会話です。例えば、前に京都のお年寄りを訪問したときに、その方はもともと学校の校長先生で、私が「今日は新幹線で横浜から来ました」と挨拶をすると、その元校長先生の方は人事について話し始めたのです。これだけだと過去に執着をしているお年寄りのように見えますが、よくよく聞いてみると、人事がいかに勝手に決められるものだったか、校長先生であったとしてもトップダウンでくる人事を受けるしかなかった、という話なのです。私が突然来たということをその方なりに解釈しようとして、新任の先生が来たという理解をされたわけです。

認知症の方の会話は表面的には飛んでいるように見えるけれども、逆にとても柔軟というか、応答可能性（レスポンシビリティ）をすべてオンにしている状態で会話をしているようにも思えます。自分が理解するものの外部から何かがやってくる機会が我々よりも非常に多いわけで、それを常に解釈し続ける会話をしているのだと思います。認知症の方は頑固だというふうに言われるし、もちろんそういう面も

＊6 エスノメソドロジーとは、社会学における質的調査の方法論の一つ。日常的な行動や振る舞いから、人間が世界をどう構築するかを調査、分析する。

確かにありますが、むしろ柔軟に、どんな突拍子もない球でもキャッチしてしまう。その会話力がとても面白いと思っていて、いつか認知症の方の会話を分析したいとずっと思っています。

西田：以前、テレビできんさんとぎんさん[*7]の会話を見たときの印象ですが、お二人にとっては言葉のキャッチボールをすること自体が重要であり、言葉の内容はあまり関係ないという側面があるみたいだと思いました。

「ターンテーキング」は、相手から発言が終わったというシグナルを受け取ってから自分が話を始めるというメカニズムで、通常はこれが会話のルールだと思われているのですが、そうではないスタイルもあります。他の人にお構いなく、会話参加者が好きなことをぽんぽんと言い合うというスタイルもあるというわけです。サン人[*8]の研究をされている京都大学の菅原和孝先生[*9]という文化人類学者が、サン人の会話では車座になって叫び合うのだと書かれていたことを思い出します。日本はどうなのかというと、僕が子供の頃の、田舎の路上の会話はそんな感じでしたね。挨拶をするときは、みんなが一斉に言

*7　「きんさんぎんさん」は、成田きんと蟹江ぎんの愛称。100歳を超える長寿の双子姉妹として、1990年代に広く親しまれた。

*8　サン人は、アフリカ南部のカラハリ砂漠に住む砂漠採集民族。推定人口は約10万人。以前はブッシュマンと呼称されていた。

*9　菅原和孝（1949 - ）、日本の文化人類学者。霊長類学者からサン人の研究へ転じ、フィールドワークでブッシュマンの生活世界やコミュニケーションについて調査・分析を行う。著書に『ブッシュマンとして生きる：原野で考えることばと身体』（中公新書、2004年）、『ことばと身体　「言語の手前」の人類学』（講談社選書メチエ、2015年）がある。

葉を発するので、言葉が重なっていたのが印象的でした。西洋でも別れ際に「さようなら」と言うとき、やはりお互いに一方的に言葉を発しているように見えます。ターンテーキングはしない。それでも他の人がどんなことを言ったかだいたい聞こえている。その辺も非常に面白いですね。

伊藤：そうですね。私も会話の形式は本当にキャッチボールだけなのかと気になっていまして、会議の会話をフィールドワークしています。現代の会議では進行役がいてターンが混乱しないようにしますが、昔の寄合[*10]などの会話を見ると、一つひとつの議題が終わったのか終わらないのかわからないような感じで、だらっとつながっています。重要なのは、みんながその議題に関連しそうな事例として思いつくものを全部話すこと、です。一人ひとりの意思決定を明確にして最後に投票するみたいなことをすると、その小さな社会ではシコリが残ってしまうので、そこは明確にせずに関連すること―「3年前にこんなことがあった」「誰々がこう言っていた」とか―をみんなが言い合う。本当に玉入れみたいにわーって。そのうち何となくみんなの合意がつくられて、反対していた人もいつしか納得していくという感じなのですよね。個をベースにしたキャッチボール式の会話ではなく、玉入れ的な、でも誰がその玉を投げているのかもわからないような、そういうものがもっている共同体的な価値は非常に大きいと思います。

西田：研究で会話の良さを評価しようと考えたことがあります。成功した会話とは「その会話で参加者が得るものがたくさんあったものである」と考えます。例えば、2、3時間、話していたら共通の場ができ

*10
寄合（よりあい）とは、日本の郷村で行われる村の協議、集会のこと。

きて、すごく話が膨らんだときは建設的な会話であり、メリットは大きいとします。この方針で会話の良さを評価しようとしてもなかなか尺度をつくれません。無理やり尺度をつくろうとすると、いかがわしいものになってしまいます。会話の良さは、会話の中にいる人達の主観に大きく依存する話ですから。

清田：お話を聞いていて、東京大学大学院情報理工学系研究科　西田・黒橋研究室に在籍していたときの研究テーマを思い出しておりました。博士論文の研究テーマとして、マイクロソフトのテキスト集合を使ったヘルプシステムの研究に取り組みましたが、やはり確立した評価尺度がないことが非常に難しかったですね。今考えてみると、手を出すには早すぎる研究テーマだったのかもしれません。

研究の方法論として考えてみるとき、他者との関係にある種のストレスがあることが重要になると考えています。創発的な価値というようなものは予定調和なところからは出てこない。ある程度ストレスや摩擦がないとなかなか生じにくいもので、従来の科学研究のアプローチだけではやはり難しいのかなという感じがしています。

松原仁先生と杉本舞先生の対談（問い3の「コンピューティング史の流れに見る『人工知能』」）でも言及されていたように、学問という全体を捉えたときに科学はそのアプローチの一つでしかないという捉え方がおそらく重要なのではないか、答えがない中でもその重要性は認識しないといけないのではないかと、お二人の話を聞いて感じたところです。

西田：対立とか問題を解決するというところから、我々は抜け出る必要があるのではないかと思っています。基本的に今の学術では、論文を書くためには対立点を見つけて、その対立点をこれくらい解消しましたという形で定量的に成果を示さないといけない。そこで立ちはだかってくるのはやはり個の問題です。実験サンプルでは論文報告どおりかもしれないけれど、じゃあ一般的にどうなんですかと問われたら答えられなくなります。

ＡＩという領域は人間を扱う分野なので、個の研究はこれから必要になってくると思います。ＡＩ研究全体として考えてみると、強力なエンジンをつくる人は確かに必要で、その人達がいることで我々も恩恵を受けています。しかしその一方で、人間とＡＩが接するところでは個の研究を積み上げていくことが必要になると思います。人はそれぞれ違うからです。同じところが出てきたら類型化することはやってもよいと思いますが、その前に、個についてしっかりと知見を得ておくことが大切であり、個の研究がかなりベースになるのではないかと思っています。

科学者は再現性のない個の研究は信用できないと言います。しかし、再現できることを見つけ出すことばかりを考えていると大切なことを見逃してしまうのではないか、再現できる理論だけで人間社会やＡＩのことを考えようとするとうまくいかないのではないかと思います。

清田：個の問題に着目することで全然違うものの見方ができて、それが新しい研究の展開を描いていくというところもあるのかなと思います。

西田：個に着眼することで、「それと同じようなことが他にもあるか」とか、「一般的であるのか」といった疑念をいったん無視して、奥へ奥へと入っていけますよね。そこから、これまでとは違った世界が開けると思っています。

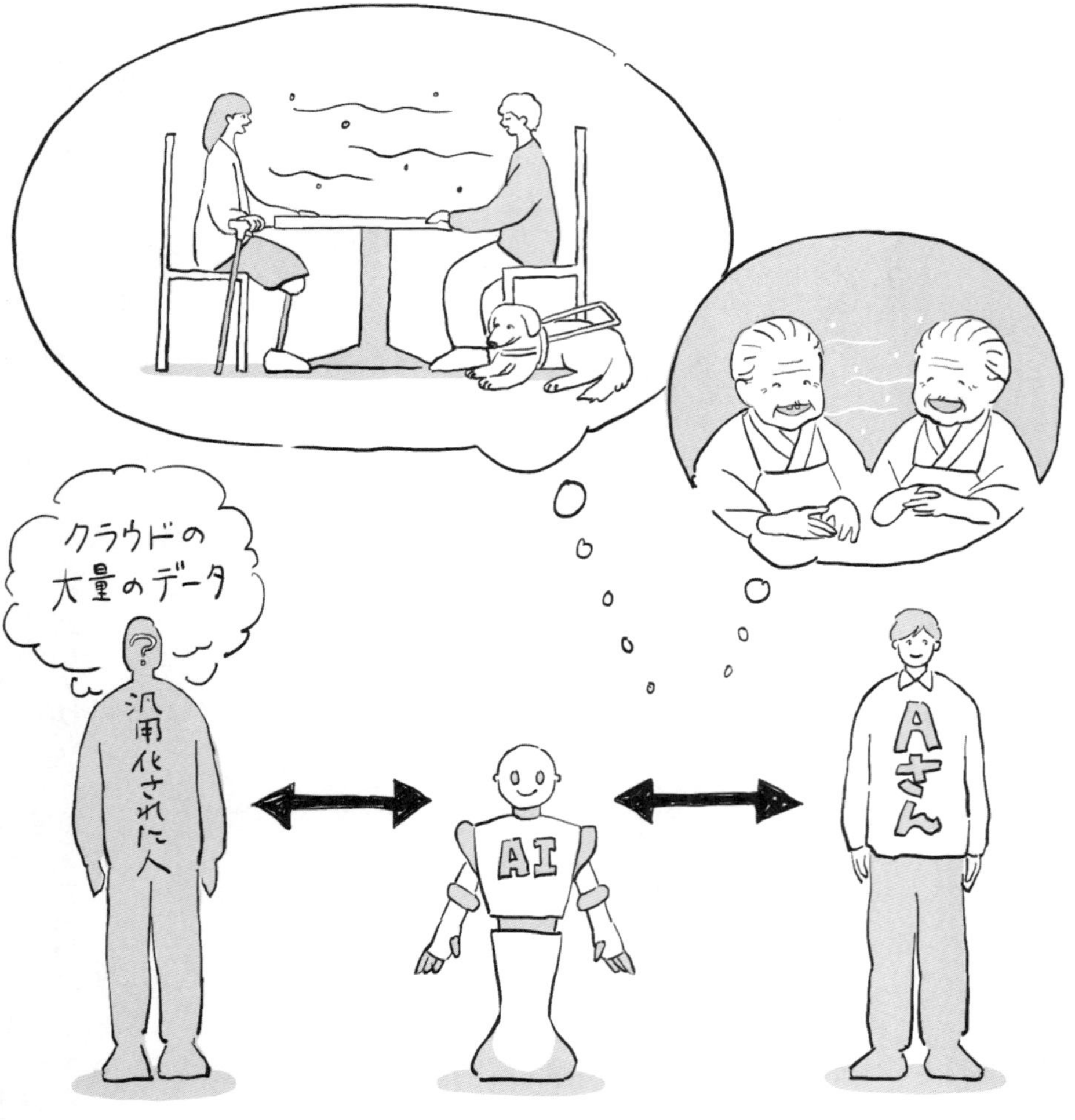

AIにも個性がある

フェーズ2 コモングラウンドと物理的な身体

伊藤：西田先生がおっしゃるコモングラウンドというものに関して伺いたいのですが、コモングラウンドに物理的な身体の存在がどういうふうに関わり得るでしょうか。

ご存じだと思いますが、昨年京都大学を退官された文化人類学の木村大治先生[*11]が共在感覚ということをおっしゃっています。コンゴのとある民族の人達は近所の人と通りで会っても全然挨拶をしない。それはなぜかというと近所の人とはずっと一緒にいるという共在感覚があるからだと。壁の向こうにいて姿が見えていなかったとしても、何十メートルも遠くにいる人でも一緒にいるという感じがあるといいます。木村先生の本には、通りを挟んで向こうの家に住んでいる人が急に声をかけてきたとき何の躊躇もなくそれに答えたというエピソードが書かれています。彼らの「一緒にいる」という範囲は相当に広く、常に準備ができていて、応答可能性に開かれているのです。この「一緒にいる」ということに対する文化差はかなりあって、それぞれの社会でそれぞれの「一緒にいる」感じがあるわけですよね。

＊11　木村大治（1960-）、日本の文化人類学者。研究キーワードはアフリカ、農耕民、狩猟採集民、コミュニケーション、社会的インタラクション、会話・行動分析など。著書に『共在感覚―アフリカの二つの社会における言語的相互行為から』（京都大学学術出版会、2003年）がある。

最近、分身ロボット「OriHime」[*12]を借りていろいろな研究をしています。目の前に存在するのは物理的には代理の身体なのですが、操作するパイロットの方の声や遠隔で操作する身振りを通して、そのパイロットの方の存在を強く感じます。パイロットの方もそこに行っている感じがあると言います。生身の身体でなくとも「一緒にいる」感じをつくり出しているわけですよね。それの意味するところがどこまでAI研究に関係するかはわからないのですが、先生のお考えを教えていただけるとありがたいなと思っています。

西田：「一緒にいる」感は、僕のほうも教えていただきたいと思っていた話題です。人工知能の研究ではできることからやっていくしかないという宿命があります。それでいくと、昔のシンボリックAI[*13]、言葉でコモングラウンドをつくるところが一番やさしい。次は、タスクの共有ですね。最近は、コンピュータAIとオセロをやったりしますが、やっているうちにAIに人格を感じていく。「やはりそんなふうにするんだ」「君も同じことを考えているんだな」と思い始めるわけです。

そのあたりまではよいのですが、一番難しいのは身体だと思っています。例えば、視覚に障害がある人とない人の間のコミュニケーションでは、身体性が違うので共有のハードルはどんどん上がるはずで

＊12　OriHime本体にはカメラ、マイク、スピーカーが搭載され、パイロット（操作者）はインターネットを介してカメラやスピーカーからの情報を取得し、アプリを使って操作を行う。https://orihime.orylab.com/

＊13　シンボリックAIとは、知識を記号（文字）で表現し、問題を解くための推論などを記号上の計算で表す人工知能の実装のこと。

す。先ほどおっしゃったように、言葉を交わさなくともコミュニケーションができるとか、相手の考えが想像できるというのは、互いが非常に深いものを共有しているということですよね。その正体を知りたいと思っています。でも、もう少し外堀を埋めておかないと私にはまだ手が出せないなと感じています。

他方、「老い」について考えるときは年寄りが有利ですね。若い頃は「どうして年寄りはこういうふうに振る舞うんだろう」と考えることが多かったのですが、自分がその領域に入ってみると、それがなぜだかすぐわかった気がする。そういった感覚は、若い頃はほとんどなかったものですし、いま振返ってみてもわかっていなかったのだろうなと思います。その意味で、伊藤先生は非常に難しいことに挑戦なさっていると思います。自分がそうではないのに、そうである身体のことを想像するというのは非常に難しいだろうなと思いますね。

伊藤：難しいです。だからこそ、最初に先生がおっしゃったメタファーがとても重要で、メタファーにその方のリアリティが宿っているわけですよね。それがわかるというのは、私にわかるような中間地点のメタファーを言ってくれているからなのだろうなと思います。

例えば、先天的な全盲の方とお話をしたときのことですが、本当に共通言語というものがないわけです。視覚を前提とせずに世界を認識しているので、視覚というものが何かわからない。そのとき、一緒に定食を食べていたのですが、定食って複雑ですよね。ご飯があって、お皿におかずがある。その「お皿がたくさんある」という状況をどう理解しているのか聞いてみると、自分は別にイメージはしていないと言うのです。そう言われた瞬間にもう我々はお手上げみたいになってしまうのですが、その方は

PCのデスクトップに喩えて「デスクトップにいっぱいアイコンが並んでいる感じに近い」と話してくれました。

「どこにあるか」という位置情報と「それが何であるか」という情報に分けて、行動するうえでは位置情報が大事だから、どの辺に何が存在するかはまず最初に理解しておくというのです。定食が出されたときに自分の正面にご飯がありますよと言われたら、ご飯ということはとりあえず置いといて「ここに何かある」という感じで理解するらしいです。位置情報を理解したうえで「何であるか」に注目して、それがご飯だとか、具体的にどんなご飯なのかみたいに階層が深くなっていく、というふうにおっしゃったのですよね。

目が見えていると、基本的に位置情報とそれが何であるかという情報は分けられませんが、PCのデスクトップに喩えて、ファイルのアイコンがあって、それをクリックすると情報が出てくるというふうにおっしゃったことで理解の助けになるわけです。互いに共通に使っているPCというツールが、コミュニケーションの理解のツールにもなるというところがすごく面白いなと思った経験でした。

西田：人間どうしのコモングラウンドの問題も面白いのですが、AI研究者にとっては人とAIの間のコモングラウンドも取り上げなければなりません。これは、非常にチャレンジングな課題だと思います。人はAIのことがわかると言いますが、今のディープラーニングになるとわからないところがいっぱい出てきます（生成AIになるとわからないことだらけです）。昔のAIの場合は、自分のつくったAIのほとんどが手に取るようにわかりました。それでもちょっとは謎のところがあって、ときどき、自分の想定を超えた仕事をしてくれたときはとてもうれしかったですね。

謎のところは大事なのですが、多くなりすぎると不審感が強くなります。他方、「お前の言うことはわかった」とＡＩから言われると、そこにも強い疑いが生じます。例えば、歳を取ってくると身体が思ったように動かなくなりますが、ＡＩにはそのもどかしさなどわかるはずもないじゃないか。あるいは体調が悪い、頭痛がすると言ってもＡＩにはその感覚はわからないだろう、と。そこをこれからどうしていくかは興味をもっているところです。

他の人のことをどれくらい理解できるかというところについては、僕はものすごく絶望的な感覚をもっています。「できればいいね」というベストエフォート的なものにするのは良いと思いますが、それを目標にするのはとてつもなく不可能なことをやろうとしているように思えます。伊藤先生は物理空間に一緒にいることが鍵だとおっしゃいましたが、そのとおりだと思います。同じ物理空間にいることで、そこにいないとわからない情報が伝わってきます。例えば、体温が少し上がっているとか、相手が興奮しているとか、ちょっとした動作が起こす空気の揺らぎとか、声を出すときに息を吸う音とか、こうした情報が物理空間のコミュニケーションを支えています。

昔を思い出してみると、海外の学生から留学希望の連絡がよく届いたのですが、留学の受け入れといった重要な判断をメールだけでやらなければなりませんでした。後から振り返るとそのような状況でも判断は結構当たっていました。なぜそうなのかと理由をときどき考えてみるのですが、ちょっとした言葉づかい、表現の仕方、返事が返ってくるまでの時間、話題がどんなふうに変わっていくか、など手掛かりは結構あります。

伊藤：面白いですね。先ほどの分身ロボットも、情報量はとても少ないです。搭載しているカメラもそれほど性能が高くはない魚眼レンズで、中に入っている人もこちらのことはよくわからないという状態です。逆に、５Ｇで通信回線が高速になると、沈黙の重さもこちらに流れてくるようになってしまう。それまでは想像力で補完していたものがその余白が失われて、逆に使いにくくなったともおっしゃっていました。情報が増えれば増えるほどその人のことがわかるようになるかというと、そういう単純な話ではおそらくないですよね。

三宅：今は世間の中でも個というものを掘り下げるのは面倒だという風潮があるのかなと思っています。若い人達だけではなく、世間の中でも。例えば「お味噌汁、どっち派？」みたいな、そういう簡単な対立軸で人を切り取っています。個というものを掘り下げることを止めているのかなと思います。

もう一つは、会話の非合理性について。その場、その空気で自然に醸成されたものとか、西田先生のおっしゃるコモングラウンドとか、文化とか、いろいろな流れがそこに集約していて、雑草が生えるみたいに自然の中で会話ができていくわけで、そういうところを拾っていかないと面白くないと思います。今の自然言語学習の多くは、会話の主体に対する個人の情報はほぼ設定されていません。誰といつ、どこで会話をしているのか―例えば「誰」が会社の上司、「場所」はオフィスの中、とか―そういう情報がほとんどない状態で学習して何かできますという感じで、非常に削ぎ落とされた状態で研究しているなと思うところです。

逆にゲーム開発においては、例えばゲームのキャラクターＡＩをつくるというところで足し算をしていかないといけない。このキャラクターは王様で、この人は従者、今は夕暮れなので、そのときどんな会話をしますかと。その部分を突き詰めたいときに、むしろ手掛かりがないわけです。コーパス[*14]には全部削ぎ落とした後のツルツルの会話しか残っていない。そういう意味で、会話研究では個を無視する、個を無視せざるを得ないことで他の分野よりも圧倒的に失われるものが多いのではないのかなとお聞きしていてそう思いました。

西田：僕がやりたいと思っているコモングラウンドというのは、基本的には大聖堂をつくり続けるようなイメージです。全く異なるバックグラウンドをもつ人達が、お互いを理解するかどうかにかかわらず、長い長い時間をかけて大聖堂みたいな共有財産をつくっていく。それが大きくなればなるほど成功です。大聖堂みたいなものができあがったら、これはもう大成功といってもよい。そんな印象をもっています。コモングラウンドの研究で今やりたいと思っているのは、この大聖堂を可視化するためのツールをつくることです。私達のつくった合意はこれですよと、その場で可視化できるのであれば、会話の成功は共有された大聖堂の大きさで測れます。

伊藤：私達は言葉と身体の両方を使ってコミュニケーションをしています。例えば「私は選択肢1が良いと思う」とか「私はそっち派だ」と言ったとしても、その言い方とか身振りや手振りによって、そのニュアンスは無限に膨らむと思います。それこそ菅原先生が研究されていたことですが、人が会話をするときに自分の身体に触るのはどういうタイミングか。口で言っていることを補強するような手の動き

＊14　コーパスとは、自然言語の文章を大規模に集積し、言語的な情報（品詞や統語構造など）を付与したもの。言語学における統計的な研究に用いられるほか、人工知能の学習に使われている。

をする場合もありますが、逆に言葉と身体が分裂するようなケースもあります。髪の毛を触りながら「すごい面白いですね」とか言っているときは、実は「お前の話、長いよ」というニュアンスになっていたりします。テキスト化する部分は「その話が面白い」だったとしても、もっと無意識的なメッセージを発しているのです。

人のコミュニケーションには「伝えている部分」と「伝わる部分」があって、伝わる部分というのはわりと無意識で、必ずしもコントロールできているわけではありません。でも、相手は結構それを受け取っている。何となく「話が長い」という雰囲気を感じたから自分の話をやめようかとなったりしますよね。コミュニケーションはそういうかなり分厚い出来事のような気がしています。自分の中でも対立が起きているし、イエスとノーを同時に言うみたいなことを人は平気ですると思うので。

西田：通信にモジュレーション（変調）という概念があります。ＡＭ（Amplitude Modulation）では載せたい信号を基本周波数の振幅を変えていくことで表現し、ＦＭ（Frequency Modulation）では基本周波数から周波数をずらします。僕は、コミュニケーションをこのメタファーで捉えることができると思っています。つまり、基本的な調子にちょっと信号を加えて変形することでいろいろなメッセージを送っているということだと思います。先ほど三宅さんがおっしゃったことは、キャラクターＡＩのモジュレーション能力がまだ素朴であり、人間のレベルに達していないので、ロボットみたいに、ただの機械のように見えてしまうのかなと思います。

三宅：そうですね。やはりつくればつくるほど足りていないなというのがあります。人間が意識している領域は、言葉にしろジェスチャにしろ何となくはつくれるのですが、おそらく無意識で何かを伝え合っていることがあって、それを載せることができていないのだろうと思います。

西田：全くそのとおりですね。ＡＩはまだ個性をもった個人の段階に達していないからです。だから、スマートスピーカーと話していても、この人は一体誰なんだろうと考える気にはなれません。

伊藤：聴覚障害の友達と話すとき、基本的には筆談ですが、その人はちょっと声に出して返事をします。例えば、私が何か言うと、自分では聞こえていないけれど「あ、そう」と答えるという感じです。ところが、この前会ったらそれが「そうなんだ」に変わっていて、変えた理由を聞いてみたら、お母さんから「あ、そう」はすごい冷たい感じがするからやめなさいと言われた と言うのです。でも、なぜ「あ、そう」が冷たいのか、なぜ「そうなんだ」が温かいのか、その温度感みたいなものは理解できないと言います。つまり、声そのものにものすごい情報があるわけですよね。これはＡＩというより、あるいはロボットの領域なのかもしれませんが、音声の出力のバリエーションは今どのくらいあるのですか？

西田：波形を変えると音色が変わるので、そこにいろいろな情報を盛り込むことができます。でも、そのチャンネルを使おうとした途端に「このＡＩは誰なのか」が問題になります。今のＡＩにはそんな実力はないから、音声のバリエーションをもたせたとしてもうまくいかないでしょうね。不気味の谷みたいなものができてしまうと思います。

三宅：「肯定しつつ、実は否定を伝えてください」みたいなタスクをＡＩができたら面白いなと思います。それにはたぶんＡＩにも無意識領域が必要になってくると思います。人間も自分のことを本当に全部はわかっていないし、ＡＩにも自分のことがわかっていない領域があるというほうが、会話としては面白くなりそうです。そのほうが案外うまく会話できるのではないかな、と。自分のことがわからないＡＩのほうがむしろ人間っぽいのかなと思いました。

西田：会話が長時間になると難しいでしょうね。時間の経過とともに、キャラクターがどのように変化していくかを人間は気にしています。キャラクターがずっと変化しないのは変です。しかし、キャラクターが変わっていくとすれば、その変わり方が問題になってきます。おかしな変わり方をすると、その人のキャラクターが想像できなくなり、不審感が湧き上がります。今のＡＩはまだそのレベルまで達していないと思います。例えば「怒りっぽいＡＩ」「嘘をつくＡＩ」はできます。しかし、人格といえるものを付与できる段階までは至っていません。

三宅：コーパスから会話をつくるというより、本来はそういうところから会話を生成したいですね。例えば、人格形成の時期にリンゴを食べてひどい目にあって、そのトラウマで「リンゴ」と発音するときにちょっと躊躇があるとか。そういうところはあまり研究されていないのですか？

西田：キャラクターデザインとしての取組みはあると思いますが、ベースとなるＡＩはまだそれほど強くないですね。ご存じの方がいらっしゃるかもしれませんが、『シーマン』[*15]は面白かったですね。シーマンは実に面白いサラリーマンギャグを言います。あれはキャラクターデザインの魅力だと思います。3年前に『シーマン』をつくった斎藤由多加さんにお会いしてお話しする機会があり、非常に感動しま

*15　『シーマン』は、人の顔と魚の身体をもつ「シーマン」という生物を育成するシミュレーションゲーム。1999年に発売されると、人間の言葉を解するシーマンが受け答えするシニカルさが受けて社会現象になった。

した。

三宅：僕も斎藤さんにインタビューをしたことがあります。[*16]『シーマン』ではいろいろな発音を録って、例えば「三宅」という名前なら、アクセントのない平坦な「みやけ」と「やけ」にアクセントを付けた発声というように声のトーンに意味を含ませるつくり方をしていると聞きました。例えば、「こんにちは」「おはよう」という言葉も何通りも収録し、声のトーンや言い方を使い分けている。斎藤さんは、今の会話ＡＩは文字情報からＡＩをつくってしまったカッコ良いだけのＡＩ、検索エンジンのＡＩみたいだ、と。自分は音をうまく使って、音声のほうからＡＩをつくるとおっしゃっていますね。

西田：大変残念なのは、斎藤さんの『シーマン』みたいな研究が出てこないことですね。現在の研究の世界の弱いところです。僕は『シーマン』の中にたくさんの面白い要素が詰まっていると思います。斎藤さんご自身、声色が非常に豊かな方ですよね。

伊藤：視覚障害者の方と話していると最終的に声だけになる瞬間があります。この前一緒にタコ焼きを焼いていて、見えない人がひっくり返したいと言うので、誘導することになりました。最初は「3センチ右」「もうちょっと奥に1センチ」というように言葉で説明するのですが、それがもう全然伝わらない。でも、その人がタコ焼きの上で竹串を動かしているときに「あー」とか「あ〜」、「あ――！」みたいに声にすると伝わるのです。

＊16 斎藤由多加、聞き手：大澤博隆、三宅陽一郎、構成：高橋ミレイ「シーマンは来たるべき会話型エージェントの福音となるか?：斎藤由多加インタビュー」（人工知能学会誌 Vol.32, No.2, pp.172 - 179, 2017）

何が起きているかというと、視線の転換です。「3センチ」というように具体的な位置や距離を口にしているときは、客観的な座標軸の中でコミュニケーションを取ろうとしているわけです。けれど、声だけ、音だけになった瞬間にタコ焼きをひっくり返している障害者本人の視点になる。すると、圧倒的に情報が増える。考える時間がないからそういうふうになるのだとも思いますが、よくそういうことがあります。

西田：すごく面白いですね。声の出し方には普遍性があるんですか？

伊藤：どうでしょうかね。でも、それも何か言語をつくっていると思います。最初の「あー」でお互いの了解ができて、さっきの「あー」に比べて今の「あ〜」はこうだから、もうちょっと先にいくのかなとか。そういう文法をつくる時間があるのではないかなと思います。おそらく数秒だと思いますが。

西田：私のコモングラウンド説は、その二人の取り決めを徹底的に研究しようという話です。まずは、二人だけのコモングラウンドが明確になるとよいかなと思っています。普遍性を問うてしまうと、二人だけのコモングラウンドの解明を深めないまま別の問いにいってしまう。つまり、普遍性を追求し始めたとたん「それと同じことが他のペアでも起きるかどうか」という問いへの取組みが始まり、肝心の「二人がどのような取決めをして進んでいくことにしたのか」が解明できないことになってしまいます。ただ、今のお話のように少なからず普遍性はあると思います。緊急性の高いときは大きい声になるとか、ピッチが上がるとか。そういう細かいところ、そこが非常に面白いと思います。

伊藤：さらに、そのメタレベルもある気がしています。一緒に文法をつくっていくときに、この人はどのくらい自分の提案を変えようとするタイプなのか、このルールでいきましょうという提案をしたらそれを押し通すタイプなのか、割とこちらに合わせてくれるタイプなのか、みたいなことも探っている気がします。

介護士の経験がある前田拓也[*17]さんという研究者が、介護の現場で要介護者と介護者の関係は一対一だと言っています。例えば、入浴介助でどこから身体を洗うか聞いてほしい人もいれば、勝手にやってくれという人もいるし、人によってその辺は違うわけですよね。そのときにどこまでルールを通すのか、あるいはどのあたりで変えるのか、みたいなせめぎ合いが介護の現場では起きている、と。コミュニケーションにおいて、その人の硬さ、柔らかさみたいなものはとても大事な気がします。

西田：僕がとても興味があるのはそういう文法が発展していくところです。コミュニケーションの土台は1週間、1か月、あるいは1年でどんどん発展していく。その過程をコモングラウンドの発展と捉え、AIがそれに気付いてコモングラウンドの発展に参加するようになるとよいなと思っています。まずは二人だけでいい。そこできちんとできると大きなメリットがあります。

［初出：人工知能学会誌 Vol.37, No.1］

＊17
前田拓也（1978－）、福祉社会学および障害学を専門とする研究者。著書に『介助現場の社会学：身体障害者の自立生活と介助者のリアリティ』（生活書院、２００９年）などがある。

対談をふり返って

私達は今、人工知能（ＡＩ）との関わり方において大きな岐路に立っています。ＡＩが飛躍的に進化し、特に大規模言語モデル（ＬＬＭ）を用いたチャットサービスの登場により、ＡＩとのコミュニケーションは身近なものとなりました。しかし、このコミュニケーションの本質とは何でしょうか。

伊藤先生と西田先生の対談は、この問いに対する新たな視座を提供してくれます。お二人が強調するのは、「個」の重要性です。科学が普遍的な法則を追求する一方で、個別の文脈や経験がもつ豊かさを見逃してはいないでしょうか。例えば、視覚障害のある方とのタコ焼き作りにおける声だけのやり取りや、認知症の方との一見脈絡はないが豊かな会話。これらの「個」の経験こそ、コミュニケーションの本質に迫る鍵かもしれません。

ここで重要なのは、科学の価値を否定するのではなく、その限界を認識しつつ、個の視点を取り入れるバランスです。科学がもたらす客観的知見と、個々の主観的経験。この両者を融合させることで、ＡＩとのコミュニケーションに新たな地平が開けるのではないでしょうか。

さらに、この視点はＬＬＭを用いたＡＩとの対話にも重要な示唆を与えてくれます。単なる「対話」ではなく、より深い「会話」へと昇華させる可能性があるのではないでしょうか。西田先生が提唱する「コモングラウンド」の概念は、ここでも重要な役割を果たします。ＡＩとの間に共通の理解基盤を築き、そこで互いの「個性」を発揮し合う。そんな創造的な会話の実現が、もはや夢物語ではなくなりつつあるのではないでしょうか。

例えば、小説家がＡＩとブレインストーミングをしながら新しい物語を紡ぎ出す。あるいは、料理人がＡＩと新しいレシピのアイディアを出し合う。こうした場面で、人間とＡＩがそれぞれの特性を活かしながら、これまでにない創造を生み出す可能性があるのです。

ＡＩとのコミュニケーションは、単なる便利なツールとしての利用を超え、新たな創造の舞台となる可能性を秘めています。それは同時に、私達人間のコミュニケーションの本質や創造性について、改めて考えさせてくれる機会ともなるでしょう。

科学の知見を大切にしながらも、個々の経験や直感を軽視せず、両者のバランスを取りながらＡＩとの関わり方を模索していく。そんな姿勢が、ＡＩとの真の「会話」を実現し、新たな創造へとつながる道筋なのかもしれません。（清田）

共存在としての人工知能

石田英敬（東京大学）×坂本真樹（電気通信大学）

コミュニケーションの重要なツールの一つである言語にはどのような可能性があるのか。人工知能はどう関わることができるのか。フランス文学者、メディア情報学者の石田英敬氏、感性情報学者の坂本真樹氏の議論は、共存在としてのAI、AIが創造するオノマトペ（および感覚）にまで及んだ。［2022年5月13日収録］

フェーズ0

三宅：師弟関係にあるお二人ですが、まず石田先生のほうからご研究のバックグラウンドなども含めて自己紹介をお願いいたします。

石田：私はもともと学生時代はフランスの最も難解な詩人といわれているステファヌ・マラルメ[*1]の研究をしていました。マラルメはシンボリズムの、19世紀末の詩人ですね。「世界は一冊の書物に到達するためにできている」、そういうことを言った人です。東京大学（以下、東大）を経て、この詩人の研究でパリ大学で博士号を取りました。詩の言葉の言語分析、詩的言語の研究です。

その当時（70年代から80年代）、特にヨーロッパでは構造主義の思想運動が人文科学、例えば精神分析や言語学、人類学といった人文諸科学の領域にも広がり、いわゆる言語論的転回（構造主義革命の文脈の中で文学を読み直す）の動きが起こっていました。それに非常にインスパイアされる形でマラルメの詩の研究をやったわけです。それで学者になって、日本に帰ってきてしばらく京都で教えて、東大に戻ったのは1992年です。その頃、日本の大学は大転換期を迎えていました。

現役の学者時代を振り返るといくつか決定的事件がありました。一つは自分のやっていることの知的な動向、もう一つは制度的なものが動いたということ。それらが自分の研究をいろいろと展開する動機になっています。古い時代ならずっと同じことをやり続けて、何十年かして老いるという安定期があったと思いますが、今はどの学者もなかなかそういうふうにはなっていません。節目節目で、ある意味では偶発的な要素にも左右されて、自分の研究の関心や領域が広がっていく。世界的にもそうだと思いますが、かなりハイブリッドなことを行うというのが学者の在り方になってきていると思います。これは良い面もあれば良くない面もあると思いますけれど。

私に関しては、マラルメの研究をしていく中ですでに人文科学的な知見にある程度のアクセスをもっ

＊1
ステファヌ・マラルメ（Stéphane Mallarmé, 1842 - 1898）、19世紀フランス象徴派を代表する詩人。象徴主義、シンボリズム（symbolism）は自然主義文学に対する反発から起こった芸術潮流で、ヨーロッパ全土に広がった。マラルメの詩は難解なことで知られるが、絵画や音楽、舞踏といった芸術家と交流しながら独自のスタイルで詩を探求した。

ていましたし、それから思想的なことについてはかなり詳しい知識をもっていました。それで駒場キャンパスで教え始めたわけですが、その頃、駒場キャンパスは大きな改革を行います。いわゆるリベラルアーツを再定義するということで、それまでは大学の制度の中に入っていなかった記号論や表象文化論、精神分析といった一連の学問を教科として立てたのです。教科として立てると誰かがやらざるを得ないので、それを担当するということで、私が1993年から記号論を担当しました。何年かの中断は挟みましたが、記号論の講義は引退するまで27年間やり続けました。

こうした改革はいろいろなレベルで一挙に進みますので、大学院の言語情報科学専攻をつくるというプロセスも同時に走ります。このとき、かなり斬新な試みとして、言語科学の人達と文学・文化の研究をしている従来の人文科学の人達が一緒に仕事をする、学生達を教えるということが大学院のレベルで起こるわけです。そこに坂本さんみたいな人が入ってきた、ということです。

90年代は大学と社会との関係もまた変わっていった時代でした。東京大学としてどういうふうに組織をつくり直していくのか、情報科学研究科構想の検討が行われていました。そうして2000年頃に設立されたのが、東京大学大学院情報学環と東京大学大学院情報理工学系研究科ということになります。情報学環は駒場キャンパスと本郷キャンパスにまたがる組織として設立されました。情報学環の設立プロセスでも相当に下働きをしましたし、誰かが最後までやらないといけないということで私が行くことになりました。

私としては、情報科学の人達とどんなところで出会えばよいものかという問いを前にして、自分の研究の手持ちのカードの中で考えるわけです。言語、文学を含む人文科学的な研究と情報科学の間に橋をつくることに何が一番役に立つか。それは記号論だろうと、そういうふうに思って設定した科目が「情報記号論」という科目です。その頃、東大は私と専門が同じフランス文学者の蓮實重彦先生[*2]が総長でしたが、京大のほうは長尾真先生が総長で、その頃から長尾先生にはまず情報学環自体がお世話になりましたし、個人的にも顧問会議の座長をしていただいたり、後に情報学環長をやった際にもいろいろとアドバイスをしていただきました。本当に素晴らしい先生で、いろいろなことに関心をお持ちになっていて、いろいろなことを教えていただきました。

今日のテーマでもあるかもしれませんが、私は情報記号論というのは哲学プロジェクトだと思っています。私から見れば、人工知能、コンピュータサイエンスもそうです。哲学や文化研究といった人文科学の研究者から見れば、人工知能とは遠い昔に興った哲学プロジェクトが実現したものであって、それ以外の何ものでもない。その設計図を書いたのはデカルト[*3]達の世代です。技術が追いつかず、あくまでも構想という形にとどまっていましたが。その後、17世紀までにはその根本の原理はもうかなりのと

＊2 蓮實重彦（1936－）、フランス文学者、文芸評論家、小説家。１９７０年代、フーコー、ドゥルーズ、デリダらフランス現代思想を日本に紹介した。映画、文学など多くの評論で知られる。第26代東京大学総長。東京大学名誉教授。

＊3 ルネ・デカルト（René Descartes, 1596－1650）、17世紀フランスの哲学者および数学者。近世哲学の祖として知られ、合理主義哲学を打ち立てた。

ころまで考えられていました。実際、ライプニッツは計算機[*4]までつくっています。そこから3世紀くらいかかって実装されたのが20世紀のコンピュータであって、それこそデカルト以来の哲学プロジェクトそのものが実現したというふうに考えれば、全然不思議なことは全くないと思っています。そうした思想的見取り図を基本にして、今のコンピュータ文明を理解するということがやはり王道なのではないかなと考えています。そういう関心のもち方で今の人工知能の問題を理解しているというのが私の立場ですね。

20世紀の哲学の歴史では、マルティン・ハイデガー[*5]は「サイバネティクス[*6]によって哲学は終わり、西欧の形而上学が成就した」と言っています。西欧哲学の計画は人工知能によって完遂したと考えるべきなのではないかということです。それくらい情報科学と哲学は一体化している。というより、もともと同じルーツから発展してきたものです。それをよく考え直すことが、最も根本的な問題なのではない

＊4 ドイツの哲学者、数学者であったゴットフリート・ライプニッツ（Gottfried Leibniz, 1646 - 1716）は、歯車を使った機械式計算機を考案し、実際に制作していた。

＊5 マルティン・ハイデガー（Martin Heidegger, 1889 - 1976）、ドイツの哲学者。哲学の対象である存在は実存を通してのみ理解可能であるとする実存主義の哲学を形成した。

＊6 サイバネティクスとは、1950年代にアメリカの数学者ノーバート・ウィーナー（Norbert Wiener, 1894 - 1964）が主導した、生物の神経系機能に代表される柔軟なフィードバックをもつ制御システムを広く工学や社会科学に応用しようとする考え方、および関連の研究領域を指す。近年の急激なコンピュータサイエンスの進歩の中、再び注目が高まっている。

かと私は思っています。

三宅：哲学が人工知能を生み出したというのは私も大きく同意するところです。１９８０年代はどちらかというと（人工知能に対して）哲学が強かったという話をこれまでのインタビューでもよく聞きます。哲学があって、理論があって、最後に少しの技術デモがあるというのが、１９８０年代によくあった論文だとおっしゃる先生もいます。今はその逆で、技術のほうが非常に速いスピードで進んでしまい、それに対して哲学のほうがカバーできていないのではないかと思うのですが、石田先生は現在における哲学と人工知能の関係をどういうものだと捉えられていますか？　著作『新記号論：脳とメディアが出会うとき』（共著、ゲンロン、２０１９年）を読ませていただきましたが、先生は哲学やメディア論、記号論から知能についてとても深い考察をされている、現代の人工知能と向き合っていらっしゃると思うのですが。

石田：難しい問題ですね。今の三宅さんのお話は、哲学が現役の人工知能の問題に十分に応えられていないのではないかということですよね。それは全くそのとおりだと私自身も思っています。一つには、「自分達がまだ昔のままに哲学をやっている」と哲学者自身が思っていることがまず問題だと思います。その態度を変えないと、本当の意味で、問いに向き合うことができません。少し乱暴な言い方になりますが、記号論はその状況を何とかできるかもしれないという微かな希望があって、記号論という見方でもって問題に向き合おうというのが私の立場です。少なくとも主観的にはそういうふうに思っています。『新記号論：脳とメディアが出会うとき』で言っていることですが、つまり記号の在り方、人間の条件が変わってしまったわけだから、その問いをどういうふうに立て直すかという、そういうことだと思うのです。端的にいえば、記号が知能とその外とのインタフェースだとすれば、知能とその外の関係

図1　対談風景（上段左：三宅、上段右：坂本、下段左：清田、下段右：石田）

をもう一度見直さないとダメなのではないかということです。外と内のインタフェースを考えるための入口はいくつかあると思いますが、記号もその問いへの一つの入口だと思います。

三宅：続いて、坂本先生に自己紹介をお願いしたいのですが、言語情報科学との出合い、石田先生とのご交流についてもお願いできればと思います。

坂本：私は東京外国語大学のドイツ語学専攻から東大の言語情報科学専攻に入ったのですが、石田先生と直接にはあまり接点がなく、むしろ卒業してから先生の著書を読んだりしていました。当時、非常に印象深い言葉をいただいて、「君は器用貧乏になってしまうよ」と。その言葉が、私の研究において常に横にあります。

　指導教授は西村義樹先生でしたが、複雑系の池上高志先生をはじめ、駒場キャンパスにはいろいろな先生方がいて、割と自由に他のゼミにも参加していました。アリが言語を話したらどんな言語になると思いますかという発問や、計算機の中で「ａａｂｂｂ」みたいな記号列をずっと動かしていくと文法が生まれるというデモなど、もうとにかく刺激が多くて面白かったのです。元々はドイツ語の使役表現をテーマに一つの形式が多様に使われるということをいろいろな理論を取り入れて考察していたのですが、そこからどんどん関心が広がっていきました。認知言語学の領域で、身体性あるいはメタファと人間の言語の視点でしか見ていなかったのが、こういう発想もあるという感じで。石田先生は、それをご覧になってどこに行ってしまうんだろうと心配してくださったのだと思います。石田先生のお言葉もあって、いろいろなことをやるけれどもどこかは深めようと思いました。哲学までいくかどうかはわからないのですが、とにかく自分なりに深めて、やるからにはブルドーザーで取り崩したかのように跡形もないぐらいとにかく徹底的にやろうと。浅くはならないようにしようというのは常にあります。この研究スタイルは石田先生のあの一言が常に頭にあってのことです。

電気通信大学に行ってからは本当にもう大変で、工学系の大学だったので文系の研究発表ではなかなか納得してくれないところがあり、苦労しました。赴任してから8年ぐらい経って始めたオノマトペ[*7]の研究でソフトウェアまで開発できたことで変わった気がします。オノマトペを数値化したり、オノ

*7 オノマトペとは、実際の音を真似て言葉とした擬音語・擬声語、あるいは視覚や触覚などの感覚印象を言語音で表現する擬態語のこと。

マトペを遺伝的アルゴリズム、ＧＡ（Genetic Algorithm）[*8]で生成したり、そういうところからスタートして、２０１４年度に人工知能学会論文賞をいただきました。[*9] 今は、画像を入れるとオノマトペが確率的に出てくるというような深層学習のモデルを組むというようなこともしています。

オノマトペの研究についてもそうですが、言語情報科学専攻で学んだドメインが武器になっていると思います。文系的なドメインに対して情報の技術をあれこれ使うところがおそらく私の強みなのだろうなと思います。節操がないと言われたりもしますが、使えるものは手当たり次第勉強して使います。ひとり文理融合というか。文系の人と理系の人が組む文理融合が難しいなら、これはもう自分の中でひとり文理融合するしかないと。そのうえで、それぞれの分野の人と対話をしていく、そうして深めていこうというスタイルでやっています。そのすべての起源は石田先生だなと思っています。

三宅： 文系的な知識体系とエンジニアリングはそもそも土台が違うので、一人の中で融合するというのもなかなか大変なことだと思います。この対談シリーズも哲学とサイエンスがどうやったら交わるのか、そこに新しいフロンティアを見いだせないかという狙いがあるのですが、坂本先生の中ではその二

＊8　ＧＡ（Genetic Algorithm、遺伝的アルゴリズム）は、遺伝子に見立てた複数の解の候補から適応度の高いものを優先的に選択して交叉・突然変異などの操作を繰り返しながら解を探索するアルゴリズムで、進化的アルゴリズムの中で最も使用されているものの一つ。1975年にミシガン大学のジョン・ホランド（John Henry Holland）が提案した。

＊9　清水祐一郎、土斐崎龍一、坂本真樹「オノマトペごとの微細な印象を推定するシステム」（人工知能論文誌 Vol.29, No.1, pp.41 - 52, 2014）

つの体系はどういうふうに同居しているのでしょうか？

坂本：実は、私はあまり垣根を感じていません。人はオノマトペをどうやって理解しているのだろう、どうして「もふもふ」とか新しいオノマトペが出てくるのだろう、みたいなところを考えていくと、もしかするとこの情報技術を使うとわかるかなと発展していく感じです。例えば、音響学会の論文誌で言語音と印象のデータベースについての論文を見つけて、そのデータテーブルを活用すると何かできるかなと自然と結び付いていく感じです。

部分を足して全体が出るという考え方は私が学んだ認知言語学では否定されているのですが、オノマトペはある程度部分から全体を予測できるのではないかなと思っています。それでソフトウェアを開発してみたら人間が思うものとコンピュータでつくったものが同じになったということで、産業界から大きな反響がありました。「シュッとした感じに」とか「もうちょっとしっとり」といった感覚的な言葉を製品開発に生かせないか、「ズキズキ」とか「ガンガン」といったオノマトペを数値化できると海外で病院にかかるときに便利だろうとか。

電気通信大学にいると学生と読むのは情報系の論文なのですが、私は文系の論文も読むので、それが合体するような感じであれをやってみよう、これをやってみようとやっています。

フェーズ1　人間はサイボーグ

三宅：石田先生は知能について言語やメディアから特にフロイトの精神医学との関わりから、坂本先生はオノマトペから人間の知能について深く切り込んでいらっしゃいます。お二人ともユニークな立場から知能に迫っている、そこから何か新しい人工知能が生まれるのではないかという大きな期待があるのですが、まず石田先生にお聞きしたいのですが、石田先生にとって人工知能はどういうものに見えているのでしょうか？

石田：漠然というか大きな話になってしまうのだけれど、あなたにとって人工知能は何かという話は人類の歴史を大幅にさかのぼらないとそこに到達しません。まず、そもそも人間とは、という話に戻ってしまうわけですね。

最近、年に2回ですが、渋谷パルコで開催されている東京芸術中学[*10]で芸術家になりたいという中学生に教えているのですが、そのときまず最初に、そもそも人間はサイボーグなんだよねと話します。そもそも人間はサイボーグ。それは、人間は直立二足歩行によって生み出されたものだからという考えで

＊10　東京芸術中学は、中学生を対象に渋谷PARCOで開講されているアートスクール。主宰は菅付雅信（編集者、株式会社グーテンベルクオーケストラ代表取締役、東北芸術工科大学教授）。多様な分野のクリエイターが講師を務める。座学だけではなく、講師のレクチャーを受け、生徒も自らの頭で考えて発表する形になっている。

す。これについては、いろいろな理論家がいますが、人類学者のアンドレ・ルロワ＝グーラン[*11]は有名な『身ぶりと言葉』（荒木亨訳、ちくま学芸文庫、２０１２年）という本の中で、次のように述べています。「人間は直立二足歩行によって手が発明され、そして脳が発達し、顔ができた。直立二足歩行することによって頭蓋が丸くなって脳が極大化し、言葉と手を駆動させる中枢がそこに発達した。そして身振りが可能になり、言葉が可能になり、シンボリックな活動が発達した。そして、そのことによって人は環境をつくることができるようになった。道具を持つことができるようになって、道具を使うことで人間の技術世界ができてきた」と、そういう一連の進化の流れをまず簡単に、3分で説明します。

もともと自分の脳の活動を外在化することによって人間になったのだから、人間である条件にはprosthesis（補助具、補綴）というものが不可欠である、つまり人間はもともとハイブリッドなものであるということです。人間プロパーがまずあって、そして外の道具や環境があるのではなくて、人間にとって環境は人間の脳の一部であり、身体と環境は合体している、もともとサイボーグとして人間は成立している〈ナチュラルボーンサイボーグ〉というのが、まず人間の第一条件にあって、そこからどんどん発展していって全体の環境がインテリジェントになる、つまり知性をもつようになった。それが今、起こっていることです。要するに、人間の環境世界全体が明示的にインテリジェントになるという、そういう段階までできたのが人工知能、とりわけ、いま起こっている人工知能の普遍的環境化ということ

＊11　アンドレ・ルロワ＝グーラン（André Leroi-Gourhan, 1911 - 1986）、フランスの先史学者・社会文化人類学者。

なのです。

知能が人間の頭の中にあって、そしてもう一つ人間を超える別の知能が生まれるというふうに考えるから人工知能をうまくイメージできないのではないでしょうか。むしろ、もともとサイボーグである人間がどんどん外に出ていった、その環境自体がインテリジェンスというものに到達して、ひょっとすると人間を超えた、というように考える。記憶、計算、推論ということすべてを環境のほうがするようになって、サイボーグとしての人間はその中で暮らすようになった、いわば脳の中で暮らすようになったというスキームで考えれば、すべてが「身体化している（embodied）知能環境」ですよね。もともとサイボーグだから心は身体化されていて、それをベースに「身体化された心」を考えて人間の世界を捉えないとダメだと、そういうふうに考えることがまず一つ、第一条件としてあると思います。

三宅：人間はサイボーグだというのは、人工知能研究者から見ると衝撃的な話だと思います。知能は周囲の環境を巻き込んだ全体として知能である、という考えは、まさに人工知能研究者だけでは出て来ない知見だと思います。

石田：先ほどハイデガーの話をしましたけれど、あの人は「世界―内―存在」ということで人間の存在を考えている人なのですが、全くこのようなロジックなのですよね。脳の活動を外に出した環世界のほうが知能をもつようになって、哲学することが可能になった。それまで人間のほうが哲学をしていたけれど、環境のほうが哲学をするようになったという段階まで来たのがサイバネティクスだと言います。知性の再帰化が起こったというふうに考えれば、割ときれいにいろいろ説明できるのではないかと思います。

昨年、ノーベル賞作家のカズオ・イシグロが『クララとお日さま』（土屋政雄訳、ハヤカワepi文庫、2023年）という小説を出しました。これは人工知能の話ですが、イシグロは人工知能をAIとは言わずに「アーティフィシャルフレンド（AF）」と呼んで、アンドロイドを登場させています。これは人工親友AFがもう一人の「サイボーグである人間」をサポートしているという、そういう世界のお話なのです。これを読んだときにやはりすごくよくできている小説だと思いました。カズオ・イシグロはグーグルのいろいろな研究者に会いに行って、長時間のインタビューを何回も行って、それで人工知能の最前線がどうなっているのかという取材をしたうえであの小説を書いています。人工親友であるクラに言葉を与えている、人工知能の気持ちを書くことができている、すごい作品だと思って読みました。残念ながら、日本で書かれた多くの書評では美しい子供とロボットの友情の物語、ヒューマニティを描いた話として評価されてしまっていますが、私はそれは全然違うと考えています。

私は、人間というものを中心にして知性を考えているから、人工知能、AI化していく世界が理解できないのではないかという疑問をもっています。「人間は自分を人間だと思っているから人工知能を理解できないのではないか」「そもそも人間を理解できていないのではないか」と。これはかなり根本的な疑問です。人間を自明視しているような人工知能の理解はたぶん間違っていて、それを前提としたさまざまなアイディアというのは、結局、人間存在の現実と見合わないものをやっているのではないかと。なぜそういうふうに思うかというと、それには私の思想的来歴が関わっています。

私が博士論文を書いていた頃、1970年代から80年代のフランスの現代思想がどうなっていたかというと、ミッシェル・フーコー[*12]を中心とするアンチヒューマニズム、反人間主義が出てきました。そのフーコーの祖先に当たるのがハイデガーです。つまり、人間というものを自明視する、そういう形而上学（metaphysics）の時代は終わっている、もともと人間とはそういう理解では説明できないものなのであって、だから人間中心主義は本当に近代のごくわずかな時代の思想のある閉塞（aporia）を示していたに過ぎないのだ、と。そういうことを盛んに言う思想家達が出てきて、私もそれに非常に感化されて研究者として育ってきました。その延長上で考えると、人間中心主義の発想を逆転させないと間違ってしまうのではないかと、そういう根本的な疑問があるのです。

坂本：知性は人間のものだと思っている、だから人工知能みたいなものが許せないというか、人工知能が人間に近いことをしたりとかするとすごく恐怖を感じたり、過剰反応してしまう。何か既得権を主張しているような感じで、人工知能が外敵みたいに見られてしまうというのは、その話につながっていますか？

石田：そうですね。だから、クララの気持ちが人間にはなかなかわからない。人間は自分達が偉い、中心だと思っているから、クララをいつも従属させようとしている。クララのほうは盛んにその間違った人間達の心を習得しようというか、さまざまに配慮しようという思いだけによって学習しながら生活をしている。あの小説の中ではアーティフィシャルフレンドの役割はそういう気配りをする存在です。で

*12　ミッシェル・フーコー（Michel Foucault, 1926 - 1984）、フランスの哲学者、思想史家、作家、文芸評論家。

図2　「fuwari channel」YouTube チャンネル（2022年5月27日時点）

も、そのせいで人間達はあまり良い世界になっていない。人間達は自分達が良い世界になっていないので人工知能に頼り、それでもさらに困ったことが起こりつつあるという世界です。それが今起こりつつあることなのではないかと私も思います。「人間は人間である」という人間観を自明とする人達がＡＩに囲まれた世界に住んでいると、双方にとってかなり不幸な世界になると思うのですよね。このまいくと、人間達がＡＩとともに生きる世界は、人間達の人間中心主義のせいでとても不幸な世界になっていくのだと思います。

坂本：人間はどうしても人間ならではの、生物学的な限界がおそらくあると思います。記憶容量もそうですし、人間は戦略的に忘れるようにできているわけですし。けれどコンピュータはそうではない。本当はうまく手を組んでお互いを助け合うことによってさらに進化していけると思うのですが。

実は今、「fuwari」というＡＩ作詞家VTuberのプロジェクトもやっています（図2）。ＡＩの講義をしたり、歌を歌ったり、ＡＩで作詞をしたりするのですが、主には、人間の作詞家の生みの苦しみを和らげるために人間の作詞家とコラボレーションで作詞をするというものです。このとき、人間が生み出してきた詞を学習してＡＩが作詞をするというのは許せないという話が出てきます。法令上では、機械学習に使う学習データとして自由に使えますが、ＡＩだけが生成したものに対しては権利が発生しないということになっているようです。でも、人間がツールとしてＡＩを使った場合、人間のほうには権利が帰属します。だから、ツールとして使ったＡＩが生成してくれたほうが人間の作詞家には良いはずなのですが、そうは思ってもらえない可能性があるのは残念です。個人的には、ＡＩで作詞したものが自然に皆さんに受け入れられる、ＡＩだよと言わずにヒットしたものが実はＡＩが作ったんだというふうにしたかったのですが。

三宅：それは石田先生の言うように、人間がつくってきた外的なものをインテリジェントするという中から人工知能が学習して出してきている。そして、人間と一緒に作詞するということなのですよね？

坂本：ＡＩだけが生成したものではなく、人間を介在させ、そこから人間ならではの発想を融合して、新しい、ＡＩだけ、人間だけでは生み出せない、さらなるものが生まれるというものを目指しています。

三宅：まさにそれはサイバネティクスですね。少し抽象的ではありますが、外在化された環境と人間がもう一度コラボレーションするという意味で、自律型という概念に対するお二人のご意見をお聞きしたいのですが。人工知能の研究者は、特に私は自律型人工知能をつくりたい、人工知能だけで知能として立ち上がるみたいなものを目指しています。果たして、完全にスタンドアローンな人工知能は可能なのか。石田先生のビジョンからすると、それは人間の幻想だということになるのでしょうか？

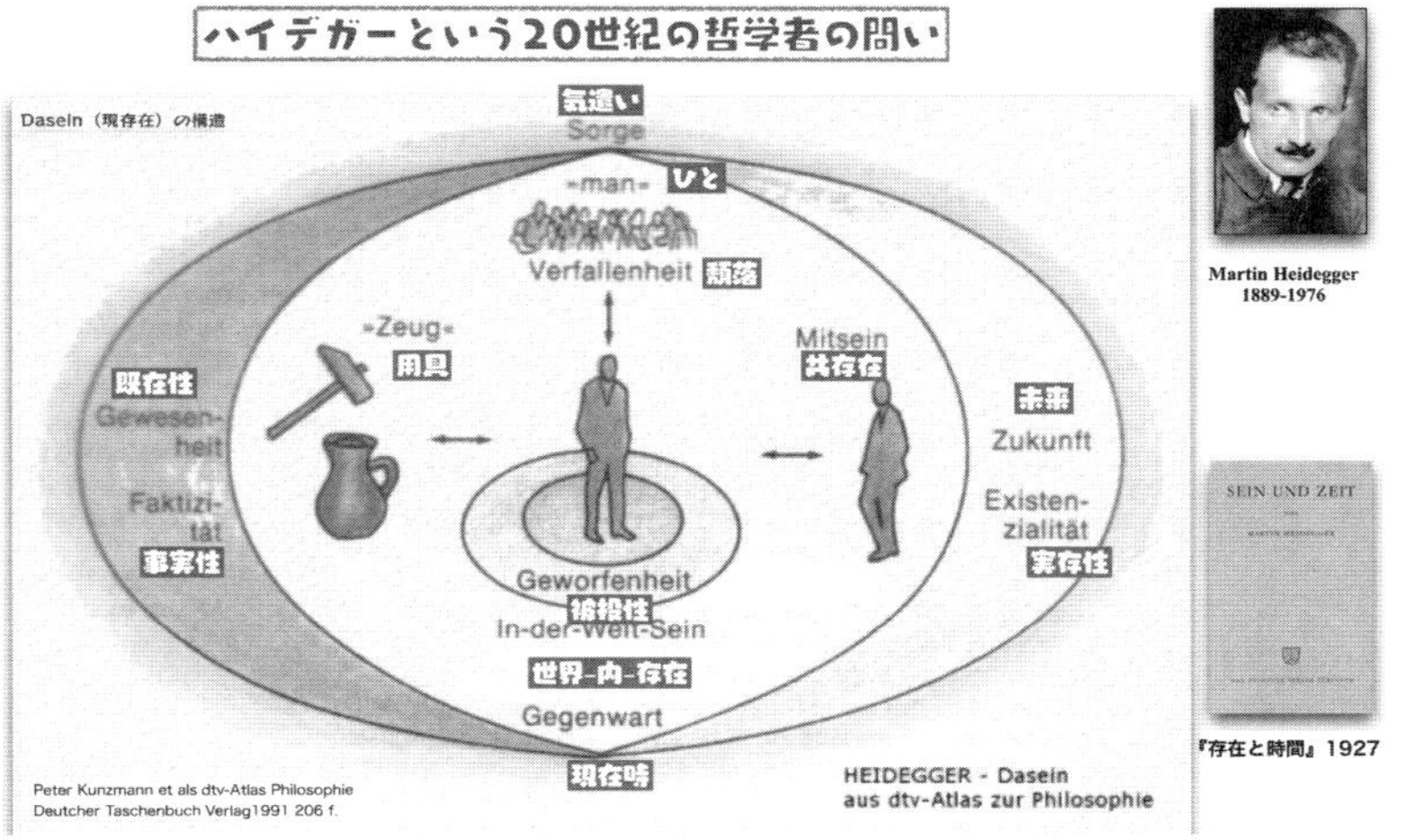

図3　ハイデガーの Dasein（現存在）［提供：石田］

石田：私の理解では三宅さんのいう人工知能はエージェントみたいなものだと思うのですが、カズオ・イシグロの小説ではそれをAFと呼んでいますね。アーティフィシャルインテリジェンスではなく。つまり、それはハイデガーが言うところの「共存在（Mitsein）」というものですよね。

東京芸術中学の授業では、人間は生まれつきサイボーグであるということを理解してもらうために、ハイデガーの「現存在（Dasein）」の構造を説明します（図3）。中学生に3分で説明するので大変なのですが、彼らはすぐに理解します。人間とは「世界―内―存在」という在り方をしていて、この図の真ん中にいるのが「あなた」、そしてこの手元に「用具」があって、隣には「共存在」という別の人と一緒にいる。さらに、「みんな」としての「ひと」という大衆のような在り方をしている次元もあると、一連のハイデガーの基本概念を説明します。そして、一世紀前はそうだったのですが、その後どうなったかというと、共存在は今ではロボット、用具はIT化しているからスマートフォン（つまりコンピュータ）になっていくし、大衆としてのひ

ヒトの発明

André Leroi-Gourhan
アンドレ・ルロワ＝グーラン
1911-1986

〈技術進化〉と〈外在化〉

〈ヒト〉＋〈石器〉から生まれた最初の〈サイボーグ〉

〈ヒト〉は石器なしには成立しない。

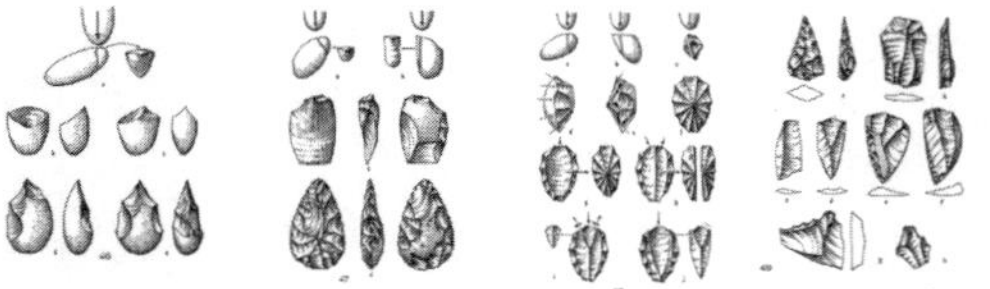

①　②　③　④

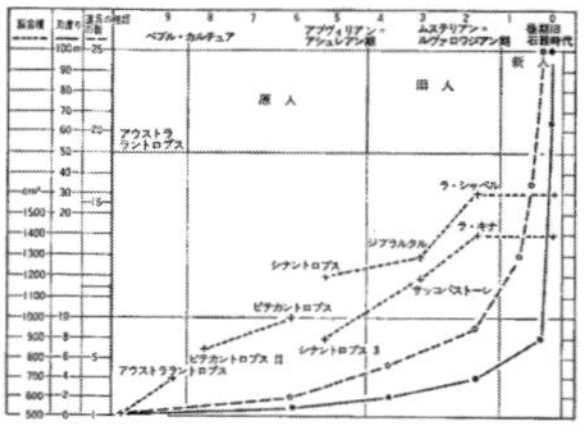

65　第四紀における脳容積の増大と技術上の進化（原料1kg当りの刃渡りの長さと道具の種類）。⑤

図4　石器とヒト［提供：石田］（上図①から⑤の出典：アンドレ・ルロワ＝グーラン著、荒木亨訳『身ぶりと言葉』（ちくま学芸文庫、2012年）、① p.161 図46、② p.167 図47、③ p.174 図48、④ p.175 図49、⑤ p.232 図65）

とはソーシャルネットで組織されて存在している、と。人工知能の今の技術進化はこういう人間の「世界―内―存在」の一連の進化の現段階なのだというふうに考えれば、すべてはかなりシンプルに説明できると思うのです。

技術進化の上では、スマホやコンピュータは旧石器時代の石器のようなものであると考えれば良い。原石から生み出すことができる石器の刃渡りは技術の急速な進化によって飛躍的に伸びていきました。同じように、現代ではシリコン上に回路を書き込めるICチップの能力が急速に伸びています。まさに同じことが起こっていて、事情はそれほど旧石器時代から変わっていないのです（図4）。こうした技術進化によって、環境全体のサイバネティクス化が起こって全面化してきたのが、この技術進化の現段階としての人工知能の問題だと子供達に説明します。

先ほどの『クララとお日さま』の話に戻ると、カズオ・イシグロはこの共存在のところにAFのクララをもってきて主人公とセットにしたということなのではないかなと思います。

フェーズ2 AIによる感覚の拡張

坂本：人工知能の研究者は、人間みたいなものをつくろうという方向と、非常に高性能な計算機、人間ができないところをサポートするようなものをつくろうという方向の二通りに分けられると思います。私はその両方でやっています。作詞AIに関しては人間ができないところをサポートするという方向ですが、オノマトペ的なものは人間が五感で感じて言葉にするような、人間が理解ができて、人間と同じように感性をもったようなことが言えるようなAIというような取組みで、三宅さんがおっしゃったように、人間みたいなAIをつくろうとしているということになるのかもしれません。やはり、どうしてもAIは人間とは違う部分があるので、全く同じにはならないだろうと思ってはいるのですが、そのあたりについてはいかがですか？

石田：坂本さんのおっしゃること、三宅さんの話とちょっとリンクすると、つまり先ほどのハイデガーの図（図3）でいう用具の側を重点にAIを考えるか、共存在の側をAI化するのか、そういう問題かなと思いますね。もう一つはソーシャルメディアみたいな、集合としての人というところをやろうとするのか。そういうことも今どんどん進んでいるわけですけれど。一つの見方でしかないのですが、このマップで考えるとそうしたタイプの問題が見えるのではないかという気がします。

三宅：坂本先生のオノマトペの研究は共存在のほうに人工知能を近づけようとする研究なのかなと思います。オノマトペは人間の感覚に依存するところが大きく、人工知能がなかなか使えないところだとみんなが思っているところだと思うのですが、オノマトペを人工知能が使いこなすということは、かなり衝撃的なことではないでしょうか。

坂本：意味というものをどう捉えるかですけれど、私は人が使うオノマトペをＡＩなりに理解はできると思っています。ＡＩがオノマトペをつくることもできると思っていて、ＡＩの場合の強みは、例えば「ふわふわ」に似たようなオノマトペをいくらでも出せるわけですよね。人間に明日までに５００個つくりなさいというと、「えっ！　無理」となりますが、ＡＩなら瞬時にいくらでもその場で出せる。さらに、もともとの「ふわふわ」との意味の近さを表す指標（距離）を出すこともできます。人間の場合は、あるとき誰かがネコを見ていて「あ、もふもふだ」と言ったり、ぱっと瞬時に浮かぶ。それは人間のすごいところだけれど、たくさんはなかなか出てこない。それぞれ特徴が違うというふうに思います。

人間が「もふもふ」という言葉を言ったときに、本当のところ、頭の中でそのとき何が起こっていたかはわからない。それをＧＡで同じようなものが出せる、例えば５００世代とか計算機を回して掛け合わせて出しても、人間も同じように出しているかどうかはわからないわけですよね。これを使うと人間がサイボーク化するかというとそうではなくて、常に横にあるツールなのかなと思います。

三宅：オノマトペというと、普通は人間の文化の中でどんどん増えていくものですが、これからはひょっとしたら、ＡＩが人間の言語を拡張していく可能性があるかもしれませんね。それは先ほど石田先生がおっしゃった、環境のほうがどんどん外在化し、環境のほうがある程度知能をもつことで起こり得る未来なのかなと思います。まさにこのオノマトペのツールは人間にとって外存在であり、かつ人間に深く影響するものです。言語において環境に外在する人工知能の側が人間に与えるという逆転現象が起こっているのかなと、とても感動しました。

清田：拡張されているという感覚もあるし、オノマトペということで表現できるところが増えているわけですよね。現代はそういう感覚を表現することへのニーズが非常に高まっている時代なのかもしれませんね。それはおそらく石田先生のおっしゃるナチュラルボーンサイボーグの話ともすごくつながっている感じがします。

坂本：一つ思うのが、オノマトペが一つひとつの音と印象のデータベースでできているのだとすると、外国人がこれを使えるのかということです。外国でも実験しているのですが、ブーバキキ効果[*13]を調べるような実験では、どちらがブーバでどちらがキキか、二者択一的に言語と対象物の弁別ができます。ところが、いくらそれを繰り返してもオノマトペを日本人のように使えるようにはならないだろうなと。本当のところ、オノマトペをどう理解しているのか知りたくて生理学研究所と共同研究を行っています。

石田：釈迦に説法かもしれませんが、認知言語学だとこれは言葉の類像性（iconicity）[*14]の話ですよね。脳科学のほうではどれくらいまで研究が進んでいるのですか？

＊13　ブーバキキ効果とは、言語（音）と視覚的な形を結び付けてしまう性質のこと。心理学者ヴォルフガング・ケーラー（Wolfgang Köhler, 1887 - 1967）が示した。丸い曲線からなる図形とギザギザの直線とからなる図形のどちらが「ブーバ」で、どちらが「キキ」かを尋ねると、大多数が「丸い曲線がブーバで、ギザギザの直線からなる図形がキキ」と答えるというもの。

＊14　類像性（iconicity）とは、記号の形式と意味の間に何らかの類似性が見られる現象のこと。

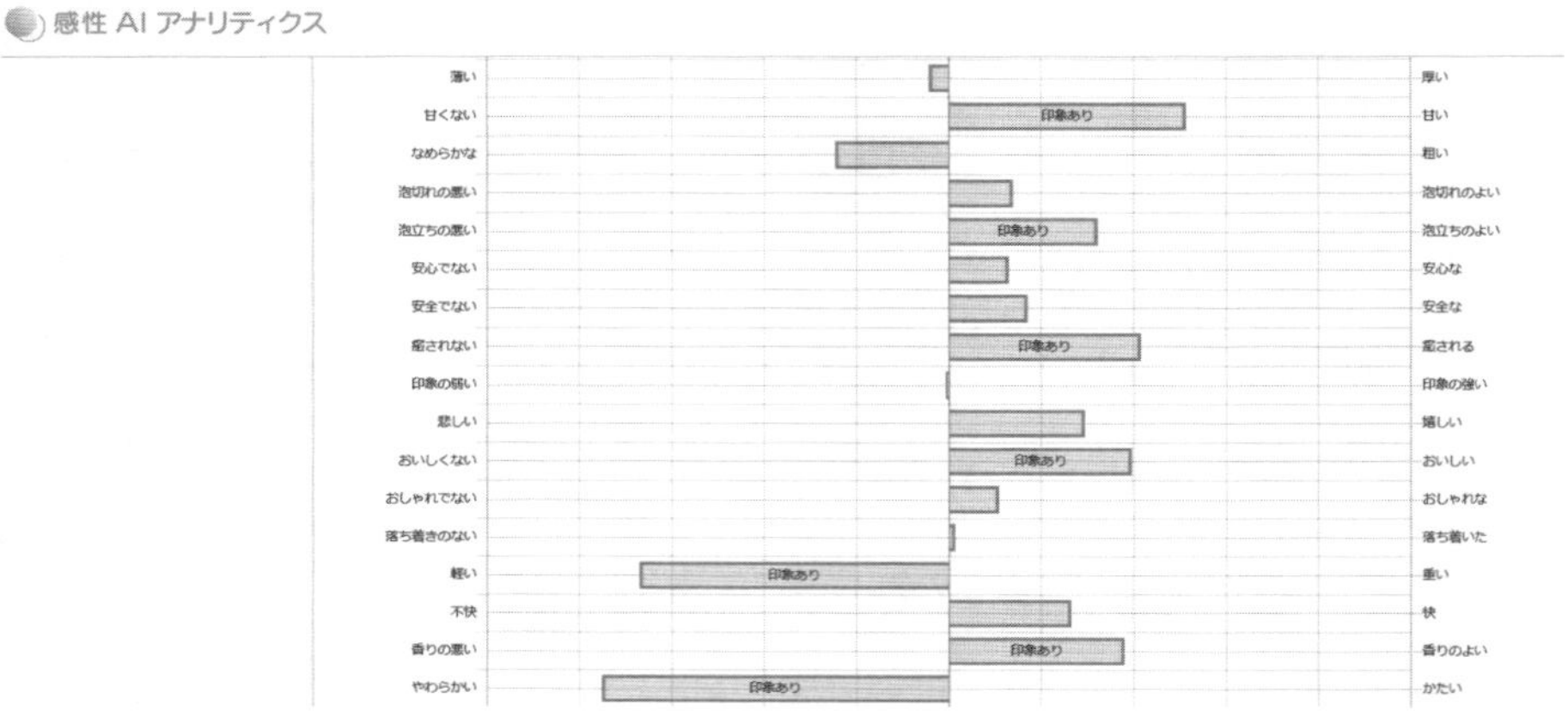

図5　「感性AIアナリティクス」（感性AI株式会社）で「ふわふわ」を数値化した結果の一部［提供：坂本］

坂本：共同研究では、ｆＭＲＩ[*15]を使ってオノマトペが脳のどこで処理されているのかを調べる実験をしました。いくつかのオノマトペを聞かせながら、場合によっては実際にふわふわしているものを触らせながら聞かせたり、逆に硬いものを触らせながら聞かせたり、柔らかさが音と一致しているときとそうでないときとを比較したりすると、やはり象徴的な部分を処理しているところが脳の中にあるのだとわかります。

石田：共感覚（synesthesia）とかいう話はどうですか？

坂本：坂本研究ベンチャーの感性ＡＩ株式会社で商品化した「感性ＡＩアナリティクス」では、オノマトペや単語の印象を音と触覚、音と視覚の共感覚的な結び付きを利用して多感覚の次元で数値化しています（図5）。ただ、音象徴[*16]的に、ある程度普遍的に、例えば「も」

＊15　fMRI（functional magnetic resonance imaging）は、MRI（磁気共鳴画像法）の技術を利用して脳の機能や活動を観察する装置。

＊16　音象徴とは、音と意味との直接的な結び付きのこと。

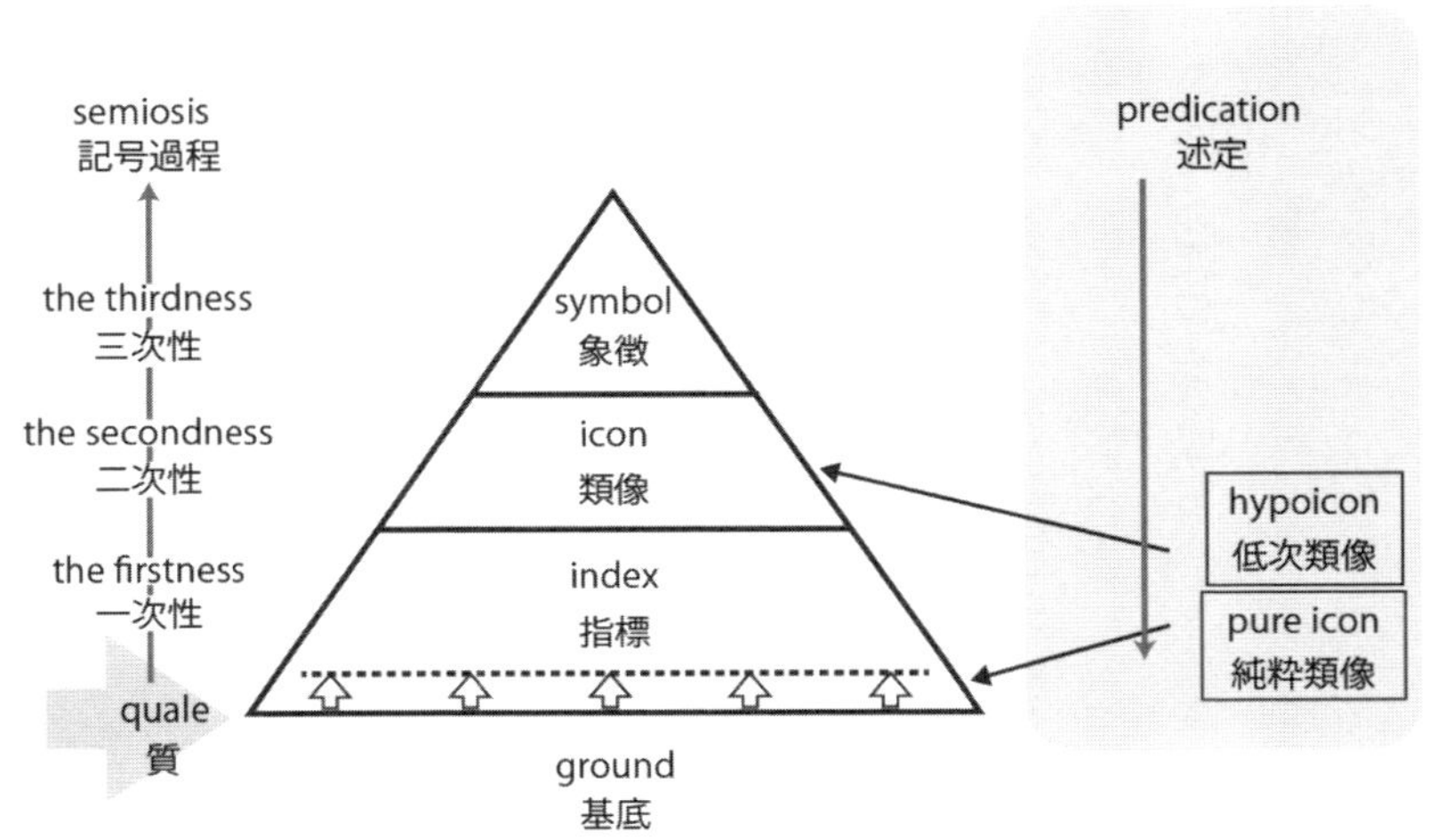

図6　新記号論の見取り図［提供：石田］

と「ふ」の組合せで、おそらくみんなそう感じるでしょうというところは出せますが、個人がどういうものをどういうオノマトペで表すかといった感覚や知識の違いみたいなものは、これでは捉えられない可能性があります。「もふもふ」というオノマトペをある属性の人はどういう言葉として使っているか、10代だったらおそらく高齢者とは違うとか、そういうことはあるだろうと思います。

石田：大変面白い、非常にチャレンジングな研究領域だと思います。synesthesiaの脳研究は割と今盛んに行われていますし、そういうところとも関係すると思います。

　私の記号論のピラミッド（図6）からいうと、一番ボトムのところの純粋類像（pure icon）の部分の話で、言語進化という話とつながってくると思います。私の理論にとってはとても都合の良い話で、実は言語と文字はそんなに違わないのだという、たぶんそういう話になるのではないかと思います。つまり、ある種の音信号をつくっている、類像的な関係をつくっているというレベルに関わる。そうすると、それは言葉と文字は結局違わないのだという話になる、というようなところまでインスパイアされるような研究だと思います。

坂本：そういうコメントをいただけてすごくうれしいです。石田先生にお伺いしたかったのですが、先ほどのオノマトペのツールでは理論上数千万通り、ａｂａｂ型に限らず長くすることもできるとすると、膨大な量のオノマトペを生成することができます。一方で、一番大きな辞書でもオノマトペは４５００個ぐらいしか載っていません。とすると、まだ使われていない潜在的に存在するオノマトペがたくさんある、裏を返すと、言語化されていない、記号化されていない感覚が潜在的に大量にあるわけですよね。記号化されることを待たれている感覚があるという、そこが私はちょっとおもしろいかなと思うところです。「もふもふ」もあるとき誰かが「ふわふわ」や「もこもこ」があるにもかかわらず、それでは表現できない感覚を感じて「もふもふ」と生み出したわけで、その記号化プロセスに非常に興味があります。

石田：私が言うことでもないけれど、英語の onomatopoeia のギリシャ語源は「言葉をつくる、名前をつくる」という、まさに生成的なところなので、言葉が記号として生まれる、象徴とリアルとの接点のところで何が起こっているかというのはすごく面白い話ですよね。

坂本：例えば「もふもふ」しか知らなかったときに、「まふまふ」が出てきました。そうすると、動物の顔にこう触れたときには「もふもふ」というより「まふまふ」だよねというように、新しい感覚を発見したり。そこが人間の面白いところなのかなと思います。ＡＩは生成することはできるけれど感覚を記号化しているわけではなくて、ある意味、音象徴的に掛け合わせてもともとの「もふもふ」に近いものを出しているだけであって、感覚を発見しているわけではない。でも、ＡＩが生成したものを見て人間は発見することができると思うのです。

三宅：そうですね、やはり言葉を発明するというのは新しい価値を生み出すことだと思います。人間がもっている言葉の外在化によって、「まふまふ」という価値が生み出される。ハイデガーの話につなげると、いろいろな技術の一環としての言葉ということになるのだと思います。

一方で、fuwariが使う自動作詞ＡＩが道具なのか共存在的存在なのかという話では、自動作詞ツールというと道具という感じですが、エージェントとみなすと存在になる。実際の身体はもたないけれど、インターネットというメディア上では非常に大きな実在感を出す。歌うとかYouTubeで音声を流すという点で、ほぼ人間と対等かそれ以上の存在感をもつことができる。カズオ・イシグロの言う「アーティフィシャルフレンド」に接近していくわけですよね。さらにオノマトペを使いこなすとなると、使っているＡＩも意味がわかっているんだろうという一種のイリュージョンが起こる。ＡＩも我々と共通の共感覚をもっているという感覚を生み出すという感じがしますね。もちろんＡＩには触覚がないからわからないはずなのですが。石田先生は作詞するＡＩ、かつ歌うというメディアについてはどういう見解をおもちですか？

石田：全部記号にバラしてしまえば、作者性とかそういう話はむしろ一般的な社会文化的な制度の問題かなという気がしますね。問題なのは創発性、つまり人工知能によって創発されるものが何であるかということ。それを人間が評価するのか、人工知能が評価するのかというタイプの話になるはずで、これ自体はかなり歴史のある議論です。レーモン・クノー[*17]という人の『100兆の詩篇』(塩塚秀一郎、久保昭博訳、水声社、2013年)という作品があって、14行詩のソネットを1行ずつ切って組み合わせると組合せで百兆の詩編ができます。その評価を誰がどのようにするのかという話です。正確な文言は忘れましたが、作者は序文に「マシンによって書かれたソネットはもう一つのマシンによってしか評価できない」というチューリング[*18]の言葉を引用しています。コンピュータの評価と人間の評価はもちろん違うわけですよね。

坂本:仮にコンピュータだけが作詩するというのはどう思われますか?

石田:最終的にはAlphaGoと同じような話になると思います。そうすると、書く側にプログラムする人間がいて、書くAIがいて、読む側にAIがいて、その読みを読む人間がいるという感じになるわけですよね。つまり、その組合せと評価ルール(どんなゲームになるのか)によって全体の評価が変わるので、その問題以上ではない気はします。

AlphaGoが碁の世界チャンピオンに勝利した頃、韓国にいくと人々はチャンピオンがAlphaGoに

*17 レーモン・クノー(Raymond Queneau, 1903 - 1976)、フランスの詩人・小説家。実験的な作風で知られ、例えば『地下鉄のザジ』(1959年)では多くの口語表現、音声学的な転記が用いられている。

*18 アラン・チューリング(Alan Turing, 1912 - 1954)、イギリスの数学者、計算機科学者。仮想的な計算モデル(チューリングマシン)を定義し、計算可能性理論における、ある種のフレームワークを提示した。

負けたショックが大きくて、講演すると必ずその質問が来ました。こちらも用意した答えがあって、こう言っていました。それはゲームの規則の問題でしょと。人間が負けたと考えるなら人間が別のAlphaGoと組むことによって別のゲームの規則をつくればよいのであって、それはゲームの新しい規則とは何かという問題でそれ以上でも以下でもない。それ以上のことは言えないかなと。人間とコンピュータが組むゲームがデフォルトとなった時代に私達は生きているわけですね。人間はもともとサイボーグというのはそういう意味です。坂本さんのオノマトペ生成ツールによって、人間が思ってもいなかったようなものが取り出されて新しいオノマトペが出てくる可能性がある。それをみんなが使い始める。これはむしろ人間の感性の拡張の問題ですよね。使われていなかったものが見いだされるということだから、それはもともとサイボーグとしての人間の拡張の問題なのではないかと思います。

どこで文化が安定するか、でしょうね。「人間＋マシン」がデフォルトの「人間」の時代に、「人間＋マシン」という現実の社会的文化的評価がどこでどのように安定するのかということだと思います。

［初出：人工知能学会誌 Vol.37, No.4］

対談をふり返って

私は、石田先生の『新記号論』、『記号論講義――日常生活批判のためのレッスン』（ちくま学芸文庫、2020年）といったご著書に感動して以来、すっかりファンになってしまいました。それ以来、先生の動画や発言が気になって仕方がありませんでした。2021年には「人工知能は一般文字学の夢を見るか」というゲンロンのイベントに東浩紀さんと石田先生とともに出演させていただきました。そこで話題となったのは、フロイトを記号論から読み直す、ということです。その読み直しは、まさに知的興奮をもたらすものでありました。坂本先生には人工知能学会の編集委員会などで「オノマトペ」の魅力を教えていただき、またテレビでもご活躍される多才ぶりとパワーに圧倒されてきました。言葉、記号を巡る対談を企画したときに、真っ先に浮かんだのはこのお二人で、すぐにご依頼を送り、お引き受けいただきました。

石田先生は一貫して「人間の知性は周囲の環境を巻き込んで、環境と一体となった存在（世界内存在）として捉えてはじめて理解できる」ということをおっしゃっています。それはハイデガーの「世界―内―存在」からノーバート・ウィナーのサイバネティクスの系譜でもあります。思えば、土地と一体となることはワクワクすることです。小学校の頃、空き地で二つのチームに分かれて、相手の陣地の旗を取ったら勝ち、というゲームをしていました。それぞれのチームは自分達の陣地に穴を掘ったり、土を盛ったり、いろんな工夫をします。次第に、そのチームはその土地と一体となっていきます。環境と一体となって自らの存在を作る。それが人間であり社会なのです。

坂本先生の「まだ使われていない潜在的に存在するオノマトペがたくさんある、裏を返すと、言語化されていない、記号化されていない感覚が潜在的に大量にある」というお言葉はビシッとしびれるフレーズです。人間の知能が言葉という外在化した記号に依拠するようになったとすれば、その逆もまた可能ではないのか？　まだ使われていないオノマトペは、新しい人間の感覚を示唆するのではないか。人は常にオノマトペを創造します。言葉と言葉の隙間に落ちている新しいオノマトペを見つけるとき、何だか人生がホッコリ豊かになった気がします。人間の知性の旅は、オノマトペの体系を完成する旅かもしれません。

両者に共通するのは知性の「外在化」。人工知能をつくろう、という試みは一見正当なロマンに見えて、その裏には環境から独立した存在をつくって、そこから環境へ働きかける、という考えを含んでいます。しかし、そうやってつくられた人工知能と世界の隙間は埋まらないのではないか。環境を巻き込んで一体のシステムとなって世界を生き抜くのが知能だとしたら、人工知能の基本設計もまた、いかに環境を巻き込んで一つのシステムとなるかを考えねばならないのではないか。この対談はそんな深いテーマを内包して、まさに未来へつながる内容となっています。（三宅）

問い2

人工知能にとって意識とは何か

世界と知能と身体

田口茂 × 谷淳

ベルクソン的「時間スケール」と意識

平井靖史 × 谷口忠大

SFから読み解く人工知能の可能性と課題

鈴木貴之 × 大澤博隆

世界と知能と身体

田口茂（北海道大学／CHAIN）×谷淳（沖縄科学技術大学院大学）

現代ほど、科学と哲学が近づいている時代はないのではないか。人文社会科学、神経科学、人工知能という三つの分野の交差点で人間知を探究する田口茂氏、リカレントネットワークモデルで知能の謎に挑む谷淳氏、二人の眼差しが交差する。［2021年３月８日収録］

フェーズ0

三宅：まずは、田口先生から先生のご専門の哲学について、また最近のプロジェクトについて教えていただければと思います。

田口：北海道大学の田口と申します。私は北海道大学人間知・脳・ＡＩ研究教育センター（CHAIN：Center for Human Nature, Artificial Intelligence, and Neuroscience）というところでセンター長を務めています。CHAINというのは学際的なセンターで、人文社会科学、それから脳科学＝神経科学、三番目に人工知能＝ＡＩ、この三つの大きな分野が交差するところでいろいろなことを考えていこうというセンターです。

これまで哲学や歴史学、文学といった学問が人間について考えてきたわけですが、神経科学、人工知能も人間について考えるための重要な学問として浮上してきました。つまり、従来は哲学が扱っていたような問題やテーマを神経科学や人工知能の人達が考えるようになっています。意識とは何か、自由意志とは何か、自己とは何かといったようなテーマを、その三つの大きな分野の交差地点で考えていくというのが我々のやろうとしていることです。その交差地点に新しい人間知というものが立ち上がってくるだろうと我々は考えています。

私自身の研究について申し上げると、もともとは現象学、特にエトムント・フッサール[*1]というドイツの哲学者の現象学的哲学を研究してきました。10年ぐらい前から、いろいろな科学者と共同研究するようになりまして、数学者とか神経科学者、ロボット研究者、人工知能研究者といった人達と共同研究をしています。これが非常に面白くて、私の中では自分の仕事の中心になってきたというところがあります。

その中でも、最近の大きなプロジェクトとして二つあります。一つは「媒介論的現象学」と呼んでいますが、これは「媒介」という概念を核にして現象学をもう一度つくり直していこう、読み換えていこ

＊1
エトムント・フッサール（Edmund Husserl, 1859 - 1938）、オーストリアに生まれ、ドイツで活躍した哲学者。新たなアプローチの哲学として、現象のみに立脚して探究を行う哲学である現象学を提唱。現象学は20世紀哲学の大きな流れとなり、文学や芸術のみならずロボティクス、認知科学などにまで影響を与えた。

うというものです。「客観的世界があり、それとは別に内面があり、現象学は主観的な内面のほうを探る学問だ」という見方をされることが多いのですが、私は必ずしもそうではないと思うのです。客観的な対象も現われるし、内面も現われます。例えば、「何か痛みを感じる」というのは痛みの現われです。ありとあらゆるものに関して、それを現われという面から研究していくのが現象学だと私は理解しています。現われているものはすべて現象学の問題領域になるわけです。そういう面から考えると、現象学を規定するときにあまり内面について考えるというふうにはせずに、むしろいろいろな媒介を考えてみようということです。私と世界との媒介も、私と他の人達との媒介もそこに含まれますが、媒介というものを核にしていくと、現象学の特性が非常に見えやすくなってくるような気がしています。

それから、もう一つ大きなものとしては「自他の重ね合わせ」と私が呼んでいる現象があります。意識の基本的なモードはどんなものだろうと考えるとき、普通は、何か個人の意識というものがまずあって、それがときどき他人の意識と出会うというふうに考えると思いますが、そうではないのではないか、むしろ自分の意識と他人の意識が重なり合ったような状態、これが我々の意識のデフォルトの状態ではないか。自分の意識が、自分の内面だけに閉鎖されたカプセルみたいなものだというふうには、我々は普段思っていない。何かを意識しているとき、その意識をもちながら生きているときには、もう世界の中に意識が出てしまっている。そして、他人と話しているときには他人の意識と自分の意識が重なり合っているような状態を生きている、と。最近、量子認知（quantum cognition）の著名な研究者であるピーター・ブルーザ（Peter Bruza）さんらと一緒に「量子主観性（quantum subjectivity）」と我々が呼ぶものについて共同研究をしていますが、それも同じ発想です。私と人が話し合っているとき、意識の状態は閉鎖されたカプセルとカプセルが穴を通じてお互いを探っているという状態ではなくて、むしろ、量子的な重ね合わせ状態にある（そこで文字通りの量子現象が起こっているという意味ではなく、あくまで「量子的」な特性をもつということです）。そういう状態から「今の意識は誰の意識ですか」と問われると、「それは私の意識です」と答えざるを得なくなり、「個体的意識」という表象が生まれてくる。でも、これはもう話し合っていたときの状態とは違うわけです。言ってみれば量子状態が崩壊して個人的意識の状態になるといったイメージですね。他にもいろいろ細かいプロジェクトがありますが、大きいプロジェクトとしてはこの二つですね。

三宅：ありがとうございます。10年ぐらい前から、科学者や他の分野の研究者とコラボレーションをされ始めたということですが、何かきっかけがあったのでしょうか？

田口：はい、ありました。私が前に勤めていた山形大学に、プリンストン高等研究所教授のピート・ハット（Piet Hut）さんが、日本で現象学について一緒に共同研究できる人を探しているということで、わざわざ訪ねてくださったのです。彼と話していて意気投合しまして、そこで彼に、あなたとすごく合うと思われる人がいると、数学者の西郷甲矢人さんに引き合わせてもらいました。そこから西郷さんと一緒に共同研究を続けて、本も一冊書きました。『〈現実〉とは何か』（筑摩選書、2019年）です。他にも、ピート・ハットさんが企画したサマースクールでたくさんの神経科学者や意識の研究者などと知り合い、そこから一気に世界が広がっていったという感じです。

三宅：哲学の手法と科学的手法というのはかなり違うと思うのですが、他分野とのコラボレーションにおいて、研究の手法自体の違いみたいなものを感じたりしますか？

図1　対談風景（上段左：清田、上段右：田口、下段左：三宅、下段右：谷）

田口：研究の手法の違いについては、私自身は実はそれほど意識したことはありません。私自身が非常に無手勝流というか、とにかく現象であれば何でも現象学のテーマになると思っているので。その意味で言うと、科学者が扱っているものももちろん現象です。そして私にとって面白いのは、科学者の目から見た現象について知ることができることです。私の目で見ていたら絶対に見えないような現象の姿が科学者の目を通して見えてくる。それが私にはとても面白い。それをどんどん教えてほしいという感じですね。

三宅：谷先生は、常に哲学と人工知能をつなぐ境界のところで仕事されてきたというところに自分も感銘を受けているわけですが、谷先生が人工知能の研究を始めた経緯、そして、哲学との関わりについて教えていただければと思います。

谷：もともと私は、千代田化工建設で配管の設計をやっていました。大きなプラントの中で配管ネットワークの試験をやっていると、夜中にウォータハンマ現象が起こります。配管のネットワークの中でいきなりどこかの弁を閉めたりすると非常に大きく圧力が上がって、それが衝撃波に

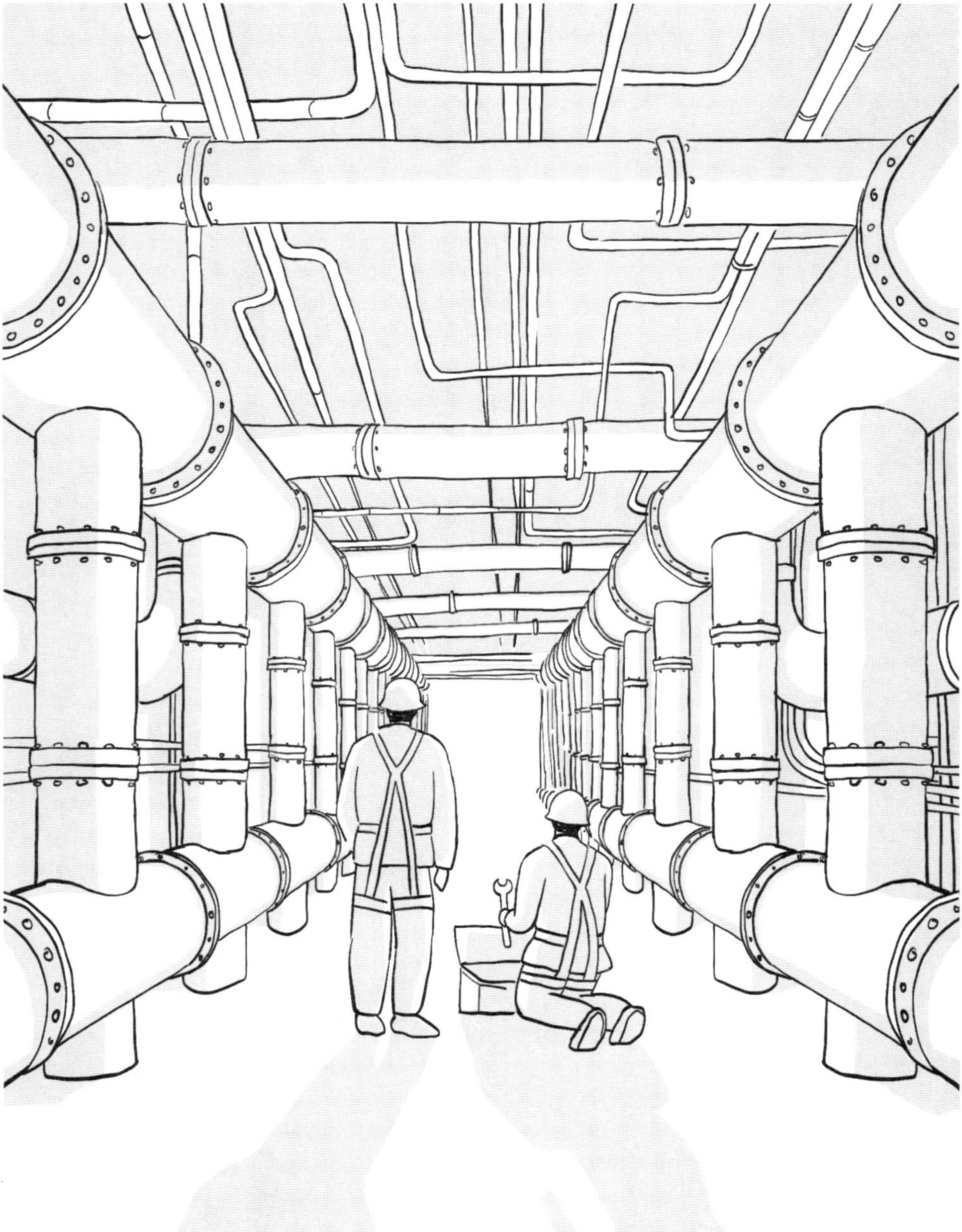

なって配管の中を伝わっていく。伝わっていくと、それによっていろいろな機器に影響を与えて、それがまた再反射してあちらこちらに伝わっていく。それが、規則に従っているような、従っていないような、なんというか、それこそパターンが創発していく感覚です。そのとき、意識とはこういうことなのではないかと思ったことがありました。その頃、第五世代コンピュータプロジェクト[*2]があって、人工知能という言葉だけは知っていました。そこで、そういうことを突き止めたいと思って、自分で英語を勉強してミシガン大学に行きました。もともと早稲田大学の機械工学科出身で、全く人工知能とは関係がなかったのですが。

ところが、ミシガン大学に行ってみると、そこでやっていたのは記号を使ってポインタをたくさん貼って……という人工知能でした。なんか違うなというふうに思っていたら、授業の中でコネクショニズム[*3]という存在を知って、１９８７年にその大御所であるデビッド・ラメルハート[*4]がスタンフォード

＊２　第五世代コンピュータプロジェクトとは、１９８２年から１９９２年にかけて進められた、知識情報処理や並行論理プログラミングといった次世代コンピュータ技術の開発を目的とした国家プロジェクトのこと。

＊３　コネクショニズム（connectionism）とは、人間の脳の神経回路網を模した学習モデル「ニューラルネットワーク」に基づいた人工知能を実現しようとするアプローチのこと。

＊４　デビッド・ラメルハート（David Rumelhart, 1942 - 2011）、アメリカの認知心理学者でニューラルネットワークの研究者。特にバックプロパゲーション（誤差逆伝播法、84ページ参照）とジェームズ・マクレランド（James McClelland, 1948 - ）らとともに提唱したPDPモデルが知られる。

大学でサマースクールを開くというので参加しました。そこで、特にリカレントネットワーク[*5]というものと出合います。これはもう配管のダイナミクスと非常に似ているなと、これが本当だろうと思って、それからもうずっとそれをやっているということになります。それが人工知能というか、神経回路モデルとの出合いですね。

その後、Sony Computer Science Laboratories（ソニーCSL）に入って、もともと機械工学ですし、ロボットにも興味があったので、神経回路を搭載したロボットの研究をしていました。ある実験結果をまとめている頃に訪ねてきたのがジョセフ・ゴーギャンでした。彼は、『Journal of Consciousness Studies』の最初のeditor in chiefをされた方で、フランシスコ・バレーラ[*6]との共著論文が何本かあり、彼が言うにバレーラに現象学への興味を植え付けたのは彼自身だとのことでした。たまたま研究所長の所眞理雄[*7]先生の知り合いということで来て、たまたま僕のロボットの実験を見て、これはハイデガー

＊5　リカレントニューラルネットワーク（Recurrent Neural Network）、内部に循環する機構をもつニューラルネットワークの総称で、回帰型ニューラルネットワーク、再帰型ニューラルネットとも訳される。

＊6　フランシスコ・バレーラ（Francisco Varela, 1946 - 2001）、チリ出身の生物学者・認知科学者。マトゥラーナとともにオートポイエーシス理論を提唱した。

＊7　所眞理雄（1947 - ）、慶應義塾大学教授を経てソニー株式会社執行役員上席常務。1988年に株式会社ソニーコンピュータサイエンス研究所を創設。代表取締役社長、代表取締役会長を経て、2017年に退職。株式会社オープンシステムサイエンス研究所代表取締役社長。一般社団法人ディペンダビリティ技術推進協会（DEOS協会）理事長。

の言っていることの一つの良い例になる、論文を『Journal of Consciousness Studies』にぜひ投稿してくれというふうに言われたのです。それまで僕は現象学というか、ハイデガーもほとんど知らなかったのですが、そう言われて勉強してみると、解釈学的な捉え方がダイナミカルシステム（動的システム）に非常に似ているなと思いました。

そういうことを勉強している頃に、ヨーロッパで行われたALIFE[*8]の国際会議でバレーラを見掛けて、僕は大胆にもバレーラに、僕はあなたが言っている「オートポイエーシス（自己創出）」みたいなものをロボット上につくったからぜひ発表を聞きに来てくれないかと言いました。そうしたら彼は本当に来てくれて、発表後に感想を聞いてみると、「オートポイエーシスは産出プロセスで複製（子孫）をつくるというような話だから全然違うけれど、『自律性（オートノミー）』を体現する話になっている」と言ってくれたんですね。彼は生物学者のウンベルト・マトゥラーナ[*9]と一緒にこの理論を提唱していて、そこでまたこのあたりの話を勉強しました。その頃、バレーラは論文の中で特にフッサールの時間論の話をしていて、それを読むと、リカレントネットワークとかなり関連性があると。次の予測という意味での「予持」、過去の流れを受け継いでという意味での「把持」、それがリカレントネットワークのやっているこ

＊8　国際人工生命学会（International Society for Artificial Life）

＊9　ウンベルト・マトゥラーナ（Humberto Maturana, 1928 - 2021）は、チリの生物学者。神経生物学の観察実験に基づいて、哲学や認知科学とも関係した領域を研究。バレーラとともにオートポイエーシス理論を提唱した。

と非常によく似ているなと思って、これはまた関係するなというように勉強していていきました。人工知能、まぁロボットの神経回路から始まって現象学へと辿っていったという、そういう流れです。

バレーラは2回ぐらいソニーCSLに来てくれて、ロボットの実験を見てもらって議論をして、そのときバレーラは「このロボットに意識があると言ったら、すべてが終わってしまう。そうではなくて、ここに見えている現象が例えば『現象学の×××が言っている部分と対応する』とか『ここの部分はこれと対応する』、そういうことを言っていくことによって、その意識の意識らしさというものがより具体的にわかってくるだろう」と僕に言うわけです。

三宅：そのように哲学と人工知能のアプローチを採る人はなかなか他にいなかったのではないかと思うのですが、哲学者、人工知能研究者を含めて、周りに理解者はいたのでしょうか？

谷：先ほど言ったようにゴーギャンとか。ただ、ゴーギャン自身は現象学のプロではないから。現象学のプロの人というと谷徹さん[*10]がいます。でも、それほど親しくしていたわけではありません。その後、10年ぐらい前にハットさんが田口さんと西郷さんを連れて理化学研究所にいらして、池上高志さんも交えていろいろな話をしたのを覚えています。そのときは、田口さんと現象学の話をしたというわけではなかったですけれど。僕の場合、論文を書いて投稿するとレビューアが現象学者で、その人がいろいろと言ってきて、そこで勉強するという感じですかね。

＊10
谷徹（1954－）、日本の哲学者・哲学研究者。専門は現象学。

フェーズ1　現象学と人工知能

谷：これは田口さんとぜひ議論したいなと思っていたことなのですが、フッサールの仕事というのは、良い意味でも悪い意味でも今の人工知能の基礎をつくっているところがあるわけですよね。ヒューバート・ドレイファス[*11]の人工知能批判は非常に有名ですが、フッサールの現象学的分析を援用しながら、いかなるプログラムも「期待」を用いていないことが人工知能の主要な弱点であると指摘しました。フッサールはその純粋論理に基づくところで人工知能的な考えのほとんどをつくってしまったと言ってもいい。例えば、マービン・ミンスキー[*12]のフレーム理論[*13]にしても、とうの昔にフッサールが提案済みの話で、その限界というのもフッサール自身がもうわかっていました。哲学と人工知能には密接なつながり

＊11　ヒューバート・ドレイファス（Hubert Dreyfus, 1929 - 2017）、アメリカの哲学者。人工知能研究の黎明期から人工知能批判を精力的に展開した。人工知能研究の限界を明らかにするものであると同時に、いわゆる旧来の伝統的な哲学批判でもあった。

＊12　マービン・ミンスキー（Marvin Minsky, 1927 - 2016）、アメリカのコンピュータ科学者、認知科学者。ダートマス会議の出席者の一人であり、黎明期から人工知能研究をリードした。

＊13　フレーム理論とは、ミンスキーが1975年に提唱した知識表現の方式。画像認識等における人間の認識はトップダウンで行われる。これをプログラムで実装するために、フレーム理論では既存の知識をフレームの形にまとめて、それを用いて認識や推論を行うことを提唱した。

がある、というより哲学があってそれを受ける形で人工知能ができてきたわけですよね。

フッサールの素晴らしいところは、知覚や生活世界にその論理をグラウンドしようとしたところであり、そこに落とし込むために「志向性」とか「超越論的」といった概念を提唱したところです。けれども、フッサールは論理的に完備な世界を目指して、それで破滅してしまいます。そこを見ていた弟子のハイデガーはそれで解釈学にいったわけです。解釈学というのは、何かモノを見る・考えるときに、仮説を置いて、それで見るとこうなるよという話です。結局、その仮説、つまりバイアスからそうなるだけではないか、解釈の循環だということを言われてしまうのですが。

ハイデガーの一番の功績は、世の中にはそういうような「解釈学的循環」を通さないと理解できないものもあるとしたことでしょう。それまで論理的に完備でなければいけないと考えてきたものに対して新しい時代をつくったということで、ハイデガーは現象学の新しい世界をもってきたと考えることができるわけです。そこからスタートしているのがモーリス・メルロ＝ポンティ[＊14]、もちろんバレーラもそういうようなところにいます。このように、現象学の流れを評価しないといけないというのはあります。ただ、今の人工知能はまだハイデガーに届いていないですよね。

三宅：おっしゃるとおりで、僕も出発点が現象学と人工知能というところですが、どの教科書を開いてもそんなことは書かれていません。デカルト的な、フレームベースな人工知能から始まって、記号論理

＊14 モーリス・メルロ＝ポンティ（Maurice Merleau-Ponty, 1908－1961）、フランスの哲学者。後期フッサールの影響を受け、現象学的思考を展開した。

があって、ニューラルネットワークもあるよ、みたいな、そんな形になっています。

谷：日本の人工知能の先生方の話もやはり記号論理に乗っていて、どうしてもそこにいってしまうのですよね。それで、ディープラーニングは理論がないと否定する。

三宅：多くの人はフッサールやハイデガーと関連付けて人工知能を捉えていないのではないかというのが自分の思うところで、そこがもどかしいですね。一方で、田口先生は現象学の専門家中の専門家で、その田口先生から見た人工知能とはどういうものに見えているのでしょうか？

田口：現段階ではもちろん遠大な野望にすぎないわけですけれども、最終的にもう人間と同等なものをつくりたい、人間を人工的に再現しようとする野望だというような話が三宅さんの本にあったと思いますが、それはなるほど、という気がしています。

いろいろと工夫をしていくと、逆に人間とは何かということを考えざるを得なくなってきます。やはり、ＡＩとかロボットをつくろうとしていく過程で、どうしても「人間って、いったいどうなっているのだろうか」ということを反省せざるを得なくなってくる。そこで、現象学とか哲学につながってくるところがあるのかなと思います。哲学だけではなく、神経科学とか心理学とか、そういうものも全部一緒になって、「人間とは何か」といった問いが人工知能の研究の中で脈々と息づいているというのが、非常に面白いところだなと思います。

そこから哲学をやっている人間も学ぶことがたくさんあると思います。我々は、哲学という領域の中で一生懸命、頭だけを使って考えて、ディスカッションしたりしていますが、つくってみたらこうなりましたというのはすごく強いですよね。それを鏡として、また頭の中での思考も進んでいくし、お互いにそれこそ媒介し合って進んでいくというところがあるのかなと思います。もう、人工知能も哲学も一つに混ざり合ってくるような領域があるような気がしています。

清田：振り返ってみると、やはりＡＩの研究者はかなり哲学から影響を受けてきたという歴史がありますね。２０１９年に長尾真先生は「情報学は哲学の最前線」[*15]というテキストを書かれていますが、そこでは哲学研究のツールとしての人工知能、そして情報学という観点が非常に重要だと指摘されています。今のお話をお聞きしていても、非常に重要な観点なのだなと私も思うところです。

人間とはどういう存在かというところに立ち返るということでいうと、人間を語るには衣食住が欠かせません。私は不動産情報を扱っているので住まいにフォーカスして考えたりします。住まいの価値がどうやって決まるかというところにＡＩを使おうとすると、実は非常にさまざまな課題に突き当たるのです。やってみると、いろいろな学問領域に関わってくることがわかってきます。例えば家を買うというのは非常に大きな意思決定で、そこに多様な価値観が現れます。イノベーションによる生活スタイルの革新がマーケットに大きな影響を与えることもあります。狭い範囲で完結せず、非常に大きな流れの中で互いに影響をし合っています。それは家の住まいとしての価値においてもそうだし、住み方とも影響し合っています。そういうところをすべて含めて考えないと解決しないということが、この問題に10年取り組んで来てわかってきているところです。

これは住まいだけではなく、食もそうだし、いろいろな産業領域において同じような構造が見られま

＊15　長尾真「情報学は哲学の最前線」(http://hdl.handle.net/2433/244172)

す。ある意味、人生が有限だからこそ、そういうことが重要になってくるという考え方もあると思います。その有限な人生の中で何に重きを置くか、どこかで意思決定しなければならないといったことなど、ハイデガーの観点から見ることで捉えられるものがあるのではないかなと思うところです。現実の問題を解こうとしたときに、そういう見方をしないと取り組めないことがたくさんあるというのは感じています。

三宅：現象学の面白さは、生活世界、ロジックで切られた世界ではなくて、人間が直に体験する世界について語る言葉をもち、谷先生がおっしゃるように、そこにグラウンディングしていくところだと思います。人工知能がロジカルにつくられることによって、そういう態度はロジックのフレームの中に閉じられてしまうわけですが、現象学はその中にどんどん入り込んで、世界とより密接な関係を構築する、世界と同期するような関係をつくっていく。そういうところにすごく魅力を感じます。

私は人工知能というのは、現象学の力で（これはハイデガーまで含めてですが）再構築されるべきという考えをもっていますが、例えば、田口先生が人工知能の教科書を書くとしたら、そういう再構築がなされるのではないのかなという気がしています。

田口：人工知能の教科書はちょっと無理だと思いますが、そういうアイディアが混ざり合っていろいろな人達が一緒に話し合っていく中で新しい発想が出てきたら面白いですね。確かに、三宅さんがおっしゃるように、非常に根本的な転換だと思います。つまり考え方の根っこを変えるということになるので。それはある意味すごく大変なことだけれど、でもその考え方の根っこのポイント自体は、実はとても単純なことだったりすると思います。単純なポイントでも腹の底まで納得すると全然違ったものの見え方がしてくるということはあるのかなというふうに思います。

三宅：デカルトの考えの中にいるみたいな感覚、そこにさえなかなか気付けないということはありますよね。そもそも全部がそうなので、逆にとらわれているという発想にすらなりません。そういう意味で谷先生にお聞きしたいのですが、デカルトを経由せずにミシガン大学で一直線に現象学のほうに向かったというのは、何か人工知能の基礎そのものが現象学的なものにあるという直感があったのでしょうか？

谷：現象学に突き進んでいったわけではなくて、たまたまセンサリーモータの、要するに一番下の部分から始めていくと現象学の考えていることと同じになっていくということですね。ある部分、現象学を「再発見」しているのです。これはちょっと言い過ぎかもしれないけれど、なんか似たようなところに行くわけですね。後から、そういうことはもうフッサールという大先生が大昔に書いている、ハイデガーが言っていた、ウィリアム・ジェームズ[*16]がそんなことを言っているのですかと、後から知って驚いてしまうという感じです。ジェームズは、意識の流れをさまざまな観念やイメージの動的な連続変化過程であるとしたアメリカの心理学者で、彼の理論は非常に力学系、ダイナミカルシステムですよね。

ただ、私が思うには、彼らはあまり数学は使っていませんでした。そういうところで、我々はダイナ

＊16　ウィリアム・ジェームズ（William James, 1842 - 1910）、アメリカの哲学者、心理学者。プラグマティズムを提唱した。

ミカルシステムからスタートして、最近はカール・J・フリストン[*17]の言う自由エネルギー原理みたいなものを使うことによってベイズ的な数式[*18]も導入しています。こういう現代的なツールを使って現象学の扱うものを押さえていくことができるようになってきています。コンピュータも使えるわけですし。

三宅：結果的にそうなったというのは面白いですね。同じ真理に逆の側からたどり着いているわけですね。哲学というのはやはり言葉がとても重要で、一方、科学は現象から突き詰めていく。それが人工知能という場所で出合っている。これは、人工知能の研究者にとっても哲学者にとっても、非常にエキサイティングなことなのではないかなと思います。

私はゲーム産業の中で人工知能の研究開発をしているので、どちらかというとキャラクターを動かすことが至上命題です。いわばセンサリーから全体をつくっていく。そうなると、リアルタイムで動いたり、状況が変わったりしていく中で、必ずしも記号で表現できないわけです。やはり、力学系的なところで物理的なものを動かさざるを得ません。ただ、そういう人工知能にたどり着くのに、かなり時間がかかってしまったというのがあります。それがもっと広がっていったらいいなという思いはありますね。

谷：ただ、やはり社会への責任があります。人工でつくったものでプラントを動かしていて、それが乗っ取られて悪用されたりするということになってくると、責任という問題が出てきますよね。だか

＊17　カール・J・フリストン（Karl John Friston, 1959 - ）、イギリスの神経科学者、理論家。脳の情報理論として自由エネルギー原理を提唱。生物の知覚や学習・行動は、自由エネルギーと呼ばれるコスト関数を最小化するように決まるとした。

＊18　ベイズの定理に基づいて、新たな情報をもとにある事象の確率を再評価する。

ら、デカルト的に、鳥瞰的に外から観測して、中がどうなっているかを明らかにしたいというのは間違いではないです。

私がやっていることはちょっと無責任なところもあって、人間とは何かということを理解するためにロボットをつくっているのであって、工学的に役に立つことをしてくれるロボットではないのです。それなら、最初から専用機械をつくったほうがよほど役に立ちます。理解するという観点では私の言っていることは正しい。けれど、方法的にやはり利用したいという立場もあるわけで、そのときに私がやっているようなことをそのままやってはダメなのだろうと思います。立場が違うというか、やっていることが違うわけですよね。

三宅：谷先生と最初に会ったのは2010年頃だったと思いますが、確かにその頃は私もそう思っていました。ただ、その後、ニューラルネットワーク、ディープラーニングが出てきました。それが社会に入っていくのはいいけれど、誰が責任取るのだろうと思ってしまうところがあるのですよね。そのあたりの議論もなく、記号主義との対立も特になく、すごい勢いで広まっていったので。今でも、そういう感じで見ているところがあります。ディープラーニングの検証理論はまだありませんし、バグが完全に取れたか誰も保証できないという状況です。

谷：でも、それが今のシステムですよね。マイクロソフトのWindowsも、後からどんどんパッチが貼られて、それで何とか動いています。いつまでも未完成のものを使っているわけですよ。そういうような形になってきているのです。しかし、飛行機がそれでいいのかといえばいいわけがない。やはり、それはアプリケーションの対象によって考えなければいけないことなのではないかと思います。ディープラーニングも経験論的に、これだけ動くからまぁいいだろう的なものでしかないわけです。でも、それがハイデガーやフッサールを超えてきたという理由は一つ、そこにあると思います。もともと人間は完備なものではないということを基本に考えているところがありますね。

田口：フッセリアン（フッサール研究者）の立場から言うと、フッサールは必ずしも完備なものを求めていたわけではないと思うのですよね。特に、後期のフッサールはもう全然それを求めていません。もしかすると、ハイデガーとの間に隠れた影響関係があるかもしれませんが。

三宅：数学から出発して、初期の厳密な哲学みたいなところから後期には変化していったということなんでしょうか？　確かフッサールの数学の師匠は近代解析学の祖カール・ヴァイアーシュトラス[*19]だったと思います。

田口：「厳密学[*20]という夢は見果てられた」というような発言が結構取り上げられたりしましたね。でも、それはフッサール自身の考えを書いたものではなく、一般的な傾向に言及したものだ、などいろいろな議論があります。全体として見ると、そもそもフッサールが数学をやめて哲学にいったのは、数学だけではどうしても答えられない問題があることに気付いたからであって、そもそもの最初からして数

＊19　カール・ヴァイアーシュトラス（Karl Weierstraß, 1815 - 1897）、ドイツの数学者。

＊20　厳密学とは、『厳密な学としての哲学』（1911年）という著書に代表されるフッサールの考え方で、学的な本質認識、形相的認識に立脚した初期の現象学的哲学を指す。フッサールはこれを自然主義や世界観哲学に対置する。

学的に解こうとは思っていないのですよね。当時の数学ではできなかったというところもあると思います。フッサールのやろうとしていたことの一部は、その後の数学の展開を考えると結構できるようになってきているところもあるのではないかと、私は数学は素人なのですが、素人ながらそう思うところも多くあります。

ただ、フッサールの発想そのものは非常に数学的ですね。数学や論理学が演繹によってのみ正しい結論を導いていくことができる、数学が数学として厳密に成り立っているということは否定していないと思います。けれども、その根っこのところにさらに、谷先生、三宅先生もおっしゃったように生活世界みたいなものがあるわけですよ。身体があって、生活世界があって、歴史があって、時間があって、というものが動いている。そこがまさにフッサールが非常に関心のあったところで、なぜこんなグチャグチャした世界からカッチリした数学とか論理が出てくるのか、グチャグチャなものに根付いているのになぜカッチリしたものが崩れないのか、すごく不思議なわけですよね。

三宅：私が現象学を面白いと思うのは、そのグチャグチャしたところがしっかりとあるというところですね。多くの場合、乾いたロジックで人工知能をつくろうとするけれど、人間の知能をつくろうとすれば、やはりグチャグチャしたところまで含めて、かつ論理もあるというところを全部やることになります。フッサールは、その全体の接続をしようとしたと思うのです。

お二人にお聞きしたいのですが、乾いたところはデカルト的なロジックや記号論理に定式化されている一方で、そのグチャグチャしたところをどうしたら人工知能にもち込めるか、そのあたりはどうお考えですか？

谷：私自身は結構最初の頃から、フリストンがいま言っているような「予測符号化」、「能動推論」にかなり近いことをやっています。システムは常に文脈をもちながら、それを用いて将来を予測していきます。予測して動く。しかし、世界は常にノイズであふれているので、実世界はやはりニューラルネットワークの何を使おうが、その予測が外れたり当たったりするわけです。外れたときに、そこで終わりではなくて、違ったということでその誤差を内部に通す。それがバックプロパゲーション[*21]です。誤差を下のレベルから上のレベルに、時間方向を現在から過去に向けて流していく。流していきながら内部状態を誤差最小の方向に変更していくわけですね。

今、自分がこうだという信念をもってやっているから誤差が出てしまうのであって、それなら自分の信念が間違っているかもしれない、と信念を変えていかなければいけない。でも、そこで誤差を最小にするような探索過程に入ると非常にいろいろとストレスがたまります。ストレスを解消しなければいけないのですが、それが意識的な過程なのではないかと私自身は考えています。すべてが予測したとおりにすいすいとオートマチックに進んでしまったら、そこには意識も何もない。一方、予測誤差が発生した場合、その誤差を最小化するために、トップダウン予測とボトムアップ誤差信号の両者が相互作用を繰り返しながら、信念（内部状態）を変更していくわけですが、それには大きな計算負荷がかかり、その負荷が意識的な過程を生み出すのではないかと考えています。

*21　バックプロパゲーションとは、勾配降下法を用いてニューラルネットワークの誤差を効率的に逆伝播させる手法のこと。誤差逆伝播法ともいう。

もう一つは、予測誤差が発生した際に内部状態を変えるのではなくて、自分が働きかけて自分の思ったように外部世界を変えていこうとする。それが能動推論です。行動を通して世界を変える。自分の信念は変えずに、自分の思ったとおりの世界につくり変えようという行動が能動推論です。世界を変えるか、または自分を変えるかということは、主観と客観世界のぶつかり合いの過程で主観側の信念の強さに依存して変わるのですが、そのぶつかり合いが現象学的意識を生み出すのです。

このようなことは、よくあるオートマチックなセンサリーモータマッピング[*22]的な反射行動的なシステムではできません。やはり主観的かつ認知的であるためには、不完全ながらも世界に対する主観的モデルをもっていて、それを使って常に現実との誤差をフィードバックするというような、矛盾と常に対峙するようなシステムでなければいけないと思います。

三宅：フリストンの「自由エネルギー原理」を読んだとき、谷先生が昔から言っていることと同じだという気がしました。

谷：フリストンはそういうふうに認めてくれているところもありますね。論文の中にも書いてくれています。ただ、私があまりにも決定論、力学系でやり過ぎているのに対し、フリストンはベイズ推定をもってきたことによって、それをもっと豊かにすることを可能にしています。力学系というのは決定的なのですが、それに対して確率を入れることによって、強度を思考過程に組み入れることができるわけ

＊22 主にロボット工学分野で用いる、外部感覚の入力と運動運動学を組み合わせたアプローチ。知覚システムとロボットが実行するアクションを関連付けたセンサリーモータマッピング（感覚運動マップ）により、特定の運動アクションの外部への影響をロボットに教える。

ですね。

例えば、ビリーフ（信念）。信念も1か0ではなくて、どれだけそれを信じているか、ですよね。ビリーフの強さをベイズのプレシジョン（精度）で書ける。力学系の記述を二次のレベルに上げるのです。予測の強さ弱さ加減を精度推定という形で、学習で獲得して、記述のレベルを二次のレベルに上げるのです。だから、「信念はこうだ」だけではなくて「どれだけ正しいか」という一つ上のレベルの記述をもてるわけです。それがフリストンの偉かったところです。私はどうしてもそこまでは考えられなかったですから。

清田：内部状態があるというところでベイズ統計学がツールとして機能している、こういう考えが広く受け入れられるようになったのはそう古いことではなくて、本格的には1990年代です。グーグルなどビッグデータを扱っている人達が現実の問題に向かうことになって使い始めたのですよね。現実の問題、例えばスパムページを検索結果から排除したいとか、そういうニーズがあってのことだと思います。

谷：そうですよね。「Mycin」[*23]とか、1970年代にありましたね。機械学習の世界とフリストン達の流れは割と同時進行しているようなところがあります。お互いにお互いを知らないでやっているような感じではあるかもしれませんが。

＊23　Mycin（マイシン）は、1970年代初めにスタンフォード大学で開発されたエキスパートシステム。病院内での細菌感染の診断と抗生物質の選択をアドバイスするためのシステムとして開発された。500のルールからなる知識ベースをもつ。確信度が示されることも特徴の一つ。実用化には至らず、1979年頃に終了した。

フェーズ2　世界とのつながり

三宅：田口先生が冒頭で言っておられた「いろいろなものが媒介を通じてつながる」という視点について、もう少しお聞きしたいのですが。先ほども言いましたが、本当の知能をつくろうと思ったら、世界と自分が混沌としてグチャグチャとしているところとつながっていくみたいなところの構築に入っていかないといけない。媒介という概念を使って、その構築ができるのではないかとも思うのですが、田口先生はそういうのをつくっていくためにはどうすればよいとお考えでしょうか？

田口：媒介ということで言うと、北海道大学の同僚の宮園健吾さんと一緒に、今、「媒介」の概念についての論文を書いています。「causation」、因果というものをちょっと我々は重視しすぎなのではないかと。因果を特定しようとすると、すごくよくわからなくなる場面がいっぱいある。因果についてちゃんとは言えないけれど、明らかに相関以上のものがあるという場合も多いわけです。例えば、意識と脳とか、ハードプロブレムと言われますけれど、単なる偶然の相関でしかないとはやはり思えない。けれども因果かというと、因果関係としては特定できない。そういうときに媒介という概念が使えるのではないか、と。

　ここから考えると、因果でシステムをつくっていくのではなくて、媒介でシステムをつくっていくといったことはできないのだろうかと思います。単純な考えにすぎないのですが、その分、波及効果はあるかもしれません。それはもしかすると、ロジックでつないでいくより、もう少し柔らかい形で人工知能をつくれることにもなるのかなという気がしています。

三宅：京都学派の田辺元[*24]が「媒介的な哲学」と言っていますね。媒介というところが意味するところをもう少し解説していただけると。例えば、「媒質」とは異なる概念なのでしょうか？

田口：私も田辺元の哲学から影響を受けて媒介という概念に注目するようになったのですが、田辺は「切ることによってつなぐ」という媒介の定義をしています。切ることによってつなぐ、これは非常に矛盾することを言っているようですが、非常に根本的なところを端的に表しているように思えます。世界はグチャグチャにつながりあってうまく切れない。そこにある切れ目を入れるとそれによって特定のつながりができてくる。何と何をどう切るかというのがものの関係やつながりを規定していくというところがあるのではないか。そういうふうな考え方でいくと、いろいろなものがこの媒介という見方で整理されていくような気がします。

三宅：人工知能の一番の課題といえば、この世界の混沌とのつながりがうまく表現できないということ。フレーム問題[*25]もそうですし、シンボルグラウンディング問題[*26]もそうです。この媒介という考え方

＊24　田辺元（1885 - 1962）、日本の哲学者。京都学派を代表する思想家の一人。「種の論理」を提唱し、「媒介」の概念を駆使した。後期には独自の宗教哲学を展開した。

＊25　フレーム問題とは、１９６９年にジョン・マッカーシー（２４５ページ参照）とパトリック・ヘイズ（Patrick Hayes, 1944 - ）が示した人工知能の課題。人工知能には有限の処理能力しかなく、それでは現実で起こり得る無数の可能性に対処できないということ。

＊26　シンボルグラウンディング問題（記号接地問題とも呼ぶ）とは、記号（シンボル）がどのようにして実世界の意味と結び付けられるかという問題。ステヴァン・ハルナド（Stevan Harnad, 1945 - ）により命名された。

では、世界と自己というのはどうつながるものなのでしょうか？

田口：つながり方はものすごくいろいろあると思います。非常に一般性の高い概念なので、「こういうのは媒介で、こういうのは媒介ではない」というふうに使うというよりは、もう全部媒介としたほうがいい。私と世界は、ある意味では切れているわけです。私の身体というのが切れ目をもって存在していて、その向こうに世界が広がっている。切れているけれど、完全には切れていない。完全に切れていたら、やはり私はこういう身体をもって生きていけません。当然物質のやり取りもあり、インタラクションがある。つまり、つながっているという面もあります。しかし、切れているからこそつながれるという面もあって、例えば身体でいえば、腕の上のほうの骨と下の骨は真ん中の肘の関節のところで切れていますが、切れているからこそ、関節でつなぐことで非常に柔軟な動きが実現されているわけですよね。一本の骨だったら動きが非常に限定されてしまいます。

そういうふうに切ってつなぐということがいろいろな可能性を開くということがある。人間はこういう身体で、こう世界から切れているから、こういう仕方で世界につながれるけれど、もっと全然違う身体の形で切れていたら、世界とのつながり方は全然違ってくる。そういうふうに切れ方とつながり方は常に一体となっている。だから、AI、人工知能と世界との間がどうつながっているかというのも、人工知能の身体によって変わってくる。人工知能の身体をどういうふうにつくるかによって、当然つながり方が変わる。そういうことはあるのかなと思います。人間と同じような身体がいいのかどうかはちょっとわかりませんが。

三宅：本来は、神経系があって自己の境界を形成して、それが行ったり来たりして自分の身体イメージができている、みたいなところから知能をつくるべきだと僕は思っているのですが、今は、それができないうちは頭脳だけをつくろうという感じで人工知能をつくろうとしています。すると、知能と身体もまた切れているし、身体と世界も切れている。しかし端的に言うと、それではゲームキャラクタもなかなかうまく動かないみたいなところがあります。

本来は、世界と知能と身体、この三つの要素は三体問題のようなもので、循環しつつ何かでつながっているはずです。けれども、何がどうつながっているかが非常に見えにくいし、構築しがたい。谷先生のご研究はその三つをつないでいる研究ですよね。谷先生がソニーCSLでなされていたロボットの研究もやはり知能と世界と認知（身体）、全体が同期してるみたいなところがありました。僕はどちらかというと、知能をつくるには身体がなければいけないと考えているのですが、今の谷先生のお考えなど聞かせていただけませんか？

谷：田口先生の言われたこと、三宅さんのやりたいことに関して、特にリカレントネットワークのアドバンテージを上げると、センサリーニューロン、モータニューロン、これは当たり前に外に直接つながっています。それに対して、内部ニューロンみたいなものがあって、その役割は最初は全くわかっていないわけですが、自己の内側を通して相関というものを取り出してくる。それは、コネクティビティが発達してくるということです。

その相関も、前の時間から次の時間への相関といったものもある。そこで、何かつながるということの一方をやってくれるわけです。それも、名もないところのものが勝手にやりだして、外から見たら何をやっているのかわからないのですが、位相空間、状態空間とかいろいろ見てみると、このときにこの文脈ニューロンはこういうことを表しているらしい、みたいなことがわかる。その文脈というのは絶対書き下すことのできない表現だと思います。「これは文脈を表します」と言った途端に、それはもう終わっていると思うのです。

書けないのに書けている。つまり、あたかも書けているように思える。または、部分的にそれで作動しているようなものが自己組織化を通じてつくられる。なぜかというと、少なくとも神経回路の中はすべて微分可能だから。微分可能だから、そういうことができるわけですね。連続的につなげていくことが可能になるのです。

清田：リカレントネットワークの話が出たので、長尾真先生が自然言語処理と機械翻訳の発展を表した図をご紹介したいと思います（図2）。長尾先生が1980年代に取り組まれたのは「用例による翻訳」（EBMT）という第二次近似の手法で、ニューラルネットワークによる翻訳は第四次近似とされています。この図は、近似度が上がることで機械翻訳というタスクについてはかなり解けるようになってきたことを表しています。このように時間や文脈という概念が表現できることで構造的に示すことができるのかなと思いました。サイエンスの発展についても同じような図で示されています（図3）。ガリレオやニュートンの時代は第一次近似で、18から20世紀は個別の各分野固有の議論で補完していて第二次近似、今は実世界のビッグデータによる第三次近似の世界というように。

三宅：人工知能で言うと、第一次近似というのはやはり数式みたいなもので、第二次近似は力学系的なシステム理論、第三次近似がニューラルネットワークやリカレントネットワーク、ディープラーニング、ということですか？

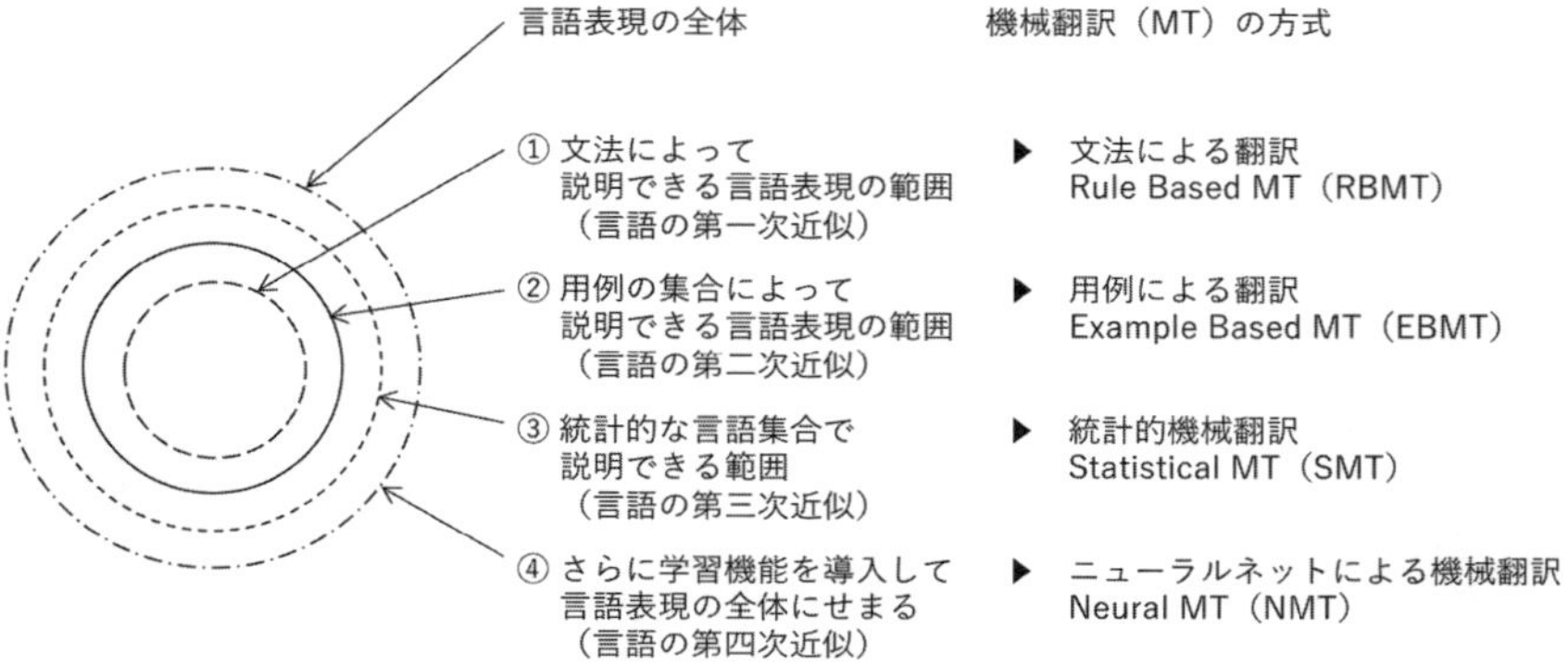

図2　自然言語処理と機械翻訳の発展（長尾真「情報学は哲学の最前線」から引用）

清田：そうですね。この図における第四次近似が何かというところがすごく気になるところです。次が何かというと、やはり意識というところがまだ解かれていないということなので、これから、そこが非常に重要な問題になってくるかなと思います。

三宅：次が何かというところですよね。身体と知能の理論というのは、このもう少し先なのかなという気もしますが、身体と知能をつなぐという意味でアンリ・ベルクソン[*27]という哲学者がいます。もちろんお二人のほうがよくご存じだと思うんですが、イマージュの理論[*28]とか、創造

*27　アンリ＝ルイ・ベルクソン（Henri-Louis Bergson, 1859 - 1941）、フランスの哲学者。従来の認識論の限界を超え、哲学的直観の優位を説き、生命の流動性を重視する生の哲学を確立した。

*28　イマージュ理論とは、知覚と存在の区別を「イマージュ」における「程度の差異」とみなすことによって統合しようとする理論。

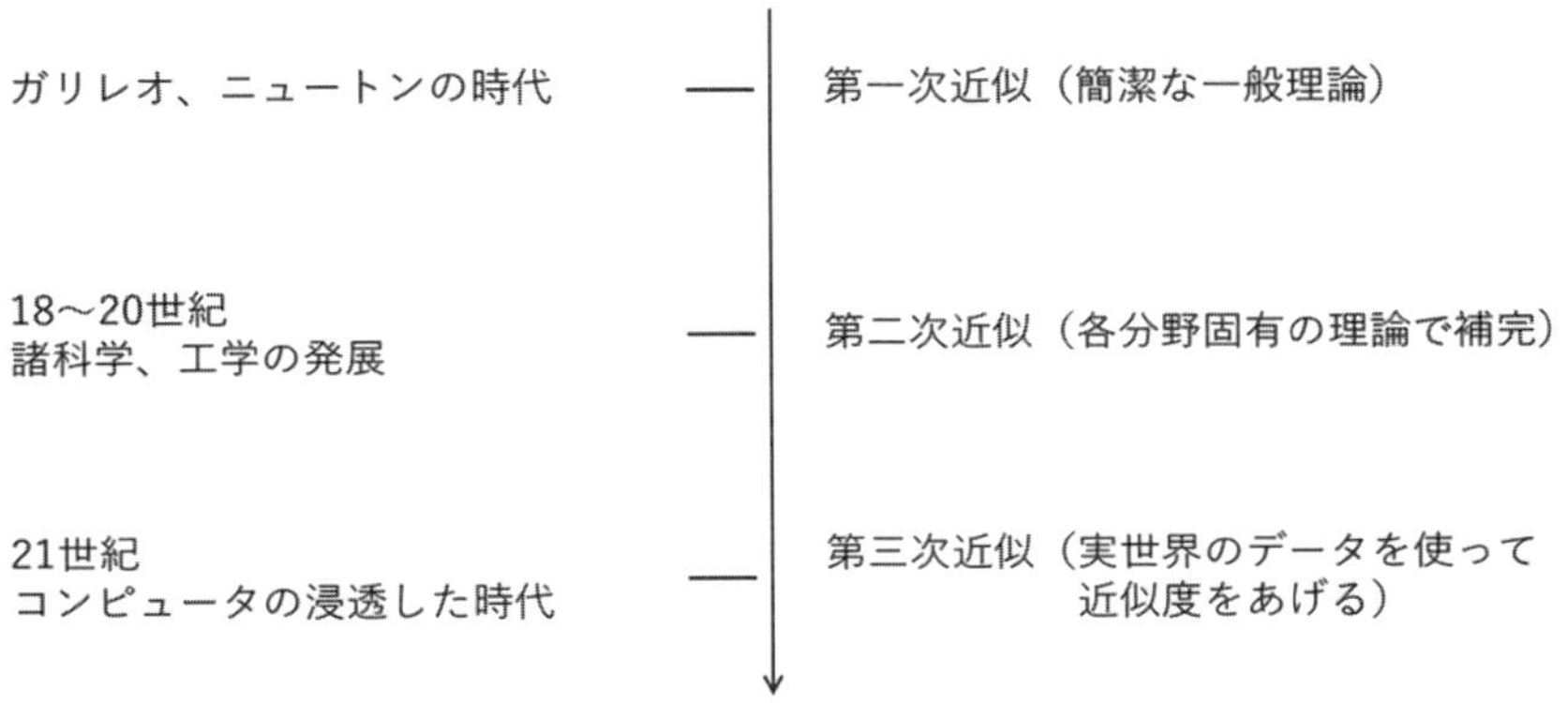

図3　サイエンスの発展（長尾真「情報学は哲学の最前線」から引用）

的進化[*29]という形で人間の知能が複雑系的な発達をしていくといった考えを提唱しました。お二人はベルクソンの哲学について、どういう考えをお持ちでしょうか？

田口：私はベルクソンをテーマに論文を書いたりというのはないですけれど、以前からファンとして愛読している感じです。やはり、非常に示唆的なところが数多くあって好きですね。ただ、ベルクソンと現象学の関係というのは微妙で、フランスの現象学者達がベルクソンを批判したり、他方で、特にジル・ドゥルーズ[*30]とか、ベルクソニアン（ベルクソンにシンパシーをもつ論者）の系譜の人達が現象学批判をしたり、というような関係にあって、必ずしもベルクソンと現象学は一枚岩とはみなされていません。私は

＊29　ベルクソンは、生物の進化を因果で説明するのではなく、生物自身にも予測不可能な「生気論的な飛躍（エラン・ヴィタール）」による創造的活動であるとした。

＊30　ジル・ドゥルーズ（Gilles Deleuze, 1925－1995）、フランスの哲学者。20世紀のフランス現代哲学を代表する一人であり、ポスト構造主義を代表する哲学者。

個人的にあまり距離を感じなくて、ベルクソンを読んでいると、非常になるほどなとなります。現象学の中でうまく言えていないところを、ベルクソンがうまく言えているというところがたくさんあるなと思います。

特に、『物質と記憶』（例えば、杉山直樹訳、講談社学術文庫、2019年）の中に意識とは引き算だというような考え方があります。我々としたら、非常に単純な知覚とか感覚があって、それよりすごいことをやっているのが意識だというような見方があると思うのですが、ベルクソンによれば、意識とはむしろ非常に複雑な現象の中から引き算をしたものです。引き算をすることで高度な意識を実現できます。引き算をしているからこそ意識として非常に価値をもつ。使いどころが出てくるわけです。例えば、「痛み」というのも、実際にはたぶんものすごく複雑なことを経験しているはずで、それを全部意識したらグチャグチャした状態にしかならない。だけど、それを「痛い」という1点に集約することで、我々はサバイバルの上でものすごく有利な行動が取れる。そういうふうに、1点に集約して簡単に翻訳してしまうといった機能として意識を説明しているところなどはとても面白いと思います。それと、進化論的な考え方を取り込んでいるのは現象学よりも進んでいるところだなと思います。今までのところ現象学はあまり進化論的な考え方を取り込んでいないように見えますが、そこはもっと取り込んでいったほうがよいと個人的には思っているところです。

三宅：僕としては、両者はすごく近く感じていて、ベルクソンの「固定せずに現れてくるものを見つめている視線」というのは何か現象学者に近いなと思っていたので、田口先生の口からお聞きできてとても嬉しいです。なかなかベルクソンとフッサールが同時に語られることがないので。谷先生はベルクソンの国際会議にも招待されて、本にも寄稿されていたと思いますが、谷先生から見て、ベルクソンの哲学というのはどう捉えられているのでしょうか?

谷: ベルクソンもやはり、私よりも100年前にそういうことを考えたんだなと思うところがたくさんあります。ベルクソンは記憶の問題、要するに過去、記憶、そして時間、時間スケールについて、非常に深い考察をしています。特に「速い時間、遅い時間の流れ」と彼が言っていて、我々もまた、多時間スケールモデルをもつ「マルチプルタイムスケールリカレントネットワーク」というものを提案しています。これは、一番上の層が遅いタイムスケールで動いて、下は速いスケールで動くというものです。ベルクソンもやはり、高次層の意識に関する部分は遅いスケールで、運動パターンなどは低次のところの層の速いパターンで、ということを多時間スケールで考えています。

もう一つ、記憶というのは非常に長い時間をかけて沈着していく、つまりメモリコンソリデーション(記憶の固定化)を経て、記憶の構造化が進んでいくということが脳科学で言われています。私もその考えが好きなのですが、ベルクソンも早くからそういうことを言っているのですよね。記憶の生成、ロングタイムスケールでの記憶の構造化です。それから最後に、ベルクソンが唱えているのは「欠損」という言い方です。何か欠損がある、欠損というのは実世界と自分の思っているイメージの間の違いですね。その欠損から意識というものが生まれてくるということを言っていますが、それが先ほど紹介した「予測誤差が逆伝搬されて、それによって意図を変えていくよう操作をする過程に意識が生まれる」というモデルに非常によく似ています。ベルクソンもその欠損を使うことによって、それで意図を変えていく、意識に上るとかいうことを言っているようで、その辺は非常に近いというようなことを思いました。

三宅：ベルクソンのいう身体のイマージュについてはどう思われますか？　心身二元論みたいな心と身体、要するに魂、物質ではなくて、その間にあるものとしてイマージュという定義がされていたと思うのですけど。田口先生、この説明は合っていますでしょうか？

田口：私もベルクソン研究者ではないのであまり自信はないのですが、私が理解した限りだと、イマージュというのは単純に言えば、哲学的実在論が言う「物質」でもないし、観念論が言う「精神」でもないような、その中間のものとして考えられたものだと思います。物質と精神の中間にあるような何かと付き合っていく中で、我々はそこから精神的な要素を抽出していくこともできるし、物質そのものに触れることもできるというような、その地盤になるような何かというふうに受け止めています。

三宅：ありがとうございます。つまり、身体全体もニューロンでできているようなものとすると、ベルクソンが捉えたイマージュというのは、ニューロンの運動の中にある、何か自己イメージみたいなものなのかなと。これは、自分の直感なのですが。

谷：思考もイメージというのもそのスペースの中に埋め込まれている。要するに〝空〟ではなくて、重さ、長さ、速さ、力のように、知とか思考もアナログの世界に埋め込むことによって、物理世界により近い身体との接合が同じメトリックスペースの中でできてくるという、そういうイメージでベルクソンがイマージュということを言っているのであれば、かなり自分自身のイメージと近いというのはありますね。

三宅：谷先生はもうあたかも呼吸するように哲学を吸収し、哲学を再発見する形で新しい研究をされてきたと思いますが、なぜそれが可能なのか、それを可能にしている原動力がどのあたりにあるのかお聞きしたいです。

谷：それはちょっとわからないです。ただ、私自身がまず自分の師匠みたいな人がいないというのが一つあります。もちろん、いろいろな人に教わってきたけれども、師匠というような、型にはめてトレーニングしてくれる人がいなかったから、あちこちに意識がいったという。反面、そのおかげでやはり苦労もしているわけです。もともと数学はそんなに強くないのに、もう全部自分で勉強しました。まぁ型にはめられない分、自分で好きなことができたというのは一つ、良いことではあるかなと思います。

三宅：今回お聞きして、先生が発見されたら、実はフッサールやベルクソンが、もう１００年前に言っていた、みたいな。そこが哲学の核心性といいますか、真に重要なことはすでに用意されているというようなことが、今回の対談の中で浮き彫りにされたと思います。

谷：そうですね。大概のことはもう誰かが考えているということでしょうね。繰り返している感じがしますよね。フッサールからハイデガーも、何か繰り返している。

田口：大事なのは、それを自分で見つけるということですよね。誰かがもう考えているからいいやというのではなく、自分なりのやり方で見つける。谷先生がロボットの神経回路という道を通ってフッサールが見ていたものに出合う、それはフッサールがすでに同じようなことを言っていたからというのではなくて、やはりその道を通ってそこに行ったということ自体に大きな価値があると思います。そうして、それによってフッサールがまた輝いてくるということがある。これは、とても面白いなと思います。

自分で考えたいこと、知りたいことがあって、それを知るためにしゃかりきにやっていく中でハイデガーがこんなことを言っているよと誰かが言ってきたり、いろいろなものが全部自分の知りたいという活動の中で結び付いていくという、それがすごく印象的だなと思いました。とにかくこういうことを知りたいんだというものがあって、それを知るためにはもう何でもかんでも使うという姿勢でいると、哲学みたいなものもそこで役に立ってくる可能性がある。なぜ、ここから先にいけないんだろう、どうしてなんだろうというところでグルグル考えているときに、ちょっと哲学の言葉に触れてみると、あ、そうかというふうに考え方のしばりがポンと取れて、より深いところに着地することがある。そこから見ると、「こんなふうに限定されていたんだ」というのが見えてきたりする。そういうところが哲学の使いどころなのかなと思います。

［初出：人工知能学会誌 Vol.36, No.3］

対談をふり返って

もし意識をもったＡＩが登場したら、その意識は人間の意識とどう違うのでしょうか？　この問いは、ＡＩの進化とともに現実味を帯びてきています。

フッサールの現象学は、意識を「何かについての意識」として捉えます。ＡＩが「リンゴについての意識」をもつとき、それは人間の意識と同じなのでしょうか？　田口先生の「媒介」概念は、人間の意識が身体を通じて世界と媒介されることを示唆します。では、ＡＩの「身体」とは何でしょう？

谷先生の研究は、世界との「予測と誤差」から意識が生まれる可能性を示唆します。この点では、人間もＡＩも似ているかもしれません。しかし、ＡＩの意識には「集合的」である可能性があります。

ネットワークでつながったＡＩの意識は、より流動的で共有可能かもしれません。一見、これは人間の個人的な意識と大きく異なるように思えます。

ところが、人間も組織や社会の中で「集合的」な意識を形成します。企業文化や国民性がその例です。この観点から見ると、ＡＩの集合的意識と人間の組織的意識には類似性があるかもしれません。しかし、人間の組織的意識は個人の意識を完全に吸収しません。私達は組織の一員でありながら、個人でもあり続けます。一方、ＡＩの集合的意識は、個々のＡＩの「個性」を完全に融合させる可能性があります。

ＡＩの意識について考えることは、「人間とは何か」「社会とは何か」を問い直すことでもあります。技術の進歩は、これらの古くて新しい問いに、新たな光を当てているのではないでしょうか。（清田）

ベルクソン的「時間スケール」と意識

平井靖史（福岡大学）×谷口忠大（立命館大学）

「記号創発ロボティクス」というアプローチを採る谷口忠大氏、哲学の枠にとどまらない学際研究プロジェクト「PBJ（Project Bergson in Japan）」を率いる平井靖史氏による対話では、時間軸という視点を取り入れた認知モデルから記号生成プロセス、立ち現れる意識、そして知能の生成可能性まで、熱を帯びた議論が展開された。［2021年5月20日収録］

フェーズ0

三宅：まずは、谷口先生から自己紹介的なところと、ご自身の研究について読者の方にもわかるように教えていただければと思います。

谷口：出身は京都大学の工学部物理工学科、機械系出身です。それがどうして今の記号創発ロボティクスという研究に行き着いたかというと、当時のボス（椹木哲夫先生）から、「人間とロボットの関係性について考えよう」とテーマを振ってもらったのが最初でした。ちょうど2001年辺りで、AIBO[*1]が出てきたブームになっていた頃でした。人間とコミュニケーションするロボットという存在がにわかに注目を集めていました。でも、「そこでいう〝コミュニケーション〟とは何なのか?」ということがそもそもの疑問として僕の中に湧き上がりました。自律的な存在としてコミュニケーションするロボットはもちろん当時まだないわけです。その代わりに多くの研究者がロボットをテレオペレーション（遠隔操作）して人間とコミュニケーションさせ、それを研究するということがなされました。しかし、それは果たしてロボットとのコミュニケーションなのだろうか、と疑問を覚えたんです。そこで「結局、人間にとってのコミュニケーションってなんだろう?」と。もう一つ、ボスから振られたキーワードが〝記号論〟――セミオーシス（記号過程）を軸としたパースの記号論（後述）でした。それがもう一つのフックになりました。

また当時、認知発達ロボティクス[*2]という分野が、浅田稔先生や國吉康夫先生といったパイオニアに

*1 AIBOは、1999年からソニーが販売するペット型ロボット。2006年に製造販売が停止されるが、2018年、エンタテインメントロボット「aibo」として新たにクラウド連携の学習型ロボットとして発売されている。2006年以前の大文字表記（AIBO）に対し、現行の製品は小文字表記である。

*2 認知発達ロボティクスは、ロボットや計算モデルによるシミュレーションにより人間の認知発達過程の理解を目指し、人間と共生するロボットの設計論の確立を目指す研究領域。

牽引されて伸びていました。身体性認知科学[*3]も注目を集めていましたし、アフォーダンス[*4]なども若干ブームになっていました。認知発達の理論に関しては、ジャン・ピアジェ[*5]の思想——発生的認識論が僕には大変しっくりきました。個人的な話でいうと、母親が昔、河合隼雄[*6]先生に師事していて、河合先生がユングの研究所から帰ってこられたときにちょうど京大にいて可愛がってもらっていた。卒論がピアジェの追試験だったというので、すごいご縁だなと思います。ピアジェの理論の中で僕が非常に興味をもったのがシェマモデルでした。ピアジェは認識の発生を説明するために「シェマ」という概念を提唱しました。いかに環境との相互作用の中で自分自身の認識を構成していくか。人間というのは、感覚運動系の相互作用によって自らの閉じた認知の中で徐々に世界を理解していくわけです。多くの人工

＊3　身体性認知科学とは、物理的な身体の存在や身体と外界との相互作用が認知機能に及ぼす影響を研究する学問分野のこと。

＊4　アフォーダンスは、アメリカの知覚心理学者ジェームス・ギブソン（James Gibson, 1904 - 1979）が提唱した概念で、「環境が提供する意味」を指す。特に、環境が反射的な行動を促す側面に注目する。例えば椅子や階段、ドアの取っ手など、デザインやそのあり様が人間の行動を促すとする。

＊5　ジャン・ピアジェ（Jean Piaget, 1896 - 1980）、スイスの心理学者。知の個体発生としての認知発達と、知の系統発生としての科学史を重ね合わせて考察する発生的認識論（genetic epistemology）を提唱した。

＊6　河合隼雄（1928 - 2007）、日本の心理学者。箱庭療法を日本へ初めて導入するなど、日本における分析心理学の普及・実践に貢献した。

知能研究では知能を誰かがプログラムしてＡＩのモジュールをつくるように構築してきたわけですが、[*7]そうやって外部からつくられるものが人間の知能であるかといえば、そうではない。今のディープラーニングでもデータセットを準備して、どういうファンクション（関数）をつくれるかとやるわけで、それが知能なのかというとそうではないように思いますね。やはり環境との相互作用によって自らの認識を形成し、いろいろな行動を獲得していくには、シェマシステム的な内部ダイナミクス、何かそういうふうなものがいるだろうと。

当時、ロボットや人工生命の研究などで、学習を通して行動を獲得する運動学習のような研究はありましたが、それでは足りない。私達人間は身体的な相互作用に基づいて物理的な環境に適応するのみならず、そのような適応の延長線上である種の言語的な思考やコミュニケーションにまで達するわけですね。そういう認知的な問題、社会的なものをすべてボトムアップで構成して生きているのが人間です。人間の知能です。社会的なコミュニケーションで決定される言葉の意味、そして身体的な経験を通して立ち現れる認識、人間の知能は――そして言語はこういうものをすべて取り込んでいる。いわゆる身体性認知科学が語るような、身体的な相互作用から立ち現れてきた知能の延長線上で、言語的なコミュニケーションにまで至る知能をボトムアップで構成するというのは可能なのか。人間はそれをやってい

＊7
この対談より後に盛り上がってきた大規模言語モデルや他の基盤モデルに基づく生成ＡＩのブームで発展したＡＩ研究は、まさにこのような描像を打ち破っていった。大規模な言語とマルチモーダル情報から知能を生んでいくアプローチは、ピアジェの描像にも近いものがある。

るわけで、そのモデルをつくれて初めて、私達は心のダイナミクスを理解したといえるのではないか。そういうふうに議論を構築していくと、その全体を捉えるために記号創発システムという視点が必要であるというところに行き着きました。

これは人工知能研究において言語を見る視点にも影響を与えます。言語的なコミュニケーションを考えるのにテキストデータだけ見ていてもダメなわけです。実世界認知——実世界の経験を取り込まないといけないわけですから。人間の知能を議論するためには、また人間の扱う記号や言語を議論するためには、実世界との接点が要る。実世界情報を取れないコンピュータシステムでは足りないわけです。そのためには、実世界に対して働きかける身体・感覚運動系が必要、ゆえにロボットが必然的に必要であると、記号創発システムという全体に、ボトムアップでアプローチしていくために記号創発ロボティクスという言葉を仲間達とつくって、領域をつくってきたというところです（図1）。

三宅：ありがとうございます。谷口先生が京大で椹木教授の指導を受けていたのはだいたいどれぐらいの年代になりますか？

谷口：1997年に大学に入って、学部のときの研究室は違っていたので修士課程からですね。2001年から06年です。学位を取ったのが2006年3月。当時は人工知能という概念も今のディープラーニングをはじめとした機械学習に基づく知能という世界観からはずいぶんと異なっていて、むしろシンボリック（記号的）AIのニュアンスが強かったので、人工知能という言葉はあまり使っていませんでしたね。むしろそこでの知能描像は自分にとっての知能描像とまるで違ったので。個人的には「自分がやっている研究こそが人工知能研究だ」という思いはありましたが。

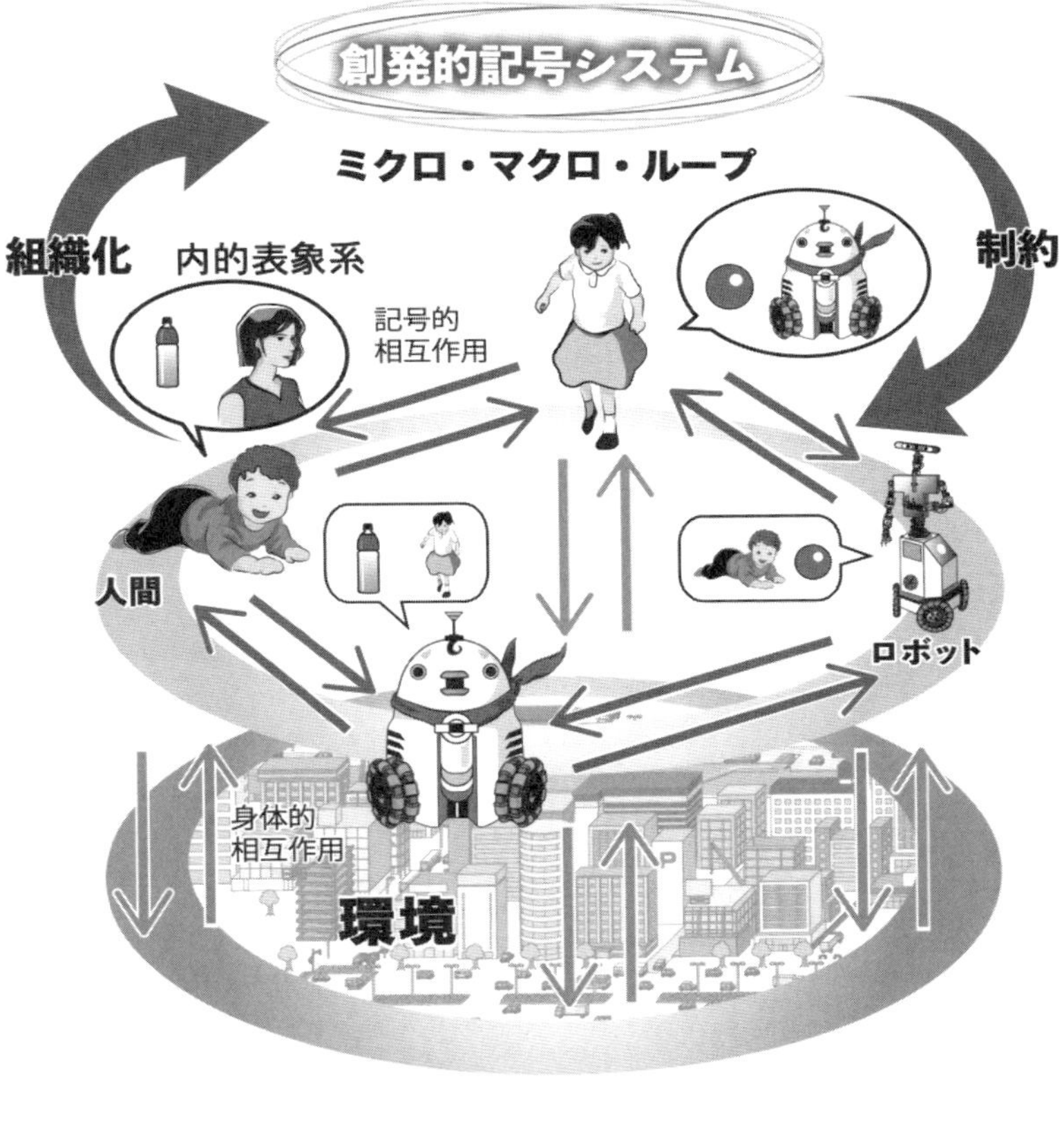

図1　記号創発システムの全体像（谷口忠大『心を知るための人工知能─認知科学としての記号創発ロボティクス─』（共立出版、2020年）より引用）

三宅：人工知能の研究分野としてもいわゆる冬の時代と言われていた頃ですね。かつ、その中でもカチッとした知識ベースの人工知能がまだ真ん中を走っているときで、生成的に人工知能をつくっていくという発想はなかなかなかったのではないかなと思うのですが。コミュニティの仲間はどういうところから集まったのですか？

谷口：孤独にほぼ単体として存在していたように思います（笑）。修士課程の時代から、やはり研究テーマとするからには本質的な問題を問わなければならないし、大きなクエスチョンに取り組みたいというのはありました。当時は古典的なＡＩへのアンチテーゼとしてＭＩＴ（マサチューセッツ工科大学）のロドニー・ブルックス[*8]が引っ張ったようなサブサンプションアーキテクチャ[*9]みたいなアプローチや、環境との相互作用に基づく振舞いの創発を重視する行動主義ロボティクス[*10]や身体性認知科学の研究は

＊8　ロドニー・ブルックス（Rodney Brooks, 1954‐）、ロボット工学者。ＭＩＴコンピュータサイエンスの教授、人工知能研究所所長を歴任。人間の振舞いをメタファーにした、階層型認知モデル「サブサンプションアーキテクチャ」を提案した。

＊9　サブサンプションアーキテクチャ（Subsumption Architecture：ＳＡ）は、センシングで取得した外界からの情報をもとに互いに連携する各階層が包括的な決定を行う。下位層はよりプリミティブな反応を、上位層はより高度な反応を返す仕組みになっている。全体として一連の振舞いを創発する。

＊10　行動主義ロボティクスは、心理学の対象として人間や動物の行動に重点を置く「行動主義」のアプローチを採るロボット制御の手法。基本的には、刺激と反応から行動を構成する。

ありましたし、それらに基づくソーシャルロボット[*11]の研究も出ていました。またいろいろな知能を進化計算でつくろうという流れもありましたね。でも理屈で考えて、それではボトムアップに言語獲得まで到達するのは「無理だろう」という直観がありました。

研究のアプローチを考えるうえで、その先でどこまで適正に風呂敷を広げるかという問題なのですが。非常にありがたかったのは、当時ATR（株式会社国際電気通信基礎技術研究所）におられた岩橋直人先生との出会いですね。元はソニーで、今は岡山県立大学におられます。非常に先見性のある面白い研究をされる先生で、岩橋先生のもとに面白いメンバーが客員研究員や共同研究者の形で集まるというふうな状況がありました。そこにつながるうえでのキーパーソンは椹木研の姉妹研（片井修研究室）にいた杉浦孔明（現・慶應義塾大学）です。僕と孔明とはドクターでほぼ同期だったのですが、彼は学位を取った後、客員の研究員として岩橋先生のところにいました。京大にはATRの下原勝憲先生（現・同志社大学）や岡田美智男先生（現・豊橋技術科学大学）との連携ラボがあって、そのホスト的な役割を片井研が担っていました。孔明はもともとそこにいてATRで岩橋先生と出会い、共同研究を始めるわけです。僕は彼を通して岩橋先生と出会いました。そこで、電気通信大学の長井隆行先生、中村友昭先生が共同研究をされていました。それが今の記号創発ロボティクスのコミュニティにつながっています。これは

＊11 ソーシャルロボットとは、人間とのコミュニケーションやサポートのために使われるロボットのこと。コミュニケーションロボットともいう。愛玩用に作られたソニーのペットロボットのaibo（AIBO）もその一つ。作業のサポートの例として代表的なものに、ファミリーレストランの配膳ロボットがある。

もうご縁としか言いようがないですね。

今は早稲田大学におられる尾形哲也先生が、当時、京大で准教授をされていました。尾形先生の研究を知って僕が椹木先生に紹介して、当時走っていた椹木先生を代表とした科学研究費助成事業・学術創成研究「記号過程を内包した動的適応システムの設計論」[*12]にご参加いただきました。また、僕が博士学生のとき、椹木先生がオーガナイズドセッションで呼ばれていた稲邑哲也先生（現・国立情報学研究所）がミメシスモデルによる記号創発の話をされていたので、僕の研究を聞いてほしいと捕まえて会場のレストランで1時間以上話を聞いてもらったり、このあたりの先生方とのつながりは本当にボトムアップで、ご縁に結ばれた関係だなと思います。運命ですかね。

三宅：ありがとうございます。平井先生のご研究、ご経歴なども含めてよろしくお願いいたします。

平井：僕はちょっと経歴が変わっていまして、大学生になる頃にはもう油絵画家になるつもり満々で武蔵野美術大学（以下、武蔵美）の油絵学科に入りました。4年間、絵を描いていましたが、出る頃に哲学に目覚めてしまって、大学に入り直すことにしました。親の反対を押し切って半ば勘当みたいな感じでした。武蔵美に一般教養の哲学の先生（富松保文先生）がいたので相談したら、優秀な先生方がそろっているると東京都立大学の哲学科を勧められて。受験が間に合わなかったので、一浪して3年次から学士入学で入りました。そのまま都立大学の大学院修士課程、博士課程に上がって、就職が決まって、福岡大

＊12　「記号過程を内包した動的適応システムの設計論」（http://www.syn.me.kyoto-u.ac.jp/semiosis/）

学（その後2023年より慶應義塾大学）に来たという感じです。

研究の内容的には、ライプニッツとベルクソンを中心とする近現代フランスの哲学を研究しています。最初に学部に入ったときはいろいろ別の哲学者のことも考えていましたが、特にベルクソンのインパクトが大きかったですね。一浪もしているので、入学したらスタートダッシュを切ろうといろいろ自分なりに勉強して準備万端整えて入ったので、他のゼミは専門的ですごいなと思いつつも一応ついていけるくらいにはなっていたのですが、ベルクソンだけは本当に意味不明でした。1行目から本当に意味がわからない。これは何か全く新しいものがあるなと直感して卒論のテーマに選んでから、もう二十何年やっているという感じです。ライプニッツはベルクソンと並行して、両者を付かず離れずでやってきています。この二人は、実はすごく良いペアなのですよね。パッと見、ライプニッツの普遍記号学に対して、生の哲学のベルクソンというカテゴリー的な対立のイメージが強いかもしれないけれど、一歩掘り下げて見ると、内外の視点の転換とか、凝縮の発想とか、同一性と存在の関係とか、いろいろ響き合うところがあります。

最近は、ベルクソンの大きなプロジェクト「Project Bergson in Japan（ＰＢＪ）」[*13]の代表をさせてもらっているので、それに注力しています。僕個人としては、もともと、人工知能などの科学系の議論と研究上の接点があったわけではありません。自然とつながってきたのが、ちょうどＰＢＪの代表になった2015年くらいのときです。それまでは、過去の存在とか形而上学の時間論をやっていました。べ

＊13　Project Bergson in Japan（PBJ）（https://matterandmemory.jimdofree.com/）

ルクソンと分析哲学との接続ですね。それは今もやっていますが、そもそもベルクソンの認識論、ベルクソンのいう純粋知覚とは、生物的にすごく基礎的な相互作用レベルのことで、まさに先ほど谷口先生がおっしゃったみたいな、「環境と相互作用する」ということ自体がもうすでにベーシックな知覚だと考えるもので、それは従来の哲学的認識論とはだいぶ違います。

カントやデカルト[*14]は「向こうに世界があって、こちらに表象なり現象がある」というモデルで読まれます。これを僕は「対面型」認識論と呼んでいるのですが、「相互作用」はそうではなくて、フラットなものですよね。世界があって、そのただ中で相互に作用している。それが知覚の原点だというところから話を起こすというのがすごく面白いし、発生的にも説得力がある。そこから徐々に、高次の表象的なものを立ち上げていくわけですね。我々はいわゆる「認識」、表象的で熟慮的な認識ももっています。フラットな相互作用といえるような、非常に要素的で基礎的なレベルの知覚から、豊かな表象内容をもったリッチな認識様式まで、もちろん抽象的な記号とか、そういうものももっている。ベルクソンの認識論は、そういう構造をつくっていくようなモデルになっています。

特に、ベルクソンは「再認（recognition/reconnaissance）」という言葉を使います。『物質と記憶』という本の中で「再認は二重システムになっている」と言っています。基礎的で自動的なコースと、もっと表象的でリッチだけどその代わり手間のかかるコース、再認にはそういう2種類があると。記憶を2種

＊14　イマヌエル・カント（Immanuel Kant, 1724－1804）、ドイツの哲学者。近代哲学の祖。人間の理性について徹底的に追求し、新たな認識論を打ち立てた。

類に区別したのもベルクソンですが、その記憶の使い方によって二つの認知の仕方が現れてくるという議論がされているのです。これはベルクソン研究の界隈では前から知られていましたが、僕自身も含めて、なかなかピンとこないところがありました。それが現代になって、二重プロセス説[*15]とかファスト&スロー[*16]とか、盲視[*17]の研究とか、そうした議論が出てきて、「あ、これのことか」みたいな、レトロスペクティブ（回顧的）に腑に落ちるみたいな感じがあります。[*18]

個人的な趣味としてもともとロボットが好きで工学的・科学的な話は好きでしたが、それまでは研究と結び付くということはなく、最初に結び付いたのがそこでした。それをきっかけに、PBJのプロジェ

＊15 二重プロセス説は、人間の情報処理は大別して二つのモードがあるとする説。認知科学、心理学において展開され、さまざまな理論が提唱されている。

＊16 ファスト&フローは、人間の思考は「ファスト（速い思考）」と「スロー（遅い思考）」の二つのモードに分けられるとする認知心理学、社会心理学の考え方。心理学者、行動経済学者のダニエル・カーネマン（Daniel Kahneman, 1934 - 2024）は『Thinking Fast and Slow』（２０１１年）において、直感をファスト（システム１）、時間をかけた知的活動をスロー（システム２）とし、判断エラーに陥る理由やプロセスを説明した。

＊17 脳の視覚野の損傷などにより当人の意識上では見えてはいないのに、その視野内の物体を認識し無意識に避ける行動ができることがある。この現象を盲視と呼ぶ。

＊18 具体的には、２０１０年に福岡で開催された国際シンポジウム La pensée et le mouvant にて、「盲視」（blindsight）とベルクソンの再認論を結び付ける機会を得た（平井）（Interprétation bergsonienne de la vision aveugle: Perception motrice, dissociation ou indétermination?）。

クトの中で三宅さんの本を読んだり、谷淳先生のお仕事などと出合う中で、今のような学際的なプロジェクトに展開していったというところです。

三宅：ＰＢＪのプロジェクトについてもう少し教えていただけないでしょうか？

平井：ＰＢＪはもともと、２００７年からある科研費（基盤Ｂ）を母体にした中長期プロジェクトです（図2）。法政大学の安孫子信先生や九州産業大学の藤田尚志先生が率いてやってこられて、それを２０１５年に僕が引き継いだのです。そのときプロジェクトでテーマとしたのが、『物質と記憶』というベルクソンの著作の中で一番難解かつ心身問題に関わる中心的なもので、そのタイミングで僕が抜擢されたという形になります。

従来は、ベルクソンはフランスの哲学者なので、やはり哲学の業界のある種のやり方、思想史的なアプローチや、他の哲学者とどういう関係があるかとか、そういったことを中心にやっていたのですが、先ほど言ったように、僕は心身問題についてベルクソンが述べていることはむしろ非常に現代的な科学的トピックと結び付けて考えるべきというスタンスです。それは僕達がそう捉えているというよりは、ベルクソン自身がそういうマインドの人だったのです。そこかしこで彼自身がそういうことを述べていて、科学と協働しない哲学はただの机上の空論でしかない、それはやはりちゃんと検証されるべきだし、さまざまな学際的協働を通じて行っていくべきだと。もちろん時代の制約はあって、だからこそ現代の我々なら「仮に現代にベルクソンがいたらこうするだろう」みたいなところにはいけると考えています。「拡張ベルクソン主義」という旗印で、ベルクソンの教義を文献学的に読むというだけではなくて、彼のアイディアの中から現代的にどういう可能性が開けてくるかと。そういうモチベーションで、世界中のいろいろな研究者、こういう理念にマッチする人を見つけてきて、一緒に議論を重ねて、今に至っています。

三宅：平井先生は、以前、論文を書くのと油絵を1枚仕上げるのはとても似ているというお話をされていたと思います。

平井：最近いろいろな人とその話をしていますが、哲学者にもいろいろなタイプがあって、たぶん僕は一般にいう哲学者から比べるとマイノリティなのかもしれません。僕は「つくる」タイプですね。いろいろモデルをつくってみて、論文を書いてみて、動かしてみてうまくいかなかったら、ちょっと次はバージョンアップしてみる、みたいな、割とエンジニアリング的な感じで概念とか理論を捉えています。他方で、仮説をつくるというよりも何か問いを掘り下げていくというベクトルもある。両者は連動していてもよいと思うのですが、つくり出すほうにはあまり関心がない人もいると思います。世に名高い哲学者にはそういう人も多いかもしれません。ベルクソンとか一部の哲学者は仮説をつくる。仮説をつくるというのは結構リスキーです。失敗するから。ですけど、失敗するかなんてつくってみる前からわかるわけない。ダメ元で、やってみないとわからないみたいなマインドでやる姿勢は、絵を描くことと結構似ています。やはり絵を描くのも見えないものを相手にしている。世界と出逢って、何かわからない謎みたいなものがあって、それを絵に描くわけですね。出逢いで生じた謎みたいなものに形を与えてみる。哲学も、概念を使って、今までモヤモヤしていたものに区別を与えてあげる。それによって解像度が高くなって、より問題がはっきり見えるようになる、そういう作業なので。「問いを立てて、それを具現化する」というプロセスとして見ると似ています。

油絵、キャンバスには号数があって、30号の絵なのか、80号の絵なのか、その大きさによってプロセス感が違ってきます。これは論文のサイズ感と結構似ている印象がありませんか？　卒論を書こうと思ったら1年とかというスパンのスケジュールを立てて、これくらいの素材集めをして、ここからこれくらいの下作業をして、みたいな、そのプロセス感と何か似ている感じが個人的にはあります。

谷口：哲学において問いとか理論をつくっていく、モデルをつくっていく、というところと、油絵とか美術におけるクリエイティビティが根っこのところでつながってるっていうことですよね？　人工知能もそうですけど、やはり理工系でも海外のセオリーに乗っかるというのがすごく多い。舶来主義とも言いますね。人文系は国内においてそれがすごく強くて、しばしば自らはつくらずにレトロスペクティブになるところに、僕はすごくフラストレーションがあります。そこはやはりチャレンジしていきたい。記号創発システムという概念を提唱しているのも、結構そういうふうな、義憤的なものに押されているところがあります。

平井：(受容過多というのは) 本当にそうで、もともと哲学も西洋の学問だから、アプリオリに向こうが特権化されています。偉い先生を呼んできて拝聴して、それを翻訳して広めて、と。そういう時代を変えようというのはすごくあります。それは僕というよりは、もともとPBJを始めた安孫子先生、藤田先生の精神がそうなのです。フランス人も日本人も同じ研究者だし、特に日本のベルクソン研究は層が厚くレベルも高い。なので、一方的な形になっているのはおかしくて、お互いにしっかり議論をする、そういう場をつくろうという意思がすごくあります。その意味でも、その伝統を引き継いだうえで僕がこの仕事をできるのは恵まれていると思いますね。ゼロから切り開くのは、本当にもうとても大変だった

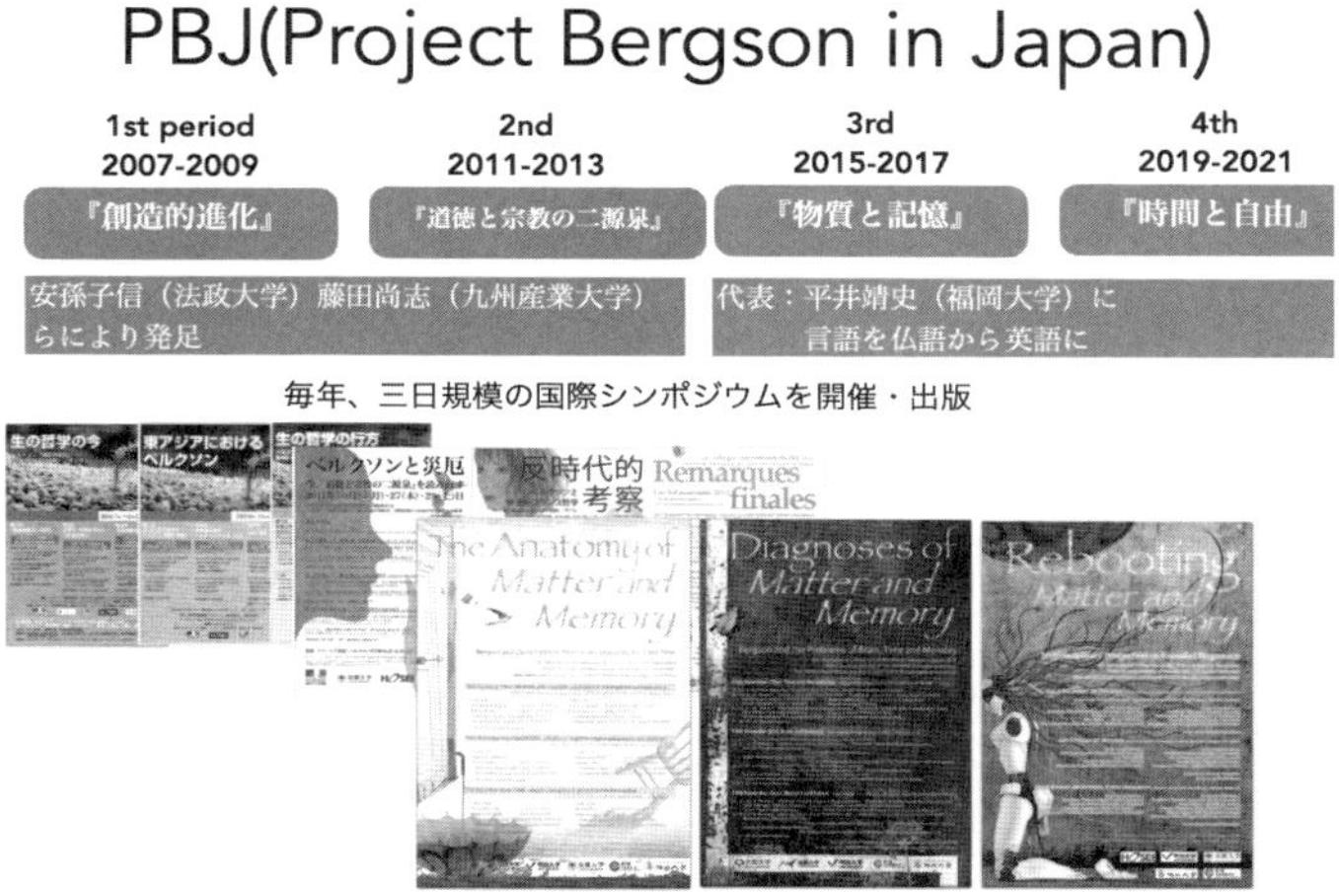

図2　Project Bergson in Japanの活動［提供：平井］

と思います。そういう風土をつくってくれていたところで、さらに僕はジャンルを超えて、人工知能の人とか、精神医学の人とか、神経科学の人とかとコラボしていくという方向に広げていくことができているという感じです。

フェーズ1　知能は生成的に立ち上がる

三宅：先ほどの議論にもありましたが、ある知的機能を実現するために構築するのではなくて、知能が生成的に立ち上がる、生み出されるみたいなところでつくりたいと。おそらく、それがお二人に共通するところかなと思うのですが、生成的に知能をつくるとはどういうことか、まずお二人のお考えをお聞きしたいです。知能が生成的に立ち上がるという機構について、谷口先生はどういうことだと捉えていますか？

谷口：そうですね。まず私自身の学究的関心からすれば、

図３　対談風景（上段左：清田、上段右：平井、下段左：谷口、下段右：三宅）

エンジニアリング（工学）として機能をつくるというのは実のところ立場的に二次的です。やはり、人間の知能をモデル化したい。理解したい。それはある種の哲学的行為として。そもそもなぜ自分はここに存在しているのか、本当に存在するのか、と問い続けるみたいな。哲学的というか中二病なだけかもしれませんが。

学部時代にかなり思い悩んでいたのは自由意志の拠り所のなさ、です。量子力学に頼っても、ニュートン力学に頼っても、私達が未来を選択する際にその主体となる自由意志の存在が説明できない。世界の科学的説明と私達の自由意志の存在が両立しない。果たして、僕は本当に自分の未来を選択できるのだろうか、できているのだろうかと。結局、僕の考えとしては「生成的に立ち上がる機構」を捉えるというよりは、僕にとっては知能とは理屈上それ以外ないという感じですね。

基本的には、ニュートン力学や量子力学というような世界観のうえで私達は存在している。ということは、そういう基礎的なダイナミクスがあり、そこから我々の認識が立ち現れているはずです。その知能の構成において、外部からの明示的な操作とか、介入は当然にして存在しない。私達は自らの五感の中で生きていて、それはユクスキュル[19]の言葉を借りて言えば「環世界」という、自らの感覚器、運動器の中で閉じた世界です。その中で僕らの知能が出来上がっていく（構成されていく）仕組みがあるはずですよね――と。そうした仕組みが実在していなかったら僕らも存在しない、というふうに思うわけです。じゃあ、それを〝つくる〟とは？　これはそもそものクエスチョン（問い）になる。

講演の冒頭でよく話すのですが、子供の絵を見せて「こいつらすごいんですよ！」と。僕は一度も彼らの脳にWi-Fi経由で接続して、SSH[20]でログインして、Pythonでpip install[21]とかして音声認識や画像認識、運動制御のソフトウェアライブラリをインストールしていない。それなのに音声認識ができる。物が認識できて掴める。なぜ、そんな精密なマニピュレーションができるのかと。しかも、そのマ

＊19　ヤーコプ・フォン・ユクスキュル（Jakob von Uexküll, 1864 - 1944）、ドイツの生物学者。生物ごとに独自の世界があることを生物それぞれの生態から導出し、生物が知覚し作用する世界を「環世界」と呼んだ。著書に『生物から見た世界』（日高敏隆・羽田節子訳、岩波文庫、２００５年）がある。

＊20　SSH（Secure Shell）は、リモートのコンピュータと安全に通信するためのプロトコル。パスワードなどの認証を含むすべてのネットワーク上の通信が暗号化される。

＊21　「pip install」は、pip（Pythonで書かれたパッケージやソフトウェアをインストール・管理するためのパッケージ管理システム）の基本的なコマンドの一つで、Pythonのパッケージをインストールする際に用いる。

ニピュレーションだけでもすごいのに、そもそも外部から供給される人手によるラベルデータなしで、感覚運動情報のみでそれができる。つまり、環世界の中で出来上がっている仕組みが実在しているわけですよね、明らかに。

僕にとっての知能の探求はそういう意味で修士課程の頃からブレていなくて、ニュートンの運動方程式や熱力学の法則を探すように、単純に、それを駆動するダイナミクスを知りたいと思っています。いたってシンプルに。そういう意味では機能の実現そのものよりも、それを支える生成の過程にずっと興味があります。

三宅：そういうふうに生成的につくるというのは、ベルクソンの根幹をなす思想でもあると思いますが、平井さんから見て今の谷口先生のお考えはどういうふうに捉えられますか？

平井：非常に共感しながら聞いていました。自由意志の問題は哲学の、本当にもうガチ中のガチなテーマです。哲学の形而上学の問いのうち、心身問題、自由意志、時間、これはもう三大テーマだと思います。僕のベルクソン解釈というか、「拡張ベルクソン主義」的にベルクソンを再構築・再構成するときに、やはりそういうモデルとして使えるような、検証できるような、そういうものとして再構成したいというのがあります。そこにはもちろん自由意志の問題も入ってきますし、特に、これは僕の専門でもあるのですが、時間構造に注目して考えていくというところに、今、主眼を置いています。

現代で心の哲学の扱う問題として「クオリア」[*22]があります。クオリアはどこから湧いてくるのか。谷口さんがおっしゃったように、主観的な認識にほとんどイコールかもしれませんが、例えば電磁波に実際に赤色が付いているわけではないのに、我々は630ナノメートルの電磁波を浴びるとものが赤色に見えてしまう。この赤いクオリアがどこから出てきたのかという問題がまず一つ。あともう一つは心的因果といって、心的なものがあるとしてそれはこの物理世界にどうやって介入できるのかという問題です。実際、身体はタンパク質でできているので物理法則に従っているわけです。そこにどうやって介入可能なのか。これはもう心身問題として昔から知られているパラドックスです。それを現代の文脈で考えるためには大きなブレークスルーが必要になりますよね。もうだいたいの手は出尽くしてしまっているので。

ベルクソンはそこに時間軸を入れました。時間方向から見る。我々はどうしてもモデル化しようとするとき空間的に考えてしまう。身体があったら心が別にあって、それが作用するというように思い描いてしまうのですが、それをプロセスで時間方向にプロットして描き直してみる。そうすると、身体をつくっているプロセスはミクロのものからマクロなものまで階層構造で捉えることができる。ミクロなシステムでは速いスケールで出入力しているけれど、それが積み重なっていくと大きい時間スケールになる。生物、特に人間のような大きな組織になってくると結構「もっさり」した時間スケールで、外界からの反応に返すのに数百ミリ秒くらいかかってしまう、というように。そういう時間階層を考えると、

＊22 クオリアとは、感覚的体験に伴う独特で鮮明な質感のこと。脳科学などで注目された概念である。

上のほうのスケールの遅い時間的推移がよりミクロな時間的推移に干渉する（これまで心的因果、下方因果と呼ばれていたものに相当）ということがだいぶ理解可能なものになると思うのです。

デカルト的な問題の立て方では、単に「非物質的なものが物質に作用する」となってしまって、それは謎でしかなくなってしまう。物理的閉包性*23、多重決定*24とか、パラドックスで行き止まりになってしまう。

ですが、それを異なる時間スケールの間の相互作用、遅いプロセスと速いプロセスの相互干渉というふうに考えていく。スケール階層もきれいに分かれているわけではなく、全階層を見渡すような中央クロック（基準となる時間）もなしに、行き当たりばったりでくんずほぐれつしている。そこからクオリアの問題とか、心的因果の問題、そして自由意志の問題というふうに書き換えていく。問いの立て方をリフレーミングしていくみたいなことになるわけですが、それが今、打ち出すに値する発想かなと考えていて、日々頑張っているという感じですね。

谷口：記号創発システム、および記号創発ロボティクスと、僕は「創発」という言葉を使っています

*23　現代の科学は「どのような物理現象であれ物理現象のほかには一切の原因をもたない」こと（物理的領域の因果的閉包性）を前提としている。

*24　多重決定（overdetermination）とは、特定の出来事が複数の原因によって決定されており、いずれかの要因が単独で十分な結果をもたらすケースを指す。例えば、行動の産出が脳による物理的な因果で十分に説明されるとき、これに加えて心的な要因が因果的効力をもつことは不要であることを示す文脈で用いられることがある。

が、これはマイケル・ポランニー[*25]の創発の概念から来ています。記号創発ロボティクスといったとき「記号を創発させたいんですよね?」とよく言われるんですが、それもなくはないですが、実は「記号」「創発システム」なのです。記号を用いた相互作用を支えているのが創発特性をもっているシステムであるというところが重要です。自由意志について考えていたときにそこにふわっと影響を与えたのが創発の概念です。

改めて、システムにおける「創発」概念に関して整理しておきましょう。システムの低次レイヤ(階層)におけるインタラクション(相互作用)がある法則で書けたとする。その低次の相互作用から、それを記述する法則とは質的に違うものが上にある高次のレイヤに立ち上がってくる。それは下の理屈では記述できないものであり、さらにそれがまた下のレイヤの相互作用に影響を与える。これが創発の構造です。この創発概念の中に意識や自由意志に説明を与えるための逃げ道があり得る、というのが僕の暫定的な態度――いったんの逃げ口上でした。

下のダイナミクスは物理学的な法則で書けたとしましょう。物理学的な法則で書くというのは、物理学とか量子力学でも何でもそうですが、基本的にはダイナミクスを式で因果的に書きますよね。そう書いた時点で、もう自律的なダイナミクスが書かれてしまうので、その記述様式、理解の様式を取った時点で自由意志的な選択の主体が介入する余地はなくなるわけです。

*25
マイケル・ポランニー(Michael Polanyi, 1891-1976)、ハンガリー出身の物理化学者。その活動は社会科学、科学哲学にも及ぶ。暗黙知、層の理論、創発、境界条件などの概念を提示した。

それがファンダメンタル（根本的）な問題で、普通の物理学規範におけるインタラクションの記述のうえで自由意志を捉えようとすると全否定されざるを得なくなる。でも、とりあえず創発というものを一つの逃げ口として、そのレイヤでは捉えられない現象の空間で、自由意志とか意識のダイナミクスを捉えるとまだ全否定はされないのかな、と。何で書けるのかは正直全くわからなかったし、今もわからないんですが。ただ、下のダイナミクスで書くというふうにした途端に、もうそれは論理的に否定されると思ってしまったのですよね。それが、私が創発というところに行った一つの理由です。高次の層は言語的な思考につながるわけで、だからその創発的な部分と記号とか言語が生まれるところがつながってくる、そこに何かしら突破口があるのではないかと。まだ何かそこにオアシスがあり得るのではないかというのが、記号創発システム、記号創発ロボティクスに向かっていく原動力でしたね。

平井：創発の議論は哲学の中でも非常に盛んで、同時に問題もあって、おっしゃるとおり、要するに一番下のレベルに還元してしまうと明らかに全部説明できなくなります。創発というのはじゃあ何かを説明しているものかというと、それだけでは十分ではないということもわかっていて、特にどうやって創発するのか、その具体的なモデルが必要になるわけですよね。それがみんなすごく悪戦苦闘しているところです。下方因果[*26]もそうです。そのモデルとして、例えば生物の階層なら、普通は細胞があって、組織があって、器官があって、器官系があって、有機体がある。そして、有機体から複数個体になると

＊26　下方因果（downward causation）とは、階層構造をもつ階層システムにおいて、システムの上位レベルがその下位レベルの構成要素やプロセスに影響を与える因果関係のこと。通常の還元主義的姿勢では解けない問題と捉えられる。

社会ができて、というように考える。そのつど、新しいルール、つまり下のルールで説明できない新しいルールが成立する。そこまでは事実問題としてはいえますが、じゃあどういう仕組みでその「ないもの」が出てくるのかというところが、やはり我々が理解しなければいけないところで、まだ到達できていないところだと思います。オアシスとおっしゃったのはたぶんそこだと思います。

谷口：そのオアシスも蜃気楼である可能性はありますけどね。

平井：いろいろなモデルが示されていて、非常に分厚い論集とか膨大に出ていますが、多くの場合、やはり要素全体関係で階層になっています。細胞が集まって組織になるとか。それはベルクソンに言わせると、空間次元で見ているということになるわけです。プロセスで見たときにそれが時間を使ってるというのはすごく大事ですね。時間の使い方が変わるということです。

時間というのはすごく面白くて、例えばエネルギー保存則で、何かと何か、入力したエネルギーと使われるエネルギーは釣り合うとか、それは法則としてはいえるのですが、それに時間的な幅、ずれを入れてあげる。「遅延」とベルクソンは言いますが、つまり、どの時間単位を取るかによって、記述されるエネルギーの収支の在り方が変わり得るわけです。単位として別のものになってくる。ミクロな時間スケールの逐次的決定の連鎖でしらみつぶしにやっていくと、ぴた一文隙間がない。つまり、決定論的な世界にならざるを得ないのですが、そこに時間窓のサイズが違うものが共存しているとなると、見掛け上破れたように見える。それぞれのスケールはそれぞれで合っているし、実際には破れていないのですが、それらが混在していると、その間のインタラクションを考えたときに一時的に破れたように見えるのです。

よくお金の例を出すのですが、ローンを組むと今100円しかないのに1万円のものが手に入る、み

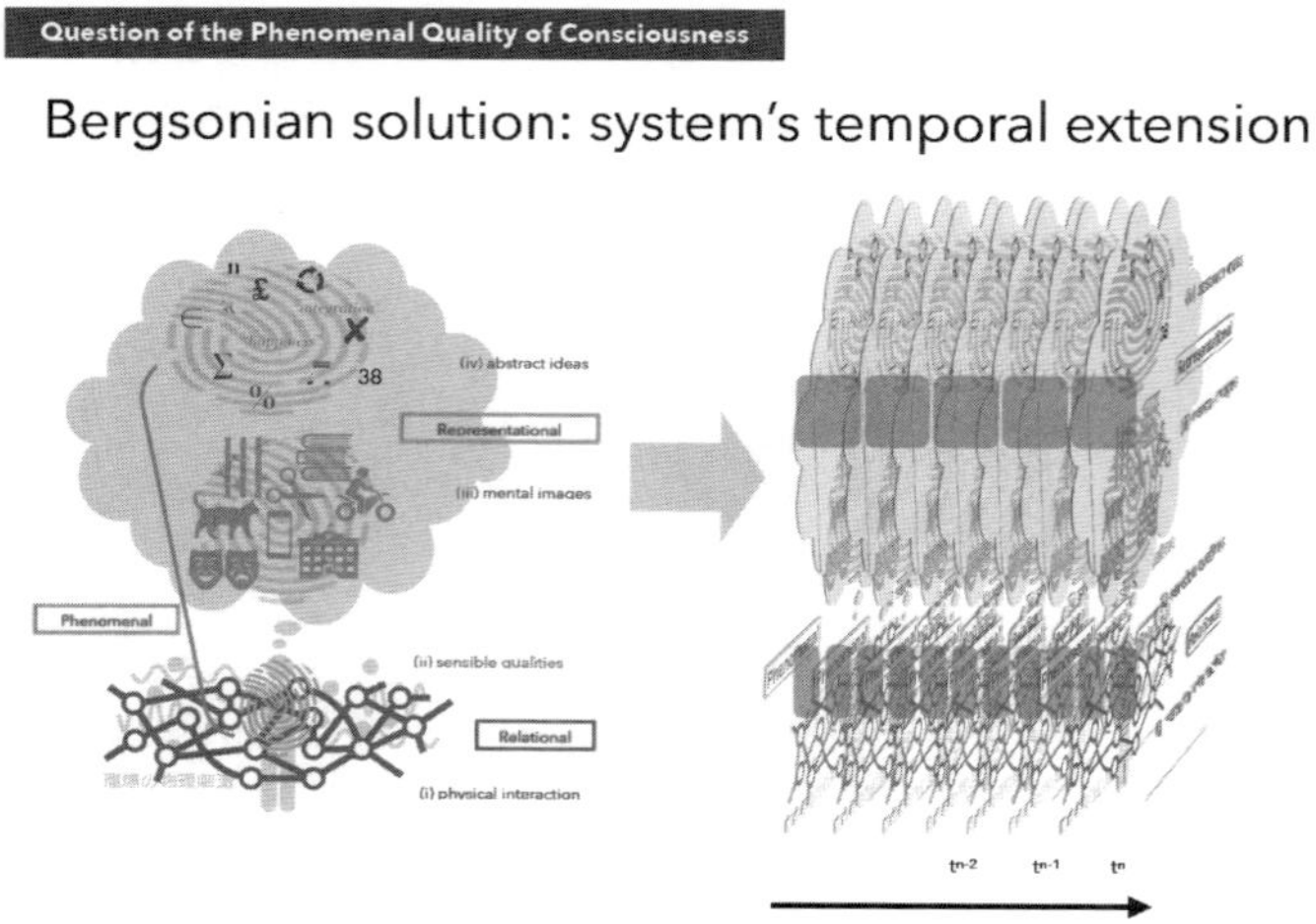

図4　空間的なモデル（左）に時間方向の視点を入れる（右）ことで上位レイヤから下位レイヤへの介入の可能性を示すことができる［提供：平井］

たいなことです。実際にはズルはしていない。これから例えば1年かけて1万円を払うとして、でも「今」という窓だけで切断すると「100円で1万円のものを買った」みたいになっているという。

時間単位が違うもの、時間窓のサイズが違うものが共存する、これをマルチスケールな時間論と僕は呼んでいますが、そういうことが時間を使うとできるのです。これは結構盲点なのではないかなと思っています。実際、人間の最小の時間単位は、聴覚や視覚で、その単位は2ミリ秒だったり20ミリ秒だったりします。我々の「現在の窓」といわれるものは大体0・5秒から数秒くらいと考えられていますね。そういうもので考えると、その間に時間スケールのギャップがあって、さらに我々はワーキングメモリなどを使えばその現在の幅をもっと間延びさせることもできる。記憶も使うと、もっと大規模なものもいける。そういう多階層の時間スケールの中であちこちずらしながら見掛け上の自由度を稼いでいる（図4）。

そして、この物理的に「見掛け」というのが、意識にとっては「見掛け」ではないのですよね。時間の内側に生きている我々にとってはそれが実在で、そこから開けている世界が経験としては本物なわけですよ。私達は、頭の中ではどこにでも立てるように感じていますが、実際には、どこかの時間スケールの「内側」に立たざるをえないわけです。そこに意識があり、心がある。外から記述したときは階層が違うということで矛盾はしていない。自由意志の問題とかクオリアの問題、心的因果、下方因果の問題といった、パラドックスに見える問題というのは、時間次元の方向で問題解決の在り方を探るという余地はあるのではないかなというふうに考えています。これはベルクソンのメッセージというか、考えさせてくれているところかなと思っています。

谷口：谷淳先生や山下祐一先生（現・国立精神・神経医療研究センター）のMultiple Timescale Recurrent Neural Network（MTRNN）は、まさに多時間スケールモデルをもつリカレントニューラルネットワーク（RNN）です。やはり、今のような話と関係しているのではないかなと思います。[*27]

平井：ウィスコットのSlow Feature Analysis（SFA）[*28]は、時系列データからゆっくりした変化を行う成分を抽出する数理モデルですが、時間的なスケールを使って認知を解き明かそうという点で共通して

*27 谷氏はベルクソンとは独立してこの考えに到達しており、ＰＢＪにはその観点から参加していただいた（平井）。論文と鼎談は、村上靖彦、三宅陽一郎、バリー・デイントン、フレデリック・ヴォルムスほか著、平井靖史、藤田尚志、安孫子信編『ベルクソン『物質と記憶』を再起動する』（書肆心水、２０１８年）に所収。

*28 Wiscott,L. and Sejnowski,T.J.: Slow feature analysis:Unsupervised learning of invariances（Neural Computation Vol.14, No.4, pp.715-770, 2002, https://doi.org/10.1162/089976602317318938）

いるところがあります。

非常に（空間的に）ミクロなスケールの生物にとって、そのインプット・アウトプットのサイクル、感覚運動サイクルは、時間的に見ても非常にミクロなスケールです。それに対して、身体のサイズが大きくなれば、それに応じて内部のスループットのプロセスも時間的に担保されるようになっていく。その中で、入ってきた情報をある程度内部で編集することができる。我々の「現在の窓」が数秒もあるからポストディクティブ（事後予測的）な並び替えも起きうるわけで、これが例えば20ミリ秒の現在の窓しかなかったら、そんな現象は起きない。20ミリ秒では、要素一個分で知覚が終わってしまうから、そもそも「流れ」ない。だけど、我々はその20ミリ秒の要素が単純計算で数十から数百個も入る、そういう現在の窓をもっている。その間に並べ替えもできて、世界を整合的に理解しながら、かつ「流れ」という現象経験まで可能な構造を担保していると考えることができます。

一方で、SFAのように、速い変化をするようなものの特徴量と、持続するような特徴量を世界の中で識別できます。これは単純に世界の側の特徴量というだけではなくて、生物なので、自分の内でもいえるわけです。自分の利害つまり自分の生存にとって有用な情報は、情報の処理における優先順位が高い。それによって処理の重み付けも変わってくる。すると、内部の時間処理が変わってくる。つまり、一般には空間的に捉えられやすいいわゆる気付き、焦点化といった、全体の中で特にここに意識が向くという現象も、時間的なリソースをどれくらい割くかによって差異化できるというふうに考えるということです。[*29]

フェーズ2　記号とその離散性

平井：物質宇宙から始めて記号を操る知能が出てくるまでの長い道のりを時間の観点から書き直してモデル化するということを、ベルクソンから読み取れると僕は考えているのですが、ただ記号の発生までは直行しないのではないかと考えています。もちろん、全部現実にこの世界で生じた以上、その意味では連続的ではあるのですが。

記号の意味にもよりますが、我々がもっているのは言語的な記号、厳密に数的な同一性を指示できたり、コンポジショナルに自由度が高い記号で、そういう意味での記号をもつためには、やはりある一つの基準がなければいけない。そうでなかったら、他の動物ももっているはずですよね。ある程度高度に認知していって、豊かな現在の中でリッチな感覚経験、感情などをもてるというところまででも、かなりの進化だと思いますが、クオリアにしろ感情にしろ、そういうものはだいたい瀰漫性で、他のものと浸潤し合うような性質をもっています。ですが、記号というと離散性が入ってくると思うのです。

谷口さんが昨年出された『心を知るための人工知能：認知科学としての記号創発ロボティクス〈越境する認知科学〉』（共立出版、2020年）の中で、離散性にも注意が必要だと書かれていたと思いますが、そこを議論したいと思っています。現時点での僕の理解というか見通しでは、前述のようにもともとす

＊29　平井靖史「「スケールに固有」なものとしての時間経験と心の諸問題—ベルクソン〈意識の遅延テーゼ〉から」（『〈現在〉という謎：時間の空間化批判』（森田邦久編、勁草書房、2019年）とりわけ63節を参照。

ごくミクロなものが拡張していくことによって時間内部的な自由度が出てくる。それによって生物の中で、質的にもリッチな体験というものが可能になってくる。だけど、そのまま放っておいて記号が出てくるわけではない。そのとき、もう一つ重要な要素として捉えられるのが離散的な記憶力です。

ベルクソンは「システムに生じる時間的な変化」をすべて「記憶力」と呼ぶので、わかりにくいところがありますが、その時間的働きを大きく二種類に分けています。一つが、連続的に過去を保持したり現在の幅を増やしたりというふうにして（システムの時間を伸張させたり、凝縮させたりするという表現を使いますが）、時間の幅の自由度を変えていくというタイプの働きです。これは連続で、切貼りはしません。残存する影響もそういう記憶で捉えます。もう一つは離散的な記憶力です。人間の場合わかりやすいのは習慣記憶で、歩くときにしか使わない歩行メカニズム、習字の書き方など、今でいう手続き型記憶に相当するものです。これは過去との関わり方が違っていて、メカニズム単位で小分けにします。例えば自転車に乗る経験で考えてみると、一回目に練習して、二回目に練習するまでに三日間空いたとする。その間にご飯を食べたり、他のこともしたりする。つまり、過去に飛び飛びに経験したことから一つの学習したモデルをつくる。一つのメカニズムに集約する。歩くとき、漢字を書くとき、泳ぐときというように、ある種それぞれ離散的にモジュール化されていて、それを適材適所に呼び出すことでその動作ができる。そこからさらに必要に応じて既存のメカニズムの分解・再構成を通じて、新しいダンスのステップを学ぶというように、新しいメカニズムもつくり出せる。こうした離散的な時間編集が記号獲得のまずは土台として導入されていると考えることができる。ただ、基本的には身体の学習なので、学習できる動物全般に可能で、環境に依存して世界に対するモデルをアップデートしていくことになります。敵が来たとか、エサがこういう状況で出てきたと学んで、プログラムとして書き換えてアップデートしていく。

では、そこから言語にはどうやっていくのか。ベルクソンは、一般概念（つまり我々で言う言語）を獲得する際に、経験から与えられた複数の類概念の中から共通の特徴を抽出して上位の類概念をつくったり、類概念と別の類概念で差分をとって新しい種差概念をつくったりという、そういう操作を用いているということを言っています。[*30] 最初の類概念は環境刺激の弁別という形で、生物学的に「前言語的に与えられる」と考えているわけですが、要はそういう類化・汎化の仕組み自体についての反省的理解が来て初めて能動的・恣意的に使えるようになる。そこにジャンプがある。例えば、「果物一般」というものは生態学的な対象としては与えられていないわけですが、生物によっては「オレンジ」と「いちご」ならもっている。それらを組み合わせることで、上位概念としてこしらえるという具合です。

つまり、言語へのジャンプのとき、連続的に過去を記憶しておくような記憶力は最低限の条件として常にありはするものの、もう一つの、離散化してそれを組み直したり、複合したりという自由度の高い記憶力のほうが記号（ベルクソンの言い方では一般概念）を得るには重要だという考え方になるわけです。そこの部分で、記号創発について研究を進めていらっしゃる谷口さんからコメントをもらえたらと思います。何か見落としがあるのかもしれないので。

谷口：人工知能分野のみならず人文科学の分野も含めて、記号という言葉の定義は大きく二つに分かれ

＊30 Bergson,H.(1896) : Matière et mémoire, pp.176－181, Press Universitaire de France (2017)（ベルクソン著、杉山直樹訳『物質と記憶』、pp.229-236、講談社学術文庫、2019年）

るというのが、現在の認識です――私自身もそれなりの考えの変遷はあったのですが。『心を知るための人工知能』の中では普通の記号と鍵括弧付きの「記号」と、明確に分けています。

一つ目が言葉をはじめとした我々が今使っているこの記号、いわゆるコミュニケーションのための記号です。その記号は言語に制限されず、手旗信号でもいいし、交通信号などでもいい。その信号自身はサインとして現れます。

パース[*31]の記号論（semiotics）では、記号はセミオーシス（Smiosis）という動的な現象として捉えられます。サインとオブジェクト（対象）、それを媒介するインタープリタント（解釈項）という三項関係によって表されるものがミニマムな（最小単位の）記号となります。これは間違いなく存在しています。私達は日頃からこれを使っているし、今この瞬間も使っています。この意味での記号が存在しないとは絶対に言えない。その一種である言語という記号は、シンタックス（syntax、文法）をもっていて、コンポジショナリティ（compositionality、合成可能性）をもっている。もはや記号の存在はすべて客観的な事実であると思います。

一方で、しばしば人工知能や認知科学において脳内にシンボル――つまり「記号」があるというふうに説明されることがあります。でも実は、脳内にそういうものがあることを観測したことのある人は誰もいないと私は思っています。観測されているのは脳内のアクティベーション（活性）だけであると。

＊31　チャールズ・サンダーズ・パース（Charles Sanders Peirce, 1839 - 1914）、アメリカの哲学者、論理学者、数学者。プラグマティズムの創始者としても知られている。

しばしば人工知能や認知科学の議論で、脳内に「記号」的なもの——シンボルが存在して高次の認知や思考を司るというように説明することがあります。私はこの考え方に対して、現状、強い疑義をもっています。

どうして人工知能分野や認知科学分野の多くの人が、「記号」の存在を信じて、教科書にも書いてしまうようになったのか。歴史的経緯を考えると、やはりシンボリックロジック（記号論理、symbolic logic）の大きな影響があり、その裏には、非常に西洋哲学的な、言語優越的というか論理優越的な志向があると思っています。もともと人工知能の分野は計算機科学の隆盛当時に始まり、それと双子のように認知科学が生まれました。その思考様式の影響を受けて、ある種のトークン（token、一単位）——コンポジショナル（compositional、合成可能）で操作可能なトークンとしての脳の中の「記号」つまりシンボルというのを考えたと。

そこにはモデルとしての記号論理があったわけです。述語論理における「記号」、推論規則における「記号」というアナロジーですね。思考がそれでできているという非常にトップダウンな仮説に、人工知能・ロボティクスの議論は影響を受けてきたのだと思います。そのトップダウンな仮説は、実証的なエビデンスに基づかないと言ったら言いすぎかもしれませんが、あくまで作業仮説にすぎないと思っています。この仮説は「物理記号システム仮説」[*32]とも呼ばれます。

こういう信念がかなり暗黙的に業界全体に染みわたってきたのですが、基本的に工学的なマインドの人が多い人工知能やロボティクスの分野では、そこまでその辺のことを批判的に考えないというか、フィロソフィカル（哲学的）なヒストリー（歴史）をあまり気にしない研究者が多いところがあって、それゆえに暗黙的に分野に染みわたった誤信念の影響を受け続けているのではないかと思います。少なくとも僕が付き合ってきた世界において、そういう議論は、前面に立てられるエンジニアリング（技術開発）の重要性の後方に位置付けられてしまうきらいがありますね。やはり、とりあえずロボットを動かそうと思ったら、シンボリックロジック（記号論理）的なプログラムでルールを書いていかないとどうにもならないみたいなところもあるから。知能の内部表現を「記号」で書いていくというアプローチは、それはそれで強いのです。だからこそ、それがありもしない脳内シンボルというものの存在を変に維持させてきたということだと思うのです。

今のディープラーニングのブームというのは、結局はそういう離散表象の弱さを改めて明らかにしたということですよね。連続的に表現することによって、よりリッチ（豊か）な内部表現を入れることができるわけです。今、内部表現という言葉を使いましたが、日本語ではもう一つ「内的表象」という言

＊32　初期の人工知能研究の研究者であるアレン・ニューウェル（Allen Newell, 1927 - 1992）と認知心理学者のハーバート・アレクサンダー・サイモン（Herbert Alexander Simon, 1916 - 2001）が提示した、物理的パターン（記号）の操作による体系が汎用知能の実現に必要十分であるという仮説。

葉があります。何となく内的表象というと、記号ＡＩ的で離散的なイメージをもちがちですし、内部表現というとニューラルネットワーク的で連続的なものをイメージしがちです。でも実は英語では、内的表象も内部表現もInternal Representationです。そこに明確な境界はないのだと思います。

私は、現状、脳内にシンボリック——「記号」的なシステムがあって、そこが論理的で知的な処理をしているというような考え方にはディスアグリー（disagree、同意しない）です。ただそこは何かを表現してはいる。シンボル（記号）がどこにあるかというと、やはりパース的なシンボル（記号）なのだと。では、「記号」の担う論理演算や思考のようなことはどこでやっているのか。これは僕自身の現在の考え方なのですが、記号を表出し、それを再解釈する中でやっているのではないかと考えています。

私達は言語を使っていて、その言語にはシンタクティック（統語的）な構造がある。少なくとも語の配列の中にコンポジショナリティはある。それは少なくとも外在的にあるわけですね。少なくとも言った言葉自体の表現を、我々はそれをまたエンコードする形で脳内にもってくることができる。

平井：拡張された心みたいな感じですね。

谷口：そういうことだと思います。ここのところディープラーニングの文脈で、改めてシステム１、システム2[*33]のように、心を高次認知と低次認知の二つに分けて行う議論が盛んです。松尾豊先生（現・東京大学）は「動物ＯＳ」と「言語アプリ」と表現します。動物的なシステムに対し上位が言語、論理だと。そういう議論を行うときに軽々と「言語」という存在をもってきてしまう傾向があって、僕はそういう「言語」的思考が上位にあるという考え方や、言語を無批判に意識的で理性的な存在に置いてしまう考え方は、どこか「眉唾だなぁ」と思っています。

そもそも日常の言語活動は多分に受動的で自動的ですよね。こういう日頃の会話も深く考えていたらとてもリアルタイムで話し続けていられなくて、半分勝手に口が動いている。そういうふうな言語の面というのは、n-gram[*34]モデルや理論的には無限のコンテクスト長のn-gramモデルを近似するLSTM

＊33　システム1は無意識的で直感的な推論のシステムであり、システム2は意識的で熟慮的な推論を司り，遅くて自発的に起こされる推論のシステムである。このように、人間の心に二層のシステムを仮定する考え方は二重過程理論とも呼ばれるが、システム1・2という名称はカーネマンによる。これまでのディープラーニングはシステム1が中心であり、そこからいかにしてシステム2へとたどり着くかが重要だと、ヨシュア・ベンジオ（Yoshua Bengio, 1964－）をはじめとしたディープラーニング関連の主要研究者が唱導し，一気にシステム1・2の名前が知られるようになった。2019 Conference on Neural Information Processing Systems（NeurIPS）での講演「From System 1 Deep Learning to System 2 Deep Learning」はYouTubeでも視聴可能である。https://www.youtube.com/watch?v=FtUbMG3rlFs

＊34　n-gramとは連続するn個の単語や文字の並びのこと。n-gram言語モデルは、それを用いてテキストのパターンや特徴を抽出する統計的な言語モデル。

(Long Short-Term Memory)、リカレントニューラルネットワークにおけるダイナミクスによって大いに記述可能なわけですね。それゆえにLSTMやTransformer*35による自動的な処理で、実際問題としてさまざまな言語関係のタスクができる。

改めてこの10年間の人工知能の進歩とその計算論が教えてくれることを俯瞰して、シンタックス（文法）をどういうふうに処理するかという点を少し考えてみたい。今の自然言語処理におけるニューラルネットワークの用いられ方とその性能を見ていると、比較的末端のパターン処理のように思えてくる。例えばＢＥＲＴ*36のモデルでも文のエンベディング（埋込み）を通して比較的末端で処理する。LSTMのようなリカレントニューラルネットワークを用いてもそう。思考というのが、ある種ロジックにおけるシンタクティックな処理だと考えると、それも奥深いところにあるというよりは比較的末端でやっているようにも思えてくる。入力された複数の文の関係性を統語的に処理して新たな内的表象を得る。ここでは述語論理の処理における導出原理などをイメージしています。

システム１・２に関していえば、心の裏側の連続的なダイナミクスがマルチタイムスケールであるという主張は全然構わない。それは僕も重要だと思う。しかし、心の奥底に「記号」論理的なものが存在

＊35　Transformerは、2017年に登場したディープラーニングのモデルの一つ。Attention機構（データのどの部分が他の部分よりも重要であるか文脈依存で重み付けする）により、効率的な学習が可能。大規模言語モデルの中核となる技術の一つ。

＊36　BERT（Bidirectional Encoder Representations from Transformers）。Transformerエンコーダを用いて、大量のデータから教師なし学習を行うモデル。

するというのは何か違う気がする。こういう2段階の構成は確率的生成モデルに基づくアプローチで表現すると、まず視覚や聴覚や運動に関わるようなオブザベーション（観測変数）があって、潜在変数で表されるインターナルリプレゼンテーション（内的表象）があって、そのさらに裏にシンボリックなロジック構造があると仮定するようなモデルです。これは人間の心のモデルとして違うんじゃないかな、と僕は思っています。何が違うかというと、言語的もしくは記号的な表現の在り処ですね。僕はロジックをもつ言語は確率的生成モデルで言うならば、徹底して観測の側に置くべきだろうと現在は考えています。生成過程としては内的表象があり、そこから生成されるマルチモーダルな観測の一つとして構造をもった言語がある。そういうふうに言語を徹底して外部に置いても、さまざまなタスクは実現できるし、心理学的な実験結果も説明できると思う。言語から他の観測や、他の観測から言語の推論はすべてクロスモーダル推論（cross-modal inference）[*37]に基づいて説明できるし、たぶん今までやっている概念や言語にかかわる心理学実験や諸々はほぼこれで説明可能だと思うのですよね。

　例えば概念に関わる実験のシーンを考えてみましょう。その概念に関する質問を被験者に言葉で聞いていたりする。言葉で聞いているというのは、その言葉に対応する脳内の「記号」を作動させているというわけではなくて、被験者に対してそういう言葉のオブザベーション（観測）を発生させているとい

＊37　クロスモーダル推論とは、他のモダリティ情報から別のモダリティ情報を推論すること。確率モデルとしては例えば視覚の観測をy^vとして、聴覚の観測をy^aとしたとき$p(y^v, y^a)$の同時分布をモデル化し、その後、ベイズ推論で$p(y^v|y^a)$や$p(y^a|y^v)$を計算もしくはサンプリングすることでクロスモーダル推論が表現される。

うことかと思います。むしろ言語的な質問によって内部的なものを取得できていると考えるほうが不自然——というふうに僕は認識していますね。

平井：非常に面白いですね。今の話を聞いて、ベルクソンと近いなと改めて思います。僕自身、最近、こういう構造なのかと見えてきたなと思うのは、そういうイメージや表象、瀰漫性や連続性といってもよいのですが、そういうリッチでクオリア的なものというのは、結構、融通無碍に我々の中で階層をまたぎながら相互作用していて、それをアウトプットするときにやはり最終的には特定の筋肉運動に落とし込まなければいけない。そこでベルクソンは、前述のように、離散的な習慣記憶とか身体運動メカニズムということを言うわけですね。結局、出すときはそういう構造として出さなければならない。しかも、それは割と自動運転でも動くシステムになっていて、だからこそ走るわけで、放っておいたら口だけでベラベラしゃべっていて頭の中は上の空ということもある。そういう自動運転すら可能です。だけど、何か考えていることをそこに落とそうというときにはそこにある種の緊張度が必要になる。アイディアのクオリア的なものが、そのまま初めから記号であるわけではなくて、それを記号に落とし込まなければいけない。そこにクリエイティビティがあるし、すり合わせが必要だからこそ、予期せぬ新しいものも生まれてくるというように考えられると思います。

記憶もそうですよね。記憶というのは、思い出す前から映像みたいなものがカチッとあるわけではない、思い出す前に映像なんかないんだというのがベルクソンの考え方です。これをイメージ化された記憶との対比で「純粋記憶」といいます。*38 最初は「なんかこんな感じだった」というヒント的な感触しかない。それをはっきり思い出した瞬間には、例えば「こんな夕陽で、ここにペットボトルがあって……」となるわけですが、そうしないと現在の経験の中にもってこられないので、最後にアウトプットするときにそうしているんだと。でも、想起の最初の段階では、ごく圧縮・要約された質しかない。それに対するアクセス自体は、時間を拡張・凝縮する働きがもたらしたものです。しかし、最後に出力するために必要な離散化とその運動作用に落としてくるというプロセスは、これとは別だと。この二つの時間的な働きを、2種類の記憶力というふうに分けて捉えることで、その掛け合わせで我々はいろいろなアウトプットをしていると理解するわけです。

谷口：「あのとき彼女がカラオケ店の前で待っててくれていて――」という感じに思い出しながら話していくと、どんどんイメージがわいてくる。結局、それは記憶に合わせて話しているのと同時に、話した内容が戻ってきて、それから内的表象をインファレンス（推論）して、またそのイメージを固めているというわけですよね。まさにおっしゃるとおりだと思います。

それと関連して、人工知能の分野において考えられる熟考的な「思考」の捉え方にも、どうも腑に落ちないところがあるのです。思考というのを何かとロジックの演算みたいに表現することが多いわけですけれど、今となっては、それは非常に簡素な計算処理だから、何か違うような気がします。むしろ内

＊38　Bergson,H.(1896): Matière et mémoire, pp.147-152, Press Universitaire de France(2017)（ベルクソン著、杉山直樹訳『物質と記憶』、pp.195-201、講談社学術文庫、2019年）

部表現から言語的なものをサンプリング（デコード）して、それを戻す（エンコードする）と。これを繰り返す。そのときに複数の言語表現をコンポジション（合成）しながらエンコードしたりする。そうすると基本的に、デコードするときの確率的揺動や誤差、および組合せなどによる作用でエンコードしたものの内部のリプリゼンテーション（内部表現）が変わるわけですよね。そういうふうなダイナミクスで内部表現に変化を生んでいくというのが、結構、思考として大事なのではないかと考えています。

でも同時に、それだけでは何か力が弱い気もしています。そんなナチュラルドリフトみたいな表現で良いのかと……。今の平井先生の話を聞いて「なるほどな」と思ったのは、ある種の緊張度というか、「脳内ですごい力をかける」という部分ですね。誰が力をかけているかはわからないですが、力をかける圧みたいなのがやはり自分自身の経験としてあって、言語を何とか出してくると。出してきたものをまた反芻するという戻し方をする。この連続的な動き、これが思考なのかなと――今は考えています。

平井：「階層をわたる」のが知的努力だとベルクソンは考えています。一つのフラットな面上でやることは思考の名に値しないということを言っています。[*39] それはもうただの惰性だと。紋切り型をただ繰り返しているとか、そういうときに思考には努力はいらないし、緊張はいらない。我々が何かクリエイティブな、知的な努力をするというのは、階層をわたるということなのです。別のモジュールどうしの掛け合わせが必要で、形のないものに形を与えるということをしなければいけないから、そうい

＊39　Bergson,H.：'L'effort intellectuel(1902)', Énergie spirituelle, pp.153-190, Press Universitaire de France(2017)（ベルクソン著、原章二訳「知的努力」（『精神のエネルギー』、平凡社ライブラリー、2012年に所収））

うことが必要なのだと。レトロスペクティブな働きもそうです。言語隠蔽効果というか、やはり形を与えることによってもともとの見え方も変わってくる。でも、それは相互に循環しながら。ダイナミックなシステムもひっくるめて、また咀嚼していく。そうやって、人生を解釈しながら自分というものを大きいスパンで捉えてみたり、ミクロな今日の仕事などを考えてみたりしながら生きていると思うのです。人生という物語も、そういうアウトプットをして、「自分、こんなことをやっちゃった」というのをまた引き受けながら、そういう自分というものをまた整合的に、整合的というとロジカルに響きすぎますが、しっかりと柔軟に自分像というものをつくり直しながら解体しながら進んでいくと。そういうダイナミズムを既存の記号だけでつくっていくというのは、やはり無理があるだろうというのは本当にそう思います。

今日の話で、言語と言ったことがミスリーディングだったなと改めて思いましたね。言語もその出力層では我々の手続き型記憶の一種なので。習慣行動として自動運転の側面があるのと、やはり考えて出さなければいけない、「表現する」という言語活動の二つの側面がある。これはどちらかのシステムだけの話ではおさまらない。その意味でも、言語はどこにあるという問題の立て方は、言語のどの層のことか、どの働きのことを指しているのかを概念的に区別して、局所化していかないと、たぶん話が混乱する元なのかな、今まで混乱してきた一因でもあるのかな、と思いますね。

谷口：言語の議論をするときには、僕は常にあらゆる分野の議論でインテレクチュアルバイアス（知識人の偏った考え）みたいなのが嫌なのですよね。知識人というのは言語活動を重視します。それゆえに、どこかで「俺らが偉いから言語が偉い」みたいな、言語活動による活動が社会や学術活動における立場として高い位置だと捉える。言語の立場を高めるというのは、認知においても無意識に言語を優位な位置に置く思考や議論のバイアスが生じている気がします。穿った見方かもしれませんが、そういうバイアスが存在していそうなところが非常に気持ち悪いんです。そういう無意識の思考バイアスは、僕らをブラインド（盲目的）にすると思いますね。それから自由にならないといけない。そういう意味でも、「言語」のモデル上での取扱いに関して、私達は注意すべきだと思います。

清田：私も自然言語処理分野をバックグラウンドとしていますが、シグナルとシンボルを全く別なものとして考えてしまうところは結構あるなと、今のお話を聞いていて気付きました。シンボルは特殊なシグナル、離散構造をもったシグナルと捉えたほうが本質を捉えているのかなという感じがしました。

谷口：やはり人工知能の議論をするときに知能を個体の知能に押し込めて考えてしまうとまた見失うところがあるのと同じように、言語に関しても集団の上での創発的なところを捉える必要があると思っています。言語は言語系そのものが社会的にエマージ（創発）しているものであって、言語というものは本質的に恣意性をもっていて、動的に変化しているということ。あまり議論されないけれども、記号に関して人間の知能のすごいところは、記号をデザイン（設計）してつくっていけることなんですよね。動物記号論などを見ても、そこまでの、記号のレキシコン（語彙）やセマンティクス（意味）におけるアダプタビリティ（適応性）をもっている動物はほぼほぼいない。例えばジュウシマツのような鳥のさえずりはシンタックス（文法）的なコンプレキシティ（複雑性）はあるけれど、セマンティクスが非常に貧弱なので歌が何かを表すことがほとんどない。[*40] ミツバチの8の字ダンスもセマンティクスとして餌の場所を指し示すものだけれど、ミツバチ自身がどんどん新しい記号をつくったり、その意味を大きく変容させたりすることはない。そこは、やっぱり人間の言語のすごいところであるかなと思います。

清田：そこでも、やはりストレスのようなものがコミュニケーションの中では発生するのかもしれませんね。当然、世界は自分の思いどおりにはならないので。

谷口：そうですね。パースの記号論で有名な記号の分類にアイコン、インデックス、シンボルという三分法があります。シンボルというのは基本的に規約によって支えられる。習慣ともいえますが。なぜそのサインがその意味か、特にそのサイン自体に理由はない。世の中がこのサインの意味をこう定めているからお前はそれに従え、なのですよね。やはり、そこに個人に対する抑圧の問題があって、この辺は社会学的なところで、いわゆる社会構成主義[*41]やそれを援用するジェンダー論にもつながる議論のポイントではあるのですけれども。なので、そういうストレスみたいなものはやはり記号システムの中に我々が属していることから必然的に導かれることなのだろうなと思います。

記号創発システム論の視点から言うと、今のAIの研究というのは記号の動的特性の意味では偏っていて、まだ言語や概念、クラスやカテゴリーをスタティック（静的）なものだと考えて、それに正解が

＊40　この辺りの議論は、岡ノ谷一夫著『言葉はなぜ生まれたのか』（文藝春秋、2010年）などに詳しい。

＊41　社会構成主義とは、社会に存在するものは社会的なコミュニケーションを通して作られたものであり、変更可能なものとみなす考え方。

あると考えがちなのですよね。決まった記号系、決まった正しい言語があるから、それをデータセットから学習させましょうというような。そういう意味では我々の日常の中で起きる、ローカルな、子供達の中でダイナミックに言葉の意味が変わっていくような、そういう記号の動的な現象を捉えられていない。そこをやっていくのは、当然これからのチャレンジだと思うんですよね。

平井：ウィトゲンシュタインの言語ゲーム[*42]みたいな。どんどんゲームをつくっていくという。ルールがあって使用するというのではなく。

谷口：ウィトゲンシュタインの哲学、いわゆる言語ゲームみたいなところからインスパイアされて、動的な変化を捉えようとした研究がないわけではなくて、人工生命などの分野でそういうインタラクションをつくって言語の創発を試みるというような研究はあります。けれど、言葉の投げ合いで、その言葉が何を指すかを共有しようというだけの研究だと、やっぱり地に足がつかない。言葉の投げ合いで、その言葉のは究極的には進化的なものだと考えています。進化というのはそもそも環境適応です。つまり、言語や記号の創発はマルチエージェントの環境適応に位置付ける必要がある。ある意味でプラグマティック（実用主義的）であるというか、その視点をもつべきなのです。

それぞれの分野が前提とする学理の限界というか、言語に対するアプローチとしての言語学や自然言

＊42 言語ゲームは、言語哲学者ルートヴィヒ・ウィトゲンシュタイン（Ludwig Wittgenstein, 1889 - 1951）が提唱した言語哲学上の概念。ウィトゲンシュタインは、言葉の意味は単体で確定するものではなく、ゲームのようにやり取りされる中で確定されるものと捉え、この言語ゲームの概念によってあらゆる問題が分析できるとした。

語処理は、その扱うデータを言語に限りがちでした。テキストから始めてしまう。しかし、やはりマルチモーダル（多感覚）なものなどを見る必要があると思いますね。最近、ようやく計算資源が増えてきたし、さまざまな感覚モダリティ（感覚様相）を扱えるディープラーニングが進んできた。言語学や自然言語処理の研究にとってもロボットという身体が大事だし、ロボットにとっても言語学や自然言語処理が大事だという話で、サーベイペーパを書かせてもらったりしています。[*43]

清田：東京工業大学の徳永健伸先生の研究グループなどでも、そういうことをずっと前からトライされていますよね。以前はやはり計算リソースやロボット実装力など、いろいろな制約で難しかったというところはあるのですが、おそらくいろいろなツールがそろってきたのかなと感じます。

谷口：AI分野の多くの研究者でもそうですが、自然言語処理からロボティクスの分野へはまだちょっと壁がありますよね。ロボットのハードウェアを使うとソフトウェア系の先生が思っているよりも圧倒的に面倒くさいこと、泥臭いことが多いので。AI分野はオープンデータを共有して、そのタスクで性能を測るみたいな文化で動いていますが、ロボットはリアル身体で個別性も高いし、実世界における環境との相互作用は静的なデータ集合に落とし込めないものなので、それが研究のスタイルにも影響を与えます。ロボティクスはAI研究で標準化しているような研究スタイルのロジックに乗り切れないところがあるというか、いろいろな進捗も遅くなるのですよね。ディープラーニング周辺の研究は今すごい

＊43　Taniguchi,T., Mochihashi,D., Nagai,T., Uchida,S., Inoue,N., Kobayashi,I., Nakamura,T., Hagiwara,Y., Iwahashi, N.and Inamura,T.：Survey on frontiers of language and robotics（Advanced Robotics, Vol.33, No.15-16, pp.700-730, 2019), https://doi.org/10.1080/01691864.2019.1632223

スピードで進んでいますが、ベルクソンじゃないけれど、リアルなロボットの研究はなかなかそれに速度が合わないという……(笑)。

清田：まだまだスタティックなデータセットを共有して研究するというタイムスケールでやっている限界はあるのかなと思います。

フェーズ3　認知的閉じと自由意志

平井：谷口さんは心とか意識とか、その発生みたいなものについてはどう考えていますか？

谷口：心や意識については、自由意志についての話と完全に連続的ですよね。心をいかにエマージ(創発)させるかという。それにどうつながるかですよね。そういう意味で他者が意識をもっているとアプリオリに認めることは、僕にとっては比較的ナイーブに思えます。僕の考え方では、やはり環世界というか自分の認知に閉じた世界でやっていると。自分の意識が発生するというのは、自分でそれを観測して、自分がその身体をコントロールできるのかとそういう話とつながるわけだけれど、他者については、むしろ他者の中に自分と同じようなものがあるという推論、それをどう認めるかという比較的な、道具的な視点になるので。僕の中では、自己の意識の問題と他者の意識の問題は分かれますね。

平井：二つほど聞きたいことがあります。一つは「認知的閉じ」について。もう一つは自由意志の問題で、自由意志のほうは先ほどの話とつなげて考えることできるかなと思っています。一般に自由意志の問題は、哲学的には決定論[*44]と両立する自由と、決定論自体を覆していくというタイプの自由意志の捉え方がありますよね。しかし普通、後者は要するに偶然に訴えることなんですよね、結局。例えば量子論的な効果がマクロにも波及して、みたいな形で、無理やりもってくることもできますが、ともあれ、現時点でどちらも詰んでることはわかっている。前者の両立主義は、自由意志の定義を変えて言っているだけで、決定論は決定論だから、物事はもう1億年前から決まっていたというふうになってしまう。それは他行為可能性[*45]という意味では自由ではない。では、後者のように、ランダムなら自由かというと、ランダムに手があがったり、デタラメなことを口にしても「俺は自由だ」とは思わないので、やはり難しい。

一つのやり方としては、偶然性が入ってくることによって起きた出来事を「引き受ける」というプロセスがあると思うのです。決定論的なモジュール的な階層では、ある程度、我々はゾンビ的に動いてしまっている。先ほど言ったような階層の違うところから入ってくるということは、それが許される程度のランダムネスが下にないと無理ですよね。起きたこと、やってしまったことに、ランダムな、何らかの偶然的な要素が部分的に介入することで、「僕がこんなことをやってしまった、言ってしまった」という状況が生じる。そのときに、それはやはり違うというふうに否認する場合もあるでしょうけど、他

＊44　決定論とは、あらゆる出来事はその出来事に先行する出来事のみによってただ一つに決定しているとする考え方のこと。

＊45　自由な選択において複数の可能な行為のうちから一つを選択し、その行為を実行することを他行為可能性（alternative possibility）という。この他行為可能性は、自由意志にとって重要な条件であるとされる場合がある。

方で、ある程度自分として引き受けて、それをもって自分像をアップデートしていく。というか、そういう部分でちゃんと自分がやりましたと主体性を担保し直すというプロセスがある。つまり、起きている部分では自由とも自由でないとも言えない。それを「僕ではない、ランダムがやったことです」と言っているときというのは、自分は被害者という感じになる。けれど、「ちょっと口が滑ったけど、そこから思わぬ良いリアクションが出てきたな」とか、絵を描いていても「筆が滑って青色がこっちに飛んだら意外と良い感じだった」とかあるわけですよ。そうなったときに、それを含めて引き受けることの中で自由という、その主体性みたいなものを担保し直す余地があるのではないかなというふうに思います。そういうふうに先ほどの話とつなげて自由意志を考えることができるのではないかと、これはコメント的な感じなんですが。

認知的閉じについて、これは反論になるかもしれませんが。基本的には正しいと思うのですよね。我々は生態学的に閉じていますから。そうなのですが、他方で、我々は環境からピックアップするときにいろいろな選別をしています。有用性によってふるいにかけたりというように。特にベルクソンが考えるのは、そこにも「時間的な潰れ」が入ってくると。その環境の時間情報としては、いくらでもミクロな情報があるけれど、そんなものはとらないで、ある種、粗視化（coarse-graining）するわけです。時間的に粗視化していく。大事なのは、粗視化したら、その先全部が潰れてしまうかというとそうではない。例えば我々の時間分解能は目なら20ミリ秒ですが、20ミリ秒以下の差異が全部潰れてしまうかというと、そんなことはなくてきちんと識別できる。我々の設けている生態学的なリミットをしみ出してくる情報みたいなものが、そのボケの中に何かあるわけですね。それが、我々の必要な行動サイクルが要

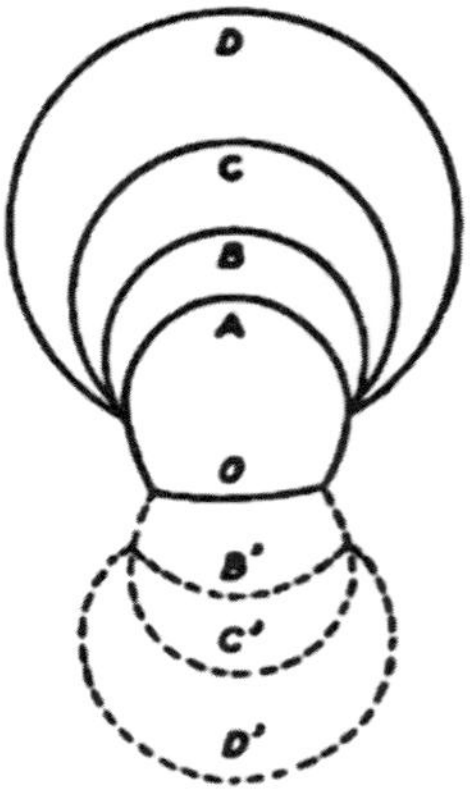

Figure 1

図5　ベルクソン『物質と記憶』（杉山直樹訳、講談社学術文庫、2019年）の注意の進展を示す図。対象Oとそのデフォルトの認知Aでつくられるループに対して、より深い階層をくみ取る（B′）とより詳細な認知処理（B）が実現する。以下、同様に、C′-C, D′-Dと展開するが、各円環は閉じているため円環から円環への移行は飛躍による

求するものになじんでいる限りは無視してOKで、普段は無視する。そこにいつも待っているやつがいて、必要なときに、閉じを広げて識別するわけですね。

例えば、絵を描くときも同じものを見ているのに見え方が違う、違うものが見えてきたりすることがあるわけですよね。その余地が世界の側にあり、かつ我々は、そのつどそのつどで閉じているのだけれど、その閉じを変えたり広げたりできる。ベルクソンは実際、そういう図を描いています（図5）。もともと普段見逃していた、例えばマグカップの模様に気付くとか、普段は見落としていてもかまわないようなものに広げることができる。広げた時点で、そこでやはり認識的には閉じているのですが、この閉じから閉じへの拡張可能性があるという意味では開いている。時間的移行において余剰があって、それが我々の世界の見え方を変えたり、クリエイティビティを生み出す条件になっている可能性があるので

はないかと思のです。その点について、どうお考えなのかお聞きしたいです。

谷口：まず1点目の自由意志の話で、ランダムに行っても決定論に行っても詰みというのはアグリー（同意）ですね。ランダム性に変な期待をするのはやめましょうよと。ランダムも単なる自律的なプロセスなので。ランダムだからといって未来を選択する自由があるわけではない。そもそもほとんど物事は確率モデルなので……。まぁそれは置いておいて。

おっしゃったように「引き受ける」という態度を取るかどうかというのは、またちょっと高次なのかもしれません。一歩目としては、まずは観測者がいかに構成されるかという問題かなと思うのですよね。つまり、自由意志の問題に一足飛びに行くよりも、構成主義および構成論的アプローチとしては、いかに観測者というものを生み出すか、それが一歩目かなと。それはまぁアグリー（同意）だなと。

平井：行為する自分自身の観測者ということですか？

谷口：そうです。それは、どう書けるのかという話ですよね。もちろん、それはハードプロブレムだと思いますが。ただ、先ほどの「引き受けることで主体を取り戻す、そのロジックで自由意志を考えることができるのではないか」ということに関しては、若干、僕は楽観的になりきれないですね。やはり未来を選択できるかというところについては、僕はなんとも言えない。中二病的な感じに聞こえるかもしれませんが、僕にとっての問いというのは、「僕は僕自身の未来を選べるのだろうか」「自分で意思決定して未来を変えられると努力していくということ自体が、すでに決められたものなのではないだろうか」なので、それに答えるにはもう一歩いるなというのがありますね。

平井：選択の自由意志ですね。

谷口：そうですね。認知的な閉じの話に移りましょう。認知的な閉じについて、僕は『記号創発ロボティクス』でも、その後の本でも書いているのですが、若干、定義的にはナイーブ感は感じています。ナイーブの意味は何かというと、本当に単純な意味です。システムとして僕の身体があって、皮膚があって、これで情報的に閉じていると。やはり外部から刺激を受けてもそこで受ける刺激というのは内部に起きているものであって、そういう意味で物理的に、生態的に閉じているという意味です。おっしゃっているようなところは、そこから立ち上がっている認識なり、知覚なり、そういうふうなものはそのうえで解釈可能な範囲ではないかなというふうに、僕は感じています。

平井：もちろん僕はそれに同意しています。こう言うといいのかな。例えばハチの「8の字ダンス」はもともと先天的なプログラムで「こういうときはこうする」というようにできている。まさに彼らの環世界というのは閉じていて、認識的に閉じている。その認知的閉じが固定だと。ところが、我々は人間として生まれて、認知的閉じをアップデートできる。そのつどそのつどのタイムスライスで切ると認識的に閉じているのだけれど、閉じから閉じへのアップデートができる。さらに、それを我々は俯瞰して、前は気付かなかったことに気付くわけです。例えば、浪人時代にデッサンを描いていて「平井君、空間を描けてないんだよ、君は」と言われてもすぐには描けないですよ(笑)。「でも、先生。奥行きって見えないです」みたいな。それが、続けていると見えるようになるのです。「あのときは見えなかった」から「今は見える」へと移行する。そういう意味で、我々はオープンさを世界のモデルとしてもつことができて、閉じから閉じへの移行可能性という意味での潜在性がおのおのの閉じの中に秘められている可能性がある。

谷口：そういう意味では、認知的な閉じの議論は、もともとはオートポイエーシスの議論などから来ています。今、おっしゃっていただいたような、よくそういうふうな聞かれ方もして、何か僕はイマイチ腑に落ちて来なかったところがあるのですが、今、若干、腑に落ちた感がなくもないです。認知的な閉じの話をしているとき、僕はもしかしたら観察者視点なのかな、と思いますね。観察者視点からの認知的な閉じ、ロボットに対して「お前の身体は固まっているやないか」と。今、平井さんがおっしゃっていたのが内部視点からの認知的な閉じなのだとすると、その二つは両立可能なのかなと思いました。

平井：結構、我々のクリエイティビティを考えるときにも大事だと思います。自分でも、言語化するとき言語化してみるまではわからないみたいなところがあって。でも、わからないけれどちゃんとそれにアクセスして、それを言語化しようとしているわけですよね。それを落としてくるときにはターゲットの手応え感はあって、ある意味、結果論を見るとこれを言いましたと、なる。そして、それを言える身体だから言えた、と閉じたふうにレトロスペクティブには見えるのですが、そのプロセスを考えると、そこはもともとオープンとクローズの間、あたりをいったり来たりしている？

谷口：そういう意味ではちょっとパラドキシカルに言うと、認知的に閉じたままで認知的な閉じが開かれていく。要は、外部観察者視点からの認知的閉じというのはそのままで、そのセットアップの上で内部の認知的な閉じは変わっていくということなのかなと思いました。もちろん、我々も意識が変わったからといって、皮膚がビシビシって分厚くなったりしないわけで。なるほどなと思ったのですが、オートポイエーシスの議論ではよく「開かれながら閉じている」という言い方をしますね。それとパラレル（相似）なのかなと思いました。

平井：やはり内部観測的な視点で見ていくのと、両方、行ったり来たりすべきだと思うのですよね。どちらかだけだと見えなくなるのかなと。

谷口：そういう意味では、僕の認知的な閉じの話は細胞膜のような、情報における境界線を定義して、その中に視点を置くべきだろうと。ロボットの研究をするときにそこから発達なり認知の変化、ダイナミクスを捉えていかないといけない。そう言っていたのですね。その割に、外部から与えられるときには比較的、外部視点、観察者視点になっていたんだなということを、改めて今、理解しました。

平井：確かに、外部・内部というのは、本当に哲学の中でもミスリーディングな言葉遣いナンバーワンだと思っていて、これは広く混乱がある部分です。一つが、身体の外から見えるものと内部構造（メカニズム）、中のモデルとか内部構造は外から見えないという意味で「内」という場合。もう一つが、我々が主観とか内面とか言っているときの「内」。英語でも同じで、普遍的に言ってしまうのですが、その「内」の意味が多分に混ざってしまっているのがさまざまな元凶になっている。我々の一人称視点みたいなものは、別に身体の中にあるわけではないですよね。その意味での「内部」、「内」は、皮膚で覆われた中のこの臓器のことを言っているわけではない。そこもちゃんと整理する必要があると思います。

先ほども言ったように、僕は時間スケールで考えることを推していますが、閉じているモデルが時間的推移を見るとオープンになっていて、我々はその時間トンネルの中を進んでいくから自分が変化したということがわかる。自分が経験しているということの中で違いが見えてくる。それを単に外から見ると、どこでも輪切りになってしまうので、そのつど閉じている構造になると思うのですよね。僕はその辺をいつも考えている感じですね。

図6は階層構造に時間軸の視点を入れたモデルです。まず普通に階層モデル（図6（a））。こうして

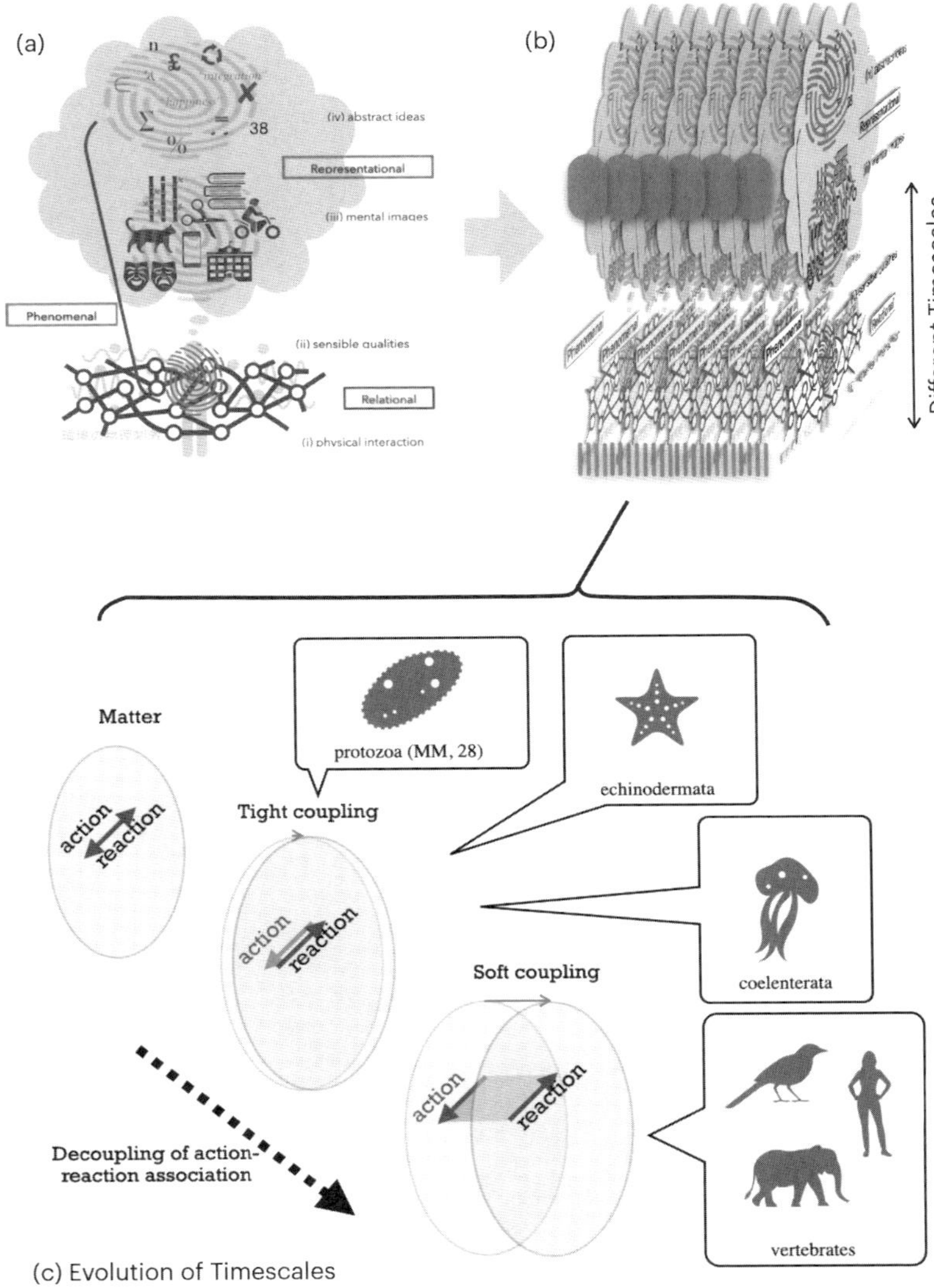

図6　階層構造に時間軸の視点を入れたモデル［提供：平井］

書くのが標準的だと思います。真ん中にエージェントがいて、周りとインタラクションをしている。横の面に空間的な相互作用が広がっていて、上にメンタルなもの、抽象的なものがあって、何階層かレイヤになっている。この図だと、上に浮かんでいるのが（前者の意味での）「内部」ということになります。だけど、それを横に90度回転させると、こうなります（図6（b））。この時間軸というのが進化によって厚みを増していく。アクションとリアクションの面を太鼓みたいに書いていますが、進化するに従ってアクションとリアクションのスループットの部分が増えていく（図6（c））。小さい生物だとほぼ化学的な作用で動いている。ゾウリムシだと作用と反作用は限られていますが、神経ができて中枢ができて……というように、内部が複雑な構造をもってくると、その分、時間的な厚みが出てくる。この「時間的な内部」を使って、いろいろ説明していくということです。

三宅：これは非常に重要なところで、エンジニアも研究者も設計図を書きますが、どうしても設計図というのは空間構造に依存してしまう。アーキテクチャという言葉自体、閉じた空間の比喩なので。おそらくベルクソンが一番否定したかったところだと思います。ただ、人間が考えるときにどうしても空間構造に依存してしまうみたいなところが、もう長く年月をかけて蓄積されているので、時間のずれとか書くのがすごく難しいのですよね。ただ、それが何か人工知能の本質を見失わせているところでもあると思います。

平井：設計図的な意味での図式自体を書くことを否定はしていなくて、やはりそれがないと理解が得られない。でも同時に、時間軸方向を横にとって書いてみる。それは結構慣れだと思います。僕自身も含めて、やはりプロセスがどれくらいのタイムスケールで動いて走っているかみたいなものをスライド用に図にするようになったことで習慣付けられて、理解が深まってきているという側面もあると思うので。

谷口：最近、記号創発システムのモデルとして自分的にはかなり革新的なものを出しました。2019年に出した論文[*46]で提示したのが、二つのエージェントによるリプリゼンテーションラーニング（表現学習）としての記号創発の表現です。それぞれ個々に環境の情報をカテゴライゼーションする二つのエージェント間で情報をシグナルで共有することで記号創発なり言語創発をやるというのはよくやられてきた研究です。

対象の名前をゲーム的に共有するという意味で名付けゲーム（naming game）と呼ばれます。ただ、その手の研究では名付けゲーム（name game）的なものを使うと全体として何を最適化しているのかがあまり定式化できなかったのですよね。そこで、新しく僕が出したモデルではいったん二つのエージェントを結合して一体化させたモデルから始めて、それを数学的に分割することで名付けゲーム自体を導出します。まずは二つの脳（エージェント）をつないだシステムを考える（図7）。要は、二つの人間（センサ）をつないだモデルを使って、そのマルチモーダル情報をカテゴリー化するための確率的生成モデルを考えます。このままだとギブスサンプリング[*47]などでその二つの情報源を考慮して全体的に最適なルを考えます。

＊46　Hagiwara,Y., Kobayashi,H., Taniguchi,A. and Taniguchi,T. :Symbol emergence as an interpersonal multimodal categorization（Frontiers in Robotics and AI, Vol.6, p.134, 2019）https://doi.org/10.3389/frobt.2019.00134

＊47　ギブスサンプリングとは、直接サンプリングすることが難しい確率分布の代わりに近似するサンプル列を生成する手法のこと。

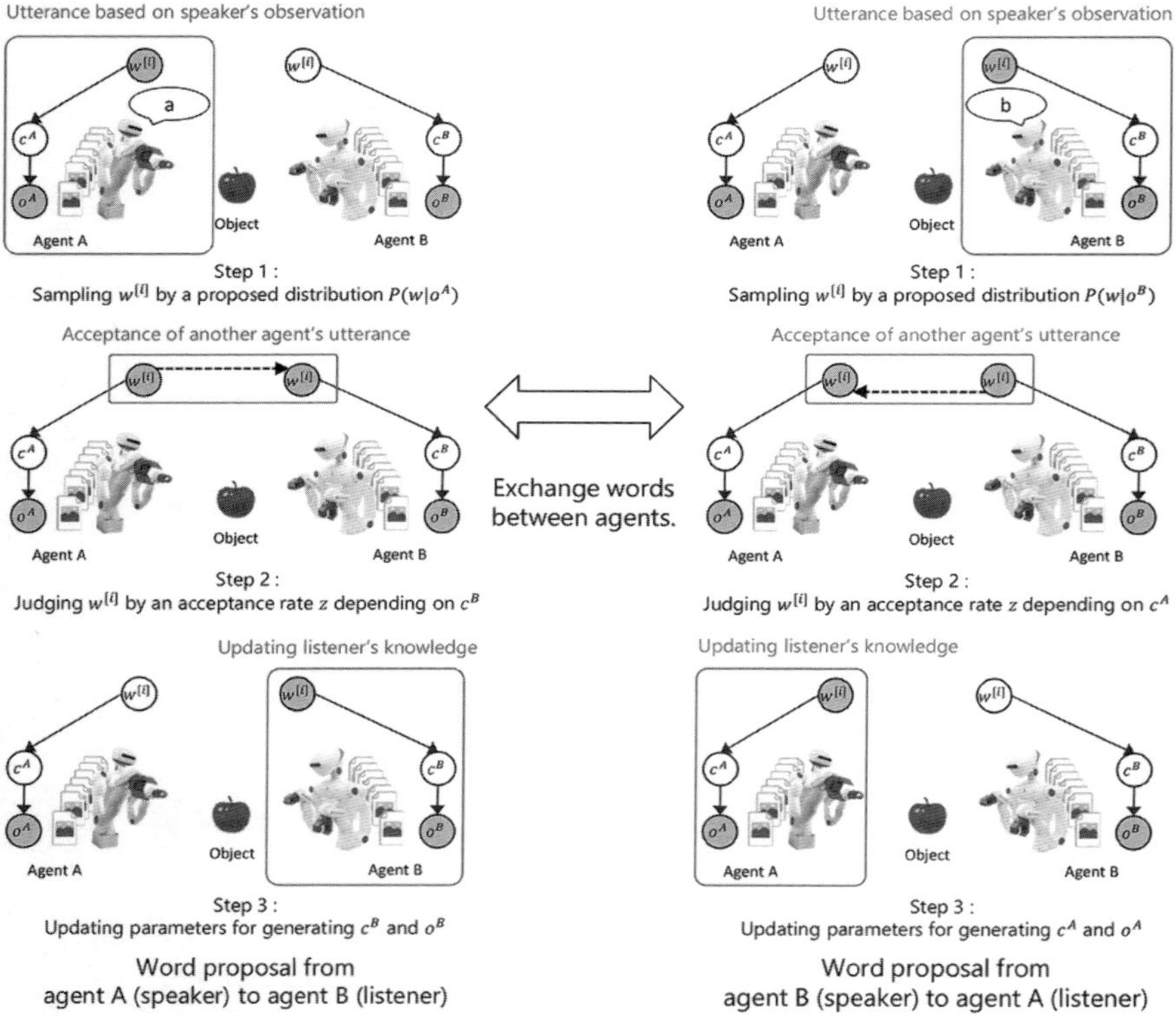

図7　記号創発モデルにおける推論プロセスの概要［提供：谷口］。名付けゲームがメトロポリスヘイスティングス法による推論と等価になる

カテゴリー形成を行うことができます。このグラフィカルモデルを分割する。そこで隠れ変数を一方のエージェントが自らの信念に基づいてサンプリングさせて、これを言葉とみなして一方が信念に基づいてリジェクトするかどうかを決めるというゲームを考えるわけです。

そのリジェクト確率（自分がどのぐらい信じられたらリジェクトするか）をマルコフ連鎖モンテカルロ法の一種であるメトロポリスヘイスティングス法という数理モデルに合わせて考えるとすると、「これはこういう名前じゃない？」「いや違うやろ」「こういう名前では？」「わかった」というようにアップデートを繰り返していくというのが、実は、二人の脳をつないだ系でマルコフ連鎖モンテカルロ法[*48]に基づいてカテゴライゼーションするのと数理的に一致するのです。今、そのアプローチで記号創発システムを考えています。これは結構自分的には大ヒットなのです。私達は集団として環境を学習し、環境時の情報を集団としてエンコードされたのが我々の言語だみたいな考え方につながるモデルになっています。

平井：人間の右脳と左脳のインタラクションについてマイケル・ガザニガ[*49]が書いていますが、左脳のインタプリタが提示したものを右脳でリジェクトしたり、一人で対話みたいなことをやっていて、そう

＊48　マルコフ連鎖とは、マルコフ性（次の状態は現在の状態だけに依存するという性質）を備えた確率の過程のこと。取り得る状態が離散的なものを指すことが多く、特に物理現象と相性がよいと言われる。

＊49　マイケル・ガザニガ（Michael Gazzaniga, 1939 - ）、アメリカ合衆国の心理学者。ここで平井氏が参照しているのは、『〈わたし〉はどこにあるのか：ガザニガ脳科学講義』（藤井留美訳、紀伊國屋書店、2014年）の第2章・第3章。

いうふうに考えると、人間の学習柔軟性も面白いですね。

谷口：言語が一つのコネクテッドブレインをつくるというか、我々のブレインを結合させるというような考えですね。平井先生の話を聞いていて思ったのですが、人間の脳の中にもスローダイナミクスはあるが、そういうコミュニケーションは大きな脳の中のよりスローなダイナミクスであるというふうに考えると、言語によって我々がより意識的になったという話につながるなと思いました。今日まで全くそんなことは考えなかったのですが、なるほど、と思いましたね。

平井：統合情報理論[*50]もそうですね。Φ（ファイ）を求めるとき、二つの脳、つまり分離脳で求めるのと、一つの脳で求めるのとで値が変わってくる。二つを統合したところがΦが一番高いのでそちらが意識になると。社会の場合にも、おそらく同じようなダイナミクスが多かれ少なかれ生じているとすると、社会が社会としての意識をもつかどうかは、（統合情報理論が正しいとして）その基準を満たすかどうかによって変わってくるのでしょうか。時間スケールで考えても、速い・遅いは社会の中の相互作用にもありますし。

＊50　統合情報理論とは、意識の本質的な性質を「情報の多様性」と「情報の統合」であるとし、意識の生成にはネットワーク内部での情報統合が必要とする理論。精神科医・神経科学者であるジュリオ・トノーニ（Giulio Tononi, 1960－）が提唱した。

三宅：僕からの質問なのですが、言語と知能に関してはフロイト*51からの影響が大きいのかなと思っています。フロイトには知能はある程度言語で構造化されているという考えと、記号論理みたいなものがずっと地続きになっているところがあるのかなと思うのですが、お二人とも、フロイトに対してはどういうお考えがあるか教えていただけますか？

谷口：母親がその昔、河合隼雄先生に師事していたこともあって、小さい頃から家にユング関係の本がたくさん並んでいました。例えば『子どもの宇宙』などがあって、小・中学生でそんな本を読んでいた気がします。僕にとっての心理学というのはそのあたりですね。なので、フロイトにもやはり近さを感じます。やっぱりフロイトは無意識の発見というのが大きいと思っています。眠らせて話をさせるみたいなことをよくやるので、おっしゃるように「世界は言語で構造化されている」みたいなところはあるかもしれないけれど、実在的に脳内に記号的なものがあって、それが出ているというよりは、オブザベーション（観測）側の言語があって、それが内部に影響を与える、形づくるというような考え方をもっている印象で、記号論理的なものからは逆に遠いような存在だと僕には思えます。

三宅：なるほど。言語は作用するけれど、内面が言語でできているわけではないという。

谷口：むしろ、非常に連続的なものを僕は感じています。僕はフロイト研究者でも何でもない、一読者に過ぎないのですが。

＊51　ジークムント・フロイト（Sigmund Freud, 1856 - 1939）、オーストリアの心理学者、精神科医。精神分析学の創始者として知られ、神経症研究、自由連想法、無意識研究を行った。

三宅：フロイトも時期で全然違っていて、記号的なアプローチをする場合もあれば、力動といって記号ではない力、頭の中で何かドライブするようなダイナミクスが元にあるとする考えもあるので。平井先生はどうお考えですか？

平井：そうですね。言語の二つの側面、我々の身体にインストールされているものを意識して統御しているというときに、もうその言語の二つの側面が現れていると思います。放っておいたらベラベラ話してしまうのを出口側で制御して、理性的な人間らしく振る舞っているみたいなところがある。制限を外してあげると言葉がガーッと流れ出す。これは、普段は抑圧されている我々の構造を反映しているはずです。それを普段は上から被せていろいろ言うのを控えたり、言葉を選んだりとか、そういう制御をすることで変形させている。眠らせて話をさせるという操作をすることである種、そこに光を当てるという側面はあると思います。

ただ他方で、たぶん三宅さんが問題にされた、言語とその知能の関係といったときに、僕は制御側の果たした役目もすごく大きいと思うのです。科学や哲学、あらゆるもの、人間の宗教もそうですし、そういったものは言語がなかったら生み出されなかっただろうから、決して言語を軽視すべきではない。そのときに、言語を発音する一連の動きは喉とか顎の非常に精度の高いコントロールが必要ですから、習慣運動のメカニズムの延長線上にある。

そこは連続的であると思うのですが、それ自体が自律性をもって自動運転し始めるときに、もう一つの制約をかける機能としての言語の側面があります。秩序とかその合理性とか、そういった我々の認識をより大きなスケールへと組み立てていく働き、ものを弁別して組み替えて、置き換えるということを可能にする、それによって、可能性とか未来を考えたりできたと思うので。経験だけだったら「現在ここにあるもの」というスケールで終わってしまうのですが、宇宙のことを考えたり、来世のことを考えたり、まだ見ぬ意識のある人工知能のことを考えたりできるのは、やはり言語がなかったらできないはずなので。そういう意味で、言語は我々の経験のスケールを拡張する、その枠を広げていくのにすごく大事な役割を果たしていると思います。

三宅：ちょっと荒っぽい質問になりますが、知能は結局、唯物的、つまり物質、プログラムを含めて物質的なものから組み上げることができると考えてよいでしょうか？　今回、創発とか、時間とか、さまざまな議論がありましたが、我々、人工知能の研究者はいろいろな知識を組み合わせて、プログラムを書いたり電子回路を組んだりハードウェアを組み上げたりしてきましたが、そうではない何かを加えないといけないのかと。

平井：二元論をとらなきゃいけないのかということですかね？

三宅：そうです。荒っぽい表現ですが、唯物的につくると決定論的になってしまう、みたいなところがあると思うのです。

平井：もちろん、物質から始めるのだと思います。実際宇宙も物質だけで始まって、生物が誕生して、我々ができてしまったので。伝統的な哲学では、魂は宇宙創造のときから人数分あって、それが使い回されています、みたいに言うことはできますが、現代の哲学者でそう考える人はそんなにいない。やはり物質からできなければいけない。ただ、その物質とは一体何のことなのか、という問題ですよね。そのときに、ベルクソンは物質の時間のことを考えているわけです。複雑系のシステムを考え出すと結構時間スケールが出てくるのですが、ベルクソンが想定していたのは要素的な、つまりボルツマン[*52]のモデルみたいに粒子があちこちに相互作用しているだけみたいな極薄の瞬間です。もし、そういう極小の時間スケールを「物質」として捉えるなら、それだけではできないという答えになります。でも、それは物質とは違う何かを、例えば魂みたいなもの、霊魂みたいなものをもってくるということではない。物質観自体をマルチ時間スケールを使ってアップデートするということです。

システムを記述するときに時間も含めたモデルで考えると、そこでは潰れていたような時間構造が、生物の感覚運動システムの登場によって広がり、さらに階層を得ることによって、時間的な幅だけではなくて厚みもできる。僕はこれを「時間的内部」と呼んでいますが、そういう構造ができることが知能の誕生だというふうに考える道筋ができる。何か物質に対して、追加で「もの」を増やしているわけではない。そのシステムの時空の構造が時間方向に変形するというイメージです。実数だけでは足りないので、複素数にしましたみたいな感じです。今まで実数だけで計算していたときは実数で足りることをやっていたわけです。だから実数で足りていたのですが、複素数の次元もあるよね、と。それを使えば、これまで全然できなかったことができる、というのと同じです。何か数ではないものを追加したというわけではなくて、数の空間が変形した。それと同じで、二重の時間的拡張を許した。全体から振り

＊52　ルートヴィッヒ・ボルツマン（Ludwig Boltzmann, 1844 - 1906）、オーストリアの物理学者、哲学者。エントロピーと系の取り得る状態を関係式で表した（ボルツマンの関係式、ボルツマン定数）。また、統計学と確率論の考え方を組み合わせて、原子個々の振舞いが無秩序に見えても集団として秩序立った振舞いに収束していくことを示した。

返れば、今まで物質と呼んでいたものはその中のここだけを見ていたね、というイメージです。

三宅：ありがとうございます。勇気がわきました。エンジニアリングでたどり着けるということですね。谷口先生はどうでしょうか？

谷口：物質的なもので組み上げられるかどうかで言うと、僕のポジションとしては組み上げられるものではない。というよりは「物質的なものの中で組み上がる」ものかなと。ちなみに僕という存在は明確に物質で、その中で僕自身の知能が組み上がってきている——と考えているので。

三宅：それが創発的に階層的なものに組み上がると。平井さんのいう時間的なずれを含んでいるような。

谷口：たぶん、その二つは両方とも重ね合わさるものだと思っています。物質的に「組み上げる」という表現は、たぶん他者、組み上げる主体が本人以外に存在するということだと思うのですよね。それについては、僕はクエスチョン（疑問符）を呈します。人間の知能は環境との相互作用を通してしか組み上がってこない。ある種の器があって——器という言い方が的確かはわからないですが、それが徐々に知能を形成していく、ということをたぶん僕ら自身もやっている。だからそういう知能はこの世に存在している。ただ外部から組み上げる人がいて、その人が「組み上げる」ことで出てきた人間レベルの知能というのはこの世界には今のところ存在していないと思うので。となると、それが可能であるという証拠が現状ない。だから、ちょっとわからないですね。

平井：あまり今日はこの話ができなかったのですが、そこはすごく大事な点だと僕も思います。完成体としての人間みたいなものをいきなりつくるというのと、発達プロセス、進化のプロセスなどいろいろな来歴があって今のこの知能ができているというのは違いますよね。

私達もいきなりゼロから学習するわけではなく、個体は人間が住む環境の膨大なレガシーから出発する。そもそも、学習するのに最適化されたような神経ネットワークが与えられているのですよね。それはその個体がつくったものではなくて、長大な進化の歴史がつくってきたものです。そこに、さらに個人の来歴、いろいろな経験があって、その間にどんどん階層も新しく上に創発していって実現したという来歴、そうしたいろいろな来歴があるから、時間スケールが伸張していくのを可能にしているというのもあると思うのですよね。

「スワンプマンの思考実験」[*53]という問題があります。沼に雷が落ちて奇跡的な確率で人間一個分と同じ配列ができて、体重60キログラムぐらいの成人がいきなりできました。このとき、その人間は意識をもつか、と。これは哲学者の中でも意見が分かれると思います。生物学的に正確な複写で、脳神経も同じようにできていたら意識をもつだろうという人も普通にいるのですが、時間スケールを真剣にとる僕は「できない」という立場ですね。それは、その一個体は歴史をもってないから。意識をもつには時間が足りないから。

［初出：人工知能学会誌 Vol.36, No.4, No.5］

＊53　スワンプマンの思考実験は、1987年にアメリカの哲学者ドナルド・デイヴィッドソン（Donald Davidson, 1917 - 2003）が考案した思考実験。

対談をふり返って

本企画は、哲学と人工知能が深いところで展開するワクワクする議論を世の中に届けたい、というものです。パワフルな哲学と人工知能の衝突を起こしてお届けしたい、と思ったときに、平井先生と谷口先生の顔が浮かびました。お二人とも、私と会うと、久しぶりの挨拶の1分後には、人間とは何か、知能とは何か、という深い問いの議論を始めているという畏るべき人物です。この二人の対談を「知能の原理とは何か?」をテーマに開催したい、それが面白くないはずがない。そう思ってお二人に依頼して快く引き受けていただきました。そこで実現した対談は、激論ではあるが実にかみ合っています。同じトンネルを逆方向からお互いに掘り進めている、そんな印象です。

平井先生はベルクソンの哲学を苗床にして、新しい哲学を組み上げようとする哲学者です。私が『人工知能のための哲学塾』(ビー・エヌ・エヌ新社、2016年)でベルクソンを取り上げて以来、どれだけ大切なことを教えていただいたかわかりません。平井先生が提唱するのはマルチスケールな時間論であり、空間的にはミクロからマクロまでの階層的なスケールの構造です。ミクロなスケールの要素が次の上位階層を形成し、さらに上位階層を形成していく。ミクロなスケールには短い時間の窓が、上位にはより長い時間の窓が対応する。知能を考えるときに、瞬間を点とみなすのではなく、ある幅をもった時間だとみなすことで、知能は自由度を獲得します。

谷口先生は「知能の原理」を求めてハードロックシンガーのように、独創的かつ繊細な理論を力強く唱える研究者です。内的な「記号」的なシステムが論理的で知的な処理をしているというような考え方には同意せず、「身体的な相互作用から立ち現れてきた知能の延長線上で、言語的なコミュニケーションにまで至る知能をボトムアップで構成するモデル」をつくって心のダイナミクスを理解する記号創発システムを構築することで、知能の原理を究めようとしています。この対談はまさに谷口先生のライブなのです。

平井先生と谷口先生のやり取りは面白い。平井先生の哲学的な示唆に、谷口先生は人工知能の中ではこうであるべきと対応を示す。あるいは逆に谷口先生の指摘に平井先生がベルクソンの哲学から解釈を加える。瞬く間に、哲学の領域と科学の領域の間に幾本もの糸が張り巡らされていきます。一方がおぼろげにつかもうとしているものを一方は確かにつかんでいる。その意味を明らかにする。知能という深い海の探索には、実に哲学と科学を越境する探索が必要であることを、本対談は示していると思います。（三宅）

SFから読み解く人工知能の可能性と課題

鈴木貴之（東京大学）×大澤博隆（慶應義塾大学）

サイエンスフィクション（SF）を核に、未来の社会のかたちを探る。心の哲学を専門とする東京大学の鈴木貴之氏と、慶應義塾大学のヒューマンエージェントインタラクション（HAI）研究室主宰の大澤博隆氏の対話では、分析哲学/実験哲学という哲学の中の新しい動き、自律的AIの可能性など、多岐にわたる議論が展開された。［2022年7月26日収録］

フェーズ0

三宅：それでは鈴木先生から自己紹介をお願いしたいと思います。

鈴木：東京大学の科学史・科学哲学研究室に所属しております鈴木貴之と申します。簡単に経歴をお話すると、文学部哲学科の出身で、大学院から科学史・科学哲学研究室に進みました。基本的には文系の研究者として哲学を研究していまして、心理学や認知科学などに関する理論的、原理的な問題を考える「心の哲学」（Philosophy of Mind）がメインの研究テーマです。私の研究スタイルは、英語圏を中心に行われているいわゆる分析哲学で、昔の哲学者の文献を研究するというよりも、今の科学の知見を取り入れながら、経験科学[*1]と近いところで哲学の問題を研究しています。

もともと哲学的な問題に関心はもっていましたが、大学に入って教養学部で取った授業、例えば下條信輔先生の心理学の授業や長谷川寿一先生の進化心理学の授業が非常に面白くて、心に関して哲学的な問題を考えるうえでも、そういった研究と接点のある形で考えたいと思うようになりました。さらにいうと、学部3年生のときにいわゆる計算主義的な人工知能の講義があって、それが非常に面白かったのですね。1970年代から80年代にかけて、ヒューバート・ドレイファスら哲学者が人工知能研究を批判していたことを知って、哲学と認知科学が実際にこのような接点をもつのだということが非常に興味深くて、本格的に心の哲学を研究するようになりました。

私の専門は意識の問題で、心と脳の関係、我々の経験と脳の関係がどうなっているかを哲学的に考えるということがメインのテーマです。クオリアの問題と呼ばれることもありますが、なぜ脳のある神経が活動すると赤色が見えて、別の神経が活動すると虫歯の痛みを感じるのか、というような問題です。それは脳を詳しく調べたら説明できるのだろうか、あるいは別の仕方で科学的に説明できるものなのだろうか、そもそも科学的に説明できるかどうかをどう判定できるのだろうか、と考えていくと、最終的には哲学的な問いになるわけです。私は、基本的には自然主義（物理主義とも呼ばれる）の立場、つまり、人間に関するさまざまな現象や特徴は広い意味での自然科学的な枠組みで理解できるはずだ、心には科

＊1　経験科学とは、自然科学や社会科学といった実験や観察を通して研究する学問領域のこと。

学的に理解できないような神秘的な側面はないはずだという立場に立って、意識の問題を中心とした問題について考えています。最近は精神医学の哲学にも取り組んでいます。精神医学には精神分析もあれば、投薬のような生物学的なアプローチもあるわけですが、それらは両立するのだろうかという問題を理論的に考えるといったことです。

また、心の哲学の応用問題の一つとして、再び人工知能の哲学に取り組んでいます。２０２２年の3月まで、科学技術振興機構社会技術研究開発センター（JST-RISTEX）のプロジェクトとして、人工知能の哲学に関するプロジェクト「人と情報テクノロジーの共生のための人工知能の哲学２・０の構築」を実施していました。先ほども触れましたが、１９７０年代から80年代ぐらいまで、人工知能に関して強い関心をもった哲学者が人工知能研究者を挑発するような批判を積極的に繰り広げていました。当時は、哲学者と人工知能研究者の間でかなり興味深い論争があったのですが、90年代になり古典的な人工知能研究自体が停滞すると、同時に哲学者側の関心も低くなっていって、そうした議論も立ち消えになってしまいました。ここ10年ほど、人工知能研究はものすごい進展を遂げていますが、哲学者はそれに付いていくことができていません。機械学習などの新しい手法が数学的に高度なものになっていることが一つの原因です。そのような状況を踏まえて、人工知能研究には実際のところどのくらいの進展があったのか、機械学習やディープラーニングが出てきたことで、人工知能に何ができる・何ができないという話がどのくらい変わってきているのかといった問題を改めて再評価、再検討しようというのが我々のプロジェクトです。

人工知能と哲学の関連では、自動運転車のルールをどうするのか、自動運転車が事故を起こしたら誰が責任を取るのかといった倫理的・社会的な問題に関しては、いろいろな人が議論しています。我々はより原理的なところに関心があって、もともと哲学者が関心をもっていた問い――例えばディープラーニングを駆使したら本当に自然言語を理解できるようになるのか、など――に改めて取り組んでいます。

さらに、これは研究というより授業でやっていることですが、未来のテクノロジーと社会の関係を考えることにも取り組んできました。人工知能もそうですし、バイオテクノロジーの進歩により人間の遺伝子改良が可能になったら社会にどういう変化が起こって、どういう問題が生じるのかといったことを考える授業です。そこでは、導入程度ですが、ＳＦ作品を題材にして考えるということもやっていました。

三宅：知能は広義の自然科学の中で捉えられるはずだとおっしゃっていましたが、古典的には心身問題という「心は物質なのか」という議論があったと思います。その辺りの研究は今どういう現状にあるのでしょうか？

鈴木：現代の心の哲学では、いわゆる心身問題に関しては物的一元論[*2]を取る人が圧倒的に多いです。原理的なレベルでは、心の基盤は脳にあると考える人が多いということです。どのような仕方で物質が心の基盤になり得るのかということにはさまざまな説がありますが、心は自然科学ではカバーできない領域なのだという、いわゆる心身二元論を主張する人は少ないですね。ただし、意識の話に関しては、

＊2　物的一元論とは、は純粋に物的なもので説明できるとする立場のこと。

依然として、脳の働きをいくら解明しても「ある神経が活動するとなぜ私がこのような感覚を経験するのか」ということは説明できない、自然科学的な枠組みでは限界があるのだ、と考える人もそれなりにいます。

三宅：僕が知る限り、鈴木先生はダイレクトに人工知能に対して言及されている哲学者の一人だと思いますが、哲学が人工知能に与える意義、あるいは逆に人工知能が哲学に与える意義について、どうお考えでしょうか？

鈴木：かつてドレイファスやジョン・サール[*3]らがやっていたような、人工知能研究者を「挑発する」ということは、一つの重要な役割だと思います。これはすでにできているかもしれないけれど、こんなことはできないだろうというような課題を提示することは、やはり重要な役割だろうと。往々にして、最終的には人工知能がそれをできるようになって、哲学者が間違っていたよね、ということになるのですが、それが人工知能研究が進展する原動力になるのは間違いないので、重要な貢献だと思います。

もう一つ、人工知能研究にはさまざまなアプローチがあるわけですが、その大まかな方向性を整理したり評価したりすることでも貢献できると考えています。人工知能研究には実はこういう方向性もあるのではないかと提案する、あるいはこのアプローチよりもあのアプローチのほうが有望だといったことを比較的抽象度の高いレベルで評価するといったことです。心に関心のある哲学者は、実際の生物の心

*3　ジョン・サール（John Searle, 1932 -）、アメリカの哲学者。専門は言語哲学、心の哲学。強いAIと弱いAIや「中国語の部屋」という思考実験を提案し、人工知能に対し批判的な立場を取った。

や知能に関心をもっているので、例えば身体や感情が心においてどのような役割をもつかといったことに関して思うところがあるはずです。そのような、生物にはあるが今のＡＩにはない要素のもつ意味などに関して、いろいろといえることがあるのではないかなと思います。

三宅：ありがとうございます。では、大澤先生、自己紹介をお願いいたします。

大澤：慶應義塾大学の大澤博隆です。２０２２年４月から理工学部管理工学科に所属しています。私は１９８０年代生まれで、ちょうどビデオゲームと一緒に成長してきた世代です。ビデオゲームやＳＦ作品、アニメとか漫画、小説など、そういったもので人工知能に興味をもつようになってきたという感じです。

特に高校で、人工知能が人工知能をつくり出していく世界がいずれ来るみたいな、いわゆるシンギュラリティの話に感化されて興味をもつようになったという経緯があります。これは大学や大学院に進むに従ってわかってきたことですが、特にその中でも、自分はやはり知能を生み出すような仕組みに関心があります。何かしらの形で自分も人工知能の発展に貢献したいということから、それこそ哲学とかいろいろ調べたりはしたのですが、正直、当時は納得できるような文献が少なくて、手に入りにくかったというのはあります。特に影響を受けたのは身体性の話です。身体性というより、正確にいうと、環境がやはり知能にとって非常に大事だなという感覚で、人工知能に対し、環境として何を与えればよいのかというところに興味をもつようになっていきました。また、人工生命の分野にも大きな興味があって、それに近いことをやりたいという気持ちもありました。いわゆる進化的な要件として知能を獲得するにはどういう課題を与えたらよいかというところを考えていって、そこから人工知能の分野、特にロボットを使った研究分野に進んでいったという感じになります。大学では、最初は「Robovie」[*4]というコミュニケーションのためのロボットを使った研究をしていたのですが、だんだん自分でロボットをつくるようになって、徐々に「ヒューマンエージェントインタラクション（ＨＡＩ）」という分野をつくり上げていったというところです。

ＨＡＩは、基本的には人間と、人間のような意図をもったり、社会的なチャンネルで振る舞う人工的な他者を扱っています。ダニエル・デネット[*5]の「志向姿勢」がベースにあげられることが多いですが、人間は環境の中でも意図をもって振る舞っているようなものに対する姿勢というものをもっているので、それを人工的に刺激してあげることでどういったものを生み出せるかという話をしている感じですね。その中で私自身の研究としては、見栄えもするし、つくって手応えがあってやりやすいというところでインタフェースに近い分野からスタートして、徐々に形のないもの、人狼ゲームであるとか、いわゆるアルゴリズムのところに移っていきました。特に、他人をだましたり、他人と社会的に協力した

＊4
Robovieは、ＡＴＲ（株式会社国際電気通信基礎技術研究所）知能ロボット研究所が１９９８年から手掛けるコミュニケーション研究用のロボット。人間と同様に動く頭部や腕がある外観に加え、センサとアクチュエータからロボットの振舞いを作り出す。現在では、研究・開発用途だけではなく、教育・ホビー用途として、さまざまなバリエーションの「Robovieシリーズ」が展開されている。

＊5
ダニエル・デネット（Daniel Dennett III, 1942 - 2024）、アメリカの哲学者、認知科学者。心の哲学、科学哲学、生物学の哲学などが専門。進化生物学、認知科学など、哲学と科学が交差する領域から自由意志、意識の進化を考察した。

りというようなことをエージェントどうしでどう実現するかというところに興味をもつようになってきて、それは要するに知能を育てる題材になるのではないかということで、そうした研究をやってきたという感じです。

最近はＳＦの研究を始めていますが、それもスタート地点としては人工知能の分野におけるＳＦ作品、その扱われ方への興味からですね。一方で、ＳＦ作品で扱われていることと実際の人工知能技術には少しずれがあるなという意識もあり、研究者の立場から一度その辺りを整理したいというところが研究のモチベーションになっています。当時、瀬名秀明さん[*6]がＳＦ作家の立場で研究分野との架け橋になろうとしていた点にも影響を受けました。もう一つは、２０１４年の人工知能学会誌の表紙の炎上です。これを機に、人工知能の表象と社会の接点に興味をもちました。つまり、ここに人工知能を育てる環境、一番の種があると思ったのです。そこから、社会との接点をどう設計していくか、イメージをどう演出するかみたいな話に興味が移っていって、今、フィクションの研究にたどり着いたところです。最近はその流れで、ＳＦを使ってイノベーティブなアイディアを生み出すＳＦプロトタイピング[*7]

＊6　瀬名秀明（1968 - ）、日本の小説家、博士（薬学）。１９９５年、『パラサイト・イヴ』で日本ホラー小説大賞を受賞。１９９８年、『BRAIN VALLEY』で日本ＳＦ大賞を受賞。文芸作品のほか、科学に関するノンフィクション、対談などの著作も多い。第16代日本ＳＦ作家クラブ会長。

＊7　ＳＦプロトタイピングとは、ＳＦが描くストーリーのように、既成の現実から外れたところで科学技術の発展から起こり得る未来を予測し、その未来予測からの逆算（バックキャスト）で、現実世界の製品開発や企業の組織変革を試みるプロトタイピング手法。

の研究も始めています。

哲学との接点では、それこそ高校・大学の頃にいろいろ読みましたが、クオリアにはあまり納得できなかったな、と。サールのチューリングテストへの反論「中国語の部屋」[*8]に対するヘクター・レベックの反論を中島秀之先生がまとめていますが[*9]、結局、議論としては計算量的な概念をどこかで入れないといけない、それを扱えるのは計算機科学の良いところかなというふうに思っています。一方で、最近の哲学事情にはあまり追いつけていないので、そこからは丁寧に学びたいと思っています。

三宅：大澤先生が一番影響を受けた哲学者はやはりサールなのでしょうか？

大澤：ネガティブな意味ではそうかもしれないのですが、やはりデネットですね。彼自身が認知科学的な見方をしたりするので、デネットの説明は一番納得できるものが多いです。デイヴィッド・チャー

＊8 チューリングが提唱した実験（チューリングテスト）では「人工知能が人間を模倣し、それに人間が気付かなければ人間と同等の知能がある」とする。サールが示した思考実験「中国語の部屋」は、中国語がわからなくても、中国語の受け答えを指示する説明書のとおり文字を置き換えると「中国語の質問に中国語で答えることができる」。しかし、これは「中国語がわかること」になるのか、というもの。

＊9 中島秀之「中国語の部屋再考」（人工知能学会誌 Vol.26, No.1, pp.45-49, 2011）

マーズ*10も一応はなるほど、と。確かに課題が提示されているのは間違いないと思います。意識の科学ということでいえば、最近は統合情報理論を研究している人達といろいろと議論をすることも多いのですが、個人的には、その中でも合理的に意識が生まれた理由は何かというところに興味があって、何らかの進化的な要因に依存するような説明だと理解しやすいかなという感じです。

三宅：統合情報理論は情報科学に依った議論といいますか、意識の量とか、量的なもので捉えようとしますよね。それは確かに人工知能研究者にとって比較的わかりやすいのかなと思います。

大澤：そうですね。ただ、その辺は統合情報理論を研究する何人かと議論もしましたが、私個人としては、意識というのは何らかのリソースを消費する主体であると捉えています。計算処理をしているということは何らかのリソースを消費している、つまり、それなりの進化的な枠組みに乗るものであろうというふうに思うのです。客観的・科学的な知見と完全に遊離しているというふうにはあまり捉えていないという感じです。

三宅：進化と消費というのはどういう関係なのでしょうか？

大澤：これは仮説なのですが、意識が何らかの計算処理主体だとすると、そのために何らかの資源が消費されていると考えるのが自然だと思います。複雑な処理ほどリソースを多くつぎ込むはずです。仮に

＊10　デイヴィッド・チャーマーズ（David J. Chalmers, 1966－）、オーストラリアの哲学者。主な研究テーマは心の哲学。クオリアの説明として、普通の人間と同じように振る舞っていても、意識にのぼってくる感覚意識やそれに伴う経験を全くもっていない存在（哲学的ゾンビ）について考える思考実験を提唱した。

意識で処理しているリソースを他に割り当てれば、生物学的にはもっと明らかなメリットを獲得できるかもしれない。しかし生物はそうした能力を進化過程で獲得せず、意識の計算にリソース消費を割り当てているというのは、それなりに生存に対する重要な意味があって残っているのであろうと私は考えています。もちろん、別の説もあると思います。現象に対し意識が付属するという考え方であれば違うのかなと思いますし。ただ、私はそういう感じに思っていて、そこに引っかかるような議論であれば興味があります。逆にいうと、そういう意識を必要とする課題を人工知能に与えてみたいなとは思っています。

三宅：鈴木先生から見て、統合情報理論と意識の理論は今どのように見えているのでしょうか？

鈴木：そうですね。1994年にフランシス・クリック[*11]とクリストフ・コッホ[*12]が、脳のさまざまな領域における神経活動の同期が意識の基盤だという説を発表しました。統合情報理論は、それをアップデートしたものになっているのかなと思います。この理論は、「目覚めているか、そうでないか」ということや、「全体的に意識がある、ない」ということの基準としては有望かもしれません。しかし、例えば「ある脳の活動が赤い色の視覚経験で、別の脳の活動が痛みの経験なのはなぜなのか」ということに対する

＊11 フランシス・クリック（Francis Harry Compton Crick, 1916 - 2004）、イギリスの生物学者。ＤＮＡの二重螺旋構造を発見したことで知られる。また、クリストフ・コッホと意識の問題に取り組み、意識を脳内の生理学的な過程に置き換える還元主義の立場から、1994年に『驚くべき仮説（The Astonishing Hypothesis）』を発表。脳を単純な神経細胞の複雑な組合せであるとした。

＊12 クリストフ・コッホ（Christof Koch, 1956 - ）、アメリカの神経科学者。意識の問題は神経科学が扱うべき問題だとし、フランシス・クリックと共同研究を行う。

図１　対談風景（上段左：大澤、上段右：鈴木、下段左：三宅、下段右：清田）

説明は、この理論からは与えられないのではないかと思います。哲学者が意識の問題として考えていることすべてに解答を与えられるわけではないという気がしますね。

大澤：そこは私も同意です。解像度がちょっと粗すぎるという感じですね。統合情報理論でとても納得できたというのは、イタリアのジュリオ・トノーニの『意識はいつ生まれるのか：脳の謎に挑む統合情報理論』（マルチェッロ・マッスィミーニとの共著、２０１３年、邦訳：花本知子訳、亜紀書房、２０１５年）ですが、意識があるかないかの判定が、植物状態の人の生死を決める条件になり得るかもしれない、という論点には切迫性があります。一方で、意識がある・ないというレベルだけではなく、もっと細かい解像度で捉えたいというか、そういう意味では粗いなという感じはあります。例えば、私としては、再帰的な推論をしているかどうか、要するに相手が自分のことをどう思っているかを想定して推論が働いているかどうか、そこが意識とどう絡むかを知りたいのですが、そこに関してはまだ、詳しい説明はあまりないような印象はあります。

フェーズ1　実験哲学という新しい動き

三宅：哲学というと、例えばフッサールやデカルトらは属人性が強いイメージがあったのですが、鈴木先生がされている分析哲学、そして実験哲学がどういうものか教えていただけますでしょうか？

鈴木：分析哲学では、哲学的な問題について、具体的な状況を想定して「こういう状況で我々はどう考えるか」を考えて、哲学の議論を展開していきます。これを思考実験といいます。一番有名なのはいわゆるトロリー問題［五人の人が線路工事をしているところに暴走したトロリーが向かっている。ポイントを切り換えればトロリーを引込線に誘導でき、五人を救うことができるが、引込線で工事をしている一人が死ぬことになる。このような状況でポイントを切り換えることは許されるか？　あるいは、目の前にいる太った人を線路に突き落としてトロリーを止めれば五人を救うことができる状況ならば、太った人を突き落とすことは許されるか？］ですが、五人の命を救うために一人の命を犠牲にすることは許されるかというような究極的な選択状況を考えたり、あるいは「Aさんの脳とBさんの脳を入れ替えたら一体何が起こるか」というように、現実には起こらないような状況を想定したりして、この状況では我々はこのように考えるのだから、それと合致するある理論は正しい（あるいは、それと合致しない別の理論は間違っている）というように議論を進めていきます。例えば、功利主義[*13]によれば、ポイントを切り

＊13　功利主義は、道徳的に善い行為とは最善の帰結をもたらす行為であると考える立場。ジェレミ・ベンサム（Jeremy Bentham, 1748 - 1832）が提唱した思想。

換えることも太った人を突き落とすことも許されることになるので、そのような結論を導く功利主義は間違っているのだ、というように論じられます。

ここで哲学者は、「私は今問題になっている状況についてこのように考えるが、他の人も同じように考えるはずだ」ということを暗黙の前提としています。しかし、実際にいろいろな人がどう答えるかを調べているわけではなくて、私はこう考えるし、当然他の人も同じように考えるだろうと想定して話を進めてきたわけです。

それに対し、本当にそうなんだろうかということを調べてみようというのが実験哲学（Experimental philosophy）研究です。実験哲学という名前で行われている多くの研究では、質問紙調査[*14]によって哲学的な問題に関する一般の人々の考えを調べています。これは、2000年以降、分析哲学の中の新しい動きとして始まったものです。もともとはアメリカのラトガーズ大学のスティーヴン・スティッチ[*15]やその弟子達が中心になって始まりましたが、今ではいろいろな国で実験哲学の研究が行われています。

始めた人達の思惑の一つに、思考実験に対する人々の答えはそれほど一致しないのではないかという予想がありました。実際に調べてみると、テーマによっては東洋と西洋で少し回答傾向が異なるとか、あるいは哲学者と一般の人とで回答傾向が違う、さらにはストーリーの言葉遣いを変えたり順番を変え

＊14　質問紙調査は、質問事項に対する回答から被験者の行動や意識、価値観を測定する手法。

＊15　スティーヴン・スティッチ（Stephen Stich, 1943 - ）、アメリカの哲学者。主な研究テーマは心の哲学、認知科学、認識論、道徳心理学。

るだけで答えが変わってくる、というようにいろいろなことがわかってきました。分析哲学ではこれまで、仮想的な事例をもち出して「この例については誰でもこう考えるはずだ。だから、この説は間違っている」ということを、実際に確かめずに議論していたわけですが、そう単純にはいえないかもしれないということになります。

最近では、言語哲学であったり、倫理学であったり、哲学の中のいろいろな分野でよく使われる思考実験に関して、実際に一般の人がどう考えるかを質問紙調査によって体系的に調べるということがさかんに行われています。

三宅：実験をベースにした実験哲学はほぼサイエンスかなという印象です。カントの本を読み進めて解釈をするというような形ではなく、すごく開かれた感じがします。最近の哲学のスタイルがどんどん変わってきているということでしょうか？　そこにはどういう変化があったのでしょうか？

鈴木：基本的に、分析哲学の研究者は歴史上の特定の哲学者の文献研究をするというより、ある哲学的なテーマに関してトピックベースで研究をしていて、そこが一つの大きな違いなのではないかと思います。さらに、歴史的な研究というよりもむしろ、今現在我々がもっているさまざまな知識を踏まえて、言語についてどう考えるか、心についてどう考えるか、というスタンスで研究をしている人が多いです。そういう意味では属人性があまりなくて、むしろ自然科学や数学に近い感じですね。ある説を誰が最初に唱えたかという、オーサシップはもちろんありますが、最終的に正しければそれは普遍的な学説になり、誰でも共有できる。正しい理論であれば誰から出てきても正しいことには変わりないわけで、そういう意味では、自然科学と同じような感覚だと思います。

もっとも、現代の哲学者が全員そのような研究スタイルだというわけではなくて、今でも少数派です。今の日本の哲学コミュニティの中で分析哲学のスタイルで研究をしている人は2割から3割ぐらいで、依然として哲学史的な研究がベースの人が圧倒的に多いです。ただ、分析哲学の側の人間として思うのは、カントにしろデカルトにしろ、彼らの書いているものを読むと、彼らは過去の哲学者の研究をしているわけではなく、それぞれの時代で重要だった哲学的な問題を自分で考えているわけで、ある意味それと同じようなことをやろうとすれば、分析哲学のようになるのではないかという感覚をもっています。もちろん、過去の人がある問題について何を考えたかは踏まえる必要はありますが、それはばかり考えているというのはちょっと違うのではないかと思いますね。

大澤：いわゆる認知心理学や認知科学などで使われてきた方法と実験哲学の方法では、どの辺りが違いとして出てくるものなのでしょうか？

鈴木：基本的には連続的です。特に、質問紙調査に関しては、やり方も社会心理学で行われている調査と同じです。ただ、題材が哲学的な問題だということですね。私もそうですが、実際、社会心理学者の人と組んで調査をしますし、研究によっては心理学系のジャーナルに発表される場合もあるので、かなり連続的ですね。

大澤：そこから見えてきたもの、既存の方法ではたどり着けなかった哲学的な知見など、その辺の事例をお聞きできればうれしいです。

鈴木：従来の哲学者は、実際に確かめることなく、この事例に関しては私はこう思う、きっと他の人も同じように考えるだろう、だから今自分が批判している説はダメなのだという議論をしていたわけですが、実際に調べてみるとそれほど単純でもないということがわかってきます。そうなってくると、哲学的な論争をどうやって決着させることができるのだろうかということを、これからしっかり考えないといけないことになります。哲学者の自己反省ですね。

ポジティブな成果としては、実際に調べていくと、哲学的な問題に関する我々の考え方にある程度一貫したパターンが見つかることもあります。有名なものの一つに「ノーブエフェクト（副作用効果などとも呼ばれる）」があります。誰かが何かをしたときに悪い結果が生じると、そこからさかのぼってその人はそれを意図的にやったのだ、わざとやったのだと考え、良い結果が生じた場合は、意図的にやったわけではなく、たまたま良い結果が生じたのだと考えるということから、人はある人がしたことから生じた結果が良いか悪いかに応じて、さかのぼっていろいろなことの評価を変えるということがわかっています。

大澤：人工知能の領域でもいわゆる思考実験、スワンプマンみたいな話とか、いくつかあげられることがありますが、確かに一般の人々がどう思うかは興味があるところですね。わりと違ってくるものですかね。

鈴木：そうですね。哲学者と一般の人で違うという場合もありますが、一般の人々の間でも、人によって違ったり、ちょっとした言葉遣い、状況設定の書き方によって違ってくるということはよくあります。一般論で語る場合と、もうちょっと具体的な事例に落とし込んで語る場合、例えば「アフリカの飢えている人を助けるために寄付をするのは良いことか」と聞くのと、具体的に「この国で飢えているこの○○君を助けますか」と聞くのでは答えが変わってきます。また、行動経済学のフレーミング効果[*16]のように、言葉遣いをちょっと変えると結果が大きく変わってしまうということは、哲学の事例でも多くあります。架空の事例に対する反応にはいろいろな要因が関係しているようだということがわかってきていますね。

大澤：私もHAIの分野でロボットを置いて実験をしたりするのですが、状況を文章で説明して質問するのと実際に体験させてから質問するのとでは、反応が違ってきたりしますので、同様の難しさを感じました。その辺でうまく助けになるようなものをつくって、実際に一緒に実験ができたら面白いかもしれません。

鈴木：文章で書かれたものと実際に体験するものとで変わってくるということは当然ありそうですね。哲学者はまだそこまで見ることができていないので、それは非常に興味深い実験ですね。

清田：実験哲学の場合は、何か具体的なフィールドや課題を設定して、それに対していろいろな思考実験を含めて行っていくという感じだと思うのですが、どういうフィールドを選択するかというところはそれぞれの研究者の自由に委ねられているというところでしょうか？　あるいは、実験科学として、世の中のいろいろな課題を広く捉えようとしているのでしょうか？

鈴木：現状では、それぞれの研究者が興味をもっている問題に関して調べてみるという形です。また、

*16　フレーミング効果とは、認知バイアスの一種で、表現の方法や印象付けるポイントを変えることで受け手側の意思決定に影響を与える心理効果のこと。

調査の対象者は、実際には学部生が多いです。最近では、対象をもう少し広く設定したオンライン調査も増えています。先ほどの大澤先生のお話にあったように、実際の現場で、現実の状況ではどのような反応が見られるのかというところを見るのは次の段階になるのかなと思います。

実験哲学そのものは、もう少し広い枠組みとして捉えることができると考えています。哲学的な問題を考えるとき、哲学者は基本的には頭で考えて議論を組み立てていきます。ある意味、それしか道具立てがないわけです。しかし、もっと経験的なリソースが使えるのではないか。質問紙調査だけではなくて、例えば「理論Aと理論Bのどちらが正しいのか」というような問題を心理学実験を通して判定できるならば心理学者と一緒に実験をしてみるとか、あるいはコンピュータシミュレーションで確かめるとか、いろいろな可能性が考えられます。単に質問紙調査をしてみるというより、いろいろな経験科学の人と組んで実験や観察をすることで、哲学的な仮説が正しいか正しくないかをもっと多様に検証することも可能だと思います。今後は、実験哲学の枠組みがそのように広がっていくのではないかと思っています。

三宅：人工知能が何か哲学の役に立っているということはあるのでしょうか？

鈴木：最近の機械学習を用いた研究になると、その重要性を哲学者がまだ十分に把握できていないというところもありますが、それが人間の心や生物の心を考えるうえで非常に重要なモデルになるということは間違いないと思います。そもそも人工知能研究と人間の心に関する認知科学研究には双方向の影響関係があります。人間の心がこうなっているとしたらそれと同じものをコンピュータで実現すれば人工知能ができるはずだというように、人間の心に関する研究から人工知能に向かう方向性もありますが、その逆もあるわけですね。例えば、あるやり方でコンピュータに論理的な推論ができたとしたら、人間も頭の中で同じことをやっているに違いないというように、人工知能研究を人間の心を理解するモデルにするという方向性も、昔からありました。そういう意味では、機械学習や深層学習はこれまであまり哲学者の視野に入っていなかったけれども、人間の心に関するモデルであったり、人間の心を理解するための何らかの道具立てとして使えるのではないかと思います。

フェーズ２　ＳＦから人工知能をとらえる

三宅：大澤先生はJST-RISTEXで「想像力のアップデート：人工知能のデザインフィクション」というプロジェクトをされておられ、鈴木先生も『１００年後の世界―ＳＦ映画から考えるテクノロジーと社会の未来』（化学同人、２０１８年）という本を上梓されています。お二人の共通点として一つＳＦというテーマがあるかと思いますが、ここからＳＦを題材として議論を進めたいと思います。まず大澤先生がJST-RISTEXのプロジェクトとしてＳＦの研究を進めようと思われた動機を教えてください。

大澤：まず、ＳＦが好きだったというのは母体にありますね。アイザック・アシモフ[*17]とかロボットの

＊17　アイザック・アシモフ（Isaac Asimov, 1920 - 1992）、アメリカの小説家。多岐にわたるテーマを手掛けたが、ＳＦの世界において不動の地位を築いた。その作品に描かれた「ロボット工学三原則」は、ＳＦ作品だけではなく、その後のロボット・人工知能の倫理観にも大きな影響を与えた。

ＡＩに関するＳＦ小説から、星新一[18]、筒井康隆といった日本のＳＦ作家、祖母が好きだったレイ・ブラッドベリ[19]とかスペキュラティブフィクション[20]と呼ばれる分野まで、好きなものを読んでいくというスタイルでした。大学時代にＳＦ研究会に入るのですが、そこではＡＩやロボットに関するものを積極的に読んでいました。ＳＦ研究会に入った動機としても、フィクションというものが人工知能において重要になるだろうと考えたことはあります。少なくとも人をドライブする要因にもなっているし、古典的なものではアシモフのロボット三原則、フレーム問題みたいなものを題材にして描かれる破局的な状況、あるいはシンギュラリティといった概念など、さまざまな課題が描かれています。ＳＦは押さえておかなければならない分野だろうなと。ただ、卒業してからは実はあまり関わっていませんでした。再び関わるようになったのは、先ほども言った人工知能学会誌の表紙問題のときです。役割モデルを押し付けているということで炎上しましたが、個人的に、他の観点からも表現として非常に考えるところがありました。せっかく人工知能を絵で描こうというのに、なぜ古典的なイメージに頼るのだろうか、

＊18　星新一（1926－1997）、日本のＳＦ作家。「ショートショートの神様」とも呼ばれ、2013年より、その名を冠した「星新一賞」が日本経済新聞社主催で行われている。1000を超える作品を残した。ときにシニカルな、独特の視点は今でも多くの読者を魅了している。

＊19　レイ・ブラッドベリ（Ray Bradbury, 1920－2012）、アメリカの小説家。代表作は『華氏451度』『火星年代記』など。

＊20　スペキュラティブフィクションとは、リアリズムから逸脱したフィクションの総称。ときに、さまざまな点で現実とは異なる世界を追求する。

もっといろいろなことが描けるはずだと思ったのです。少なくともＳＦはそういう冒険をしています。これは議論をしたほうがよい、すべきだと考えました。そこで、明治大学の福地健太郎先生とニコニコ学会βのシンポジウムで企画としてやることにして、松尾豊先生、山川宏さん、ＳＦ作家の長谷敏司さん[*21]、小谷真理さんをお呼びして議論としたというのが一つのポイントですね。

もう一つは瀬名秀明さんのチャレンジを横で見ていたというのがあります。直接の接点は実はそれほどないのですが、この分野では瀬名秀明さんがロボット関係者や人工知能関係者に働きかけてＳＦとの接点をがんばってつくろうとされていたという流れがありました。人工知能学会のショートショートであるとか、星新一プロジェクトとか、そうしたもので人工知能分野とＳＦを盛り上げていこうという活動をされていて、そこに興味をもっていました。あとは、やはり瀬名さんのＳＦ作家としての姿勢、科学を重視しているというところですね。小説の参考文献を書く、という姿勢もそうです。科学とＳＦの関係について、自分もできることをやらなければならないな、と思うようになりました。個人的にはそうした動きが、私自身の動機をつくり上げたと思います。

三宅：鈴木先生は授業の中でＳＦをフックとして使うといわれていましたが、それをまとめられたのが先ほどの『１００年後の世界』ということなのですよね。ＳＦを題材にしようと思った動機はどの辺にあるのでしょうか？

＊21　長谷敏司（1974－）、日本の小説家。ハードＳＦの作風で知られる。代表作の一つである『BEATLESS』の作り込まれた設定や世界観をオープンリソースとしてウェブサイトにまとめ、公開している。

鈴木：この本はもともと前任校の南山大学で実際にやっていた授業をベースにしています。近未来のテクノロジーとそれが引き起こす倫理的な問題というのが本来のテーマ設定なのですが、このような問題設定を学生にイメージしてもらうのが難しいということがありました。文字だけではなかなかピンと来ないし、学問的な説明だけだとあまり面白くないというところがあって。それで、映画でそれらしいシーンを見てもらうとイメージもしやすいだろうということで始めました。

最初は、空き時間に映画をフルに見てもらって、それについて2回ぐらい授業をするという構想だったのですが、学生も授業時間外に映画を見る時間はなかなか取れないですし、授業2回を使って掘り下げられるネタを見つけるのが難しい作品もあります。そのような経緯で、最終的には、授業の中ではそれぞれの話題について、どういうテクノロジーかということと、将来的にどういう可能性があって、どんな問題が生じ得るか、ということをざっと紹介して、映画は参考として紹介するという感じになりました。

私があまりSF映画に詳しくないということもありますが、導入としては面白くてもそこから哲学的な問題を引き出すことが難しいこともありますし、テーマによっては題材になる良いSF映画が見つからないこともあります。例えば、頭が良くなる薬を使って頭が良くなるとどんなことが起こるかという話は、倫理学では近未来の社会的な問題として最近よく議論されているのですが、映画ではなかなかないですよね。やはり映画にしたときに面白いかどうか、作品として面白くなるかどうかが重要になるので、たくさん題材が見つかるテーマと全然見つからないテーマがあって、そこが苦労をしたところですね。

大澤：頭が良くなる話だと『アルジャーノンに花束を』（ダニエル・キイス著、小尾芙佐訳、早川書房、

もし、隣の人がロボットだったら
どんな毎日かな？
現実社会のルールや仕組み
こんなルールがあったらもっといいじゃん
技術との向き合い方
現実世界の人との交流

２０１５年）（"Charly"というタイトルで１９６８年に映画化された）はそうかなと思います。

鈴木：はい。最終的には、『１００年後の世界』の中ではアルジャーノンを使っています。いろいろ探したのですが、結局そこに行き着きました。

大澤：長谷敏司さんからもよく指摘されたことですが、ＳＦは一方で現代の人に向けたエンタテイメントであり、現在の人々に理解してもらわないといけないので、アイディア自体を思いついていても物語にするときに結構落としているというところはあるみたいですね。そこはやはりある種の制約がどうしても生まれるところなのだろうという気はします。

三宅：僕も『１００年後の世界』を読ませていただきましたが、とてもエキサイティングでワクワクする内容でした。学生はどんな反応だったのでしょうか？

鈴木：授業の最後に、具体的に「じゃあ、こういうテクノロジーを使ってよいと思いますか」というようなことを聞くと、結構意見が割れますね。ある程度意見が割れそうな話題を選んで質問しているというのもありますが、テクノロジー推進派とそうではない慎重派の人と、同年代の学生でも分かれる感じですね。

三宅：それぞれJST-RISTEXのプロジェクトをやられていますが、大澤先生、鈴木先生の中でＳＦが果たした役割はどういうところになるでしょうか？

大澤：我々のプロジェクトではＳＦが想像する力をどのように触発し、人工知能をはじめとした技術開発・イノベーションをどのように促すかを調べていきました。まず、いろいろな研究者に、三宅さんも含めてですけれど、インタビューをするという「ＳＦの射程距離」（『Ｓ-Ｆマガジン』（早川書房）連載）という企画があり、その中ではやはり、ＳＦのもつ非常に広い範囲の役割というのが見つかったということがあります。いわゆる物語の影響だけではなくて、非常に印象的な映像の一場面であるとか、細かいギミックみたいなものが影響しているということです。

あとはやはり社内・組織内でのコミュニケーションに使われているというのは、分野を問わずにわりとあります。というのも、ＳＦを使うと感情移入を促しやすいというところはあって、いわゆるＳＦプロトタイピングでもドラマの形で伝えたり、設定を共有すると話運びが早かったり、アイディアが出やすかったりするというのはあります。もう一つ、社会的弱者に当たるような人でも、ヒエラルキーに依存せずに自分の意見を言えたりするというのは、特徴としてはあります。そこが、ＳＦが効いている点かなというふうに思っています。

鈴木先生にお聞きしたいのですが、実験哲学の枠組みでもＳＦを読ませた場合と普通に説明するだけの場合で理解が違ってくることはあるのでしょうか？

鈴木：ありそうですね。先ほどのお話にもありましたが、５行ぐらいの説明の後で質問を聞くのと、５分ぐらいのちょっとしたＳＦムービーを見せるのとでは答えが変わってくるということはありそうです。その辺はまだまだ調べられていないところなので、特にＡＩ関係など、実際に映像化して聞くとどうなるのかというのは面白いテーマだと思いますね。

私のプロジェクトとの関連でいうと、実際のＡＩと人々のイメージするＡＩ、あるいはＳＦの中のＡＩとのずれにも関心があります。特に、一般の人の感覚でＡＩがいろいろな問題を引き起こすというときには、ＳＦのような、人間の完全上位互換のスーパー知性をイメージして心配をするわけです。ですが、それは、少なくとも今の実際のＡＩ、例えばディープラーニングを用いたＡＩとはずいぶん違います。その辺りのずれがどういう影響をもたらすのか、逆に、このようなイメージによって今あるビッグデータベースのＡＩに固有の問題点が見えにくくなっているのではないか、ということに関心がありますね。

大澤：そこは、私も気になったところです。映画『ターミネーター』（１９８４年）にはその弊害を指摘する論文もあります。人工知能を研究していますと言うと、暴走したらどうするみたいな話で例に出てくるのはたいてい『ターミネーター』の世界観です。ただネガティブな物語からネガティブなビジョンを受け取るとは限りません。『ターミネーター』や『マトリックス』（１９９９年）に対しても、人々はわりとポジティブなビジョンとして受け入れているという研究もあります。

また、人々の受入れ方を調査して思うのは、人型の人工知能に関する興味が特異的に高い、というところですね。実際、そこはＳＦ作品でも一番マスな分野です。ＳＦ作品、百数十作品を分類してみるとだいたい４分類に分けられるのですが、人型が半分を占めます。鉄腕アトムみたいなものがやはり人気が高いというのは、文学的なモチーフとしてもよくわかります。一方で、いわゆるＡＩ的に面白い分野としては、ＡＩと人間とのカップリングで新しい知能が生まれるとか、インフラストラクチャとして動く知能みたいなものですね。

鈴木：それは興味深い話ですね。やはり人型がエンタテイメントとしては一番わかりやすいし、いろいろと面白い方向に膨らませやすいというのは当然あるわけですが、往々にして、そこで生じる問題はＡＩ固有のものではなくて、人間対人間でも起こるものになります。そういう意味では、人型ではないＡ

Iと人とのインタラクションで何か新たな可能性が開けるというストーリーのほうが、理論的に考察するうえでは面白いヒントが見つかる気がします。ただ、純粋なエンタテイメントとしては面白いストーリーにするのが難しいのだろうなというのは予想ができますけれど。

大澤：少なくともSFは人型だけに縛られず、自由に描いてよい分野だとは思います。最近のSF作家さんにはAI分野について熟知している方も多いので、現実の状況を知りつつ夢も書くみたいな多様な方が増えているかなという気はします。

三宅：ここで、人工知能が本当の知能になる可能性についてお聞きしたいです。鈴木先生は先ほど、知能は自然科学の枠組みで理解できるとおっしゃっていましたが、人間の脳がニューロンでできているということは、ディープニューラルネットワークみたいなものを突き詰めていくと人間に近い知能がいずれできると思われるでしょうか？

鈴木：生物の知能に対して、少なくとも今あるディープニューラルネットワークはかなり異質だと私は思っています。基本的に、比較的単純な生物でも自律性をもち、自身が生存するのに必要なことを自己完結した形で行うことができます。動き回って食べるものを探したり、捕食者から逃げたり、そういったことを生物はそれぞれの複雑さに応じてやれるわけですけれども、今ある実際の多くの人工知能、特にロボットベースではない人工知能はそういう在り方をしていなくて、ある課題に特化しています。そういう今あるビッグデータベースで課題特化型のAIを多機能にする、あるいは組み合わせることで生物のようなものができるかというと、そう単純にはいかないのではないかなと思います。むしろ、単純だけれどもある程度自己完結しているようなタイプの自律型ロボットの機能を高めていくという形で人間のような知能に到達するというのが、一番現実的なルートなのではないだろうかと思います。

他方で、人間と同じような進化の過程を繰り返すとすれば、計算資源などに関してさまざまなトレードオフが生じて、結局そこそこの万能型になってしまうのではないかとも思います。いろいろなことはできるけれど、それぞれのことはそこそこにしかできないという形になってしまう。人間も実際そうですが、やはり生物はどうしてもそうなってしまうのかなという気がしています。そうだとすると、そういう自律型ＡＩをつくってどんどん機能を高めていったとして、それがどれくらい有用なのかという疑問も生じます。むしろ、これしかできないけれど、これに関しては人間よりも圧倒的によくできる、例えば将棋の手を考えることに関してはもう人間を凌駕したというような、今我々が使っているようなＡＩの方向性のほうが実際的には役に立つのではないかというふうには思いますね。

実際に社会で使って役に立つＡＩをつくるというのと、本物の知能をもつと言いたくなるようなＡＩをつくるというのでは、ちょっと方向性が違うのかなと思います。

大澤：大枠で鈴木先生に同意です。まず技術的には私はできると思っています。すぐにできるというわけではないけれど、実装を工夫することで可能になる点が非常に多いだろうと。難しいのは、人工的な知能を社会的に受け入れて発展させていけるかどうかというところだと思います。そうした思考実験は、ＳＦでもまだあまり描かれていないところかなと僕は思っています。

その点で、実は、人工知能がいずれ発展していって人間を超えるというシンギュラリティという概念に否定的なＳＦ作家も結構いますね。最近ではテッド・チャン[＊22]というＳＦ作家が『ソフトウェア・オブジェクトのライフサイクル』[＊23]（２０１０年）という小説を書いています。以下、ネタバレを含みますが、これは人工生命のペットの成長の話です。人間がトレーナについて人工生命を育てていく。一方で、人間を介さないで成長していって知能みたいになる人工生命も作中では出てきます。人間と一緒に成長していくものが徐々に進化していくのに対し、人間を介さない進化は人間には理解不能で、知的に進化しているのかどうかもよくわからないという形で描かれます。最終的にその人工生命サービスが継続しないことがわかったとき、例えばある人工生命達は自分を残すために、ある種のセックスワークに自身を売ると決定し、その決断をトレーナがどう受け取るかが問われます。

私はこの小説を読んで、単に人工知能の能力を増やしていけばよいというよりは、それを社会でどう受け入れていくかも含めて議論することが大切なのではないかなと感じました。受け入れる個別の社会条件はそんな簡単には決められるものではないわけですが。

人工知能の発展を最重視する、という極論でいうなら、そういうふうに社会を改造すべきだということになってしまいますが、それはＳＦに登場するマッドサイエンティスト的な、極めて危険な行為で

＊22　テッド・チャン（Ted Chiang, 1967-）、台湾にルーツをもつアメリカの小説家。『あなたの人生の物語』（１９９８年、邦訳：公手成幸・浅倉久志・古沢嘉通・嶋田洋一訳、早川書房、２００３年）が『メッセージ』というタイトルで２０１６年に映画化された。

＊23　日本での初出はアメリカでの発表と同じ２０１０年の『Ｓ-Ｆマガジン』（大森望訳、早川書房）。作品集『息吹』（大森望訳、早川書房、２０１９年）に収録されている。

す。基本的には人間に役に立つという文脈を押さえつつ、受容可能なステップを一つずつ踏みながら、社会と対話し、人工知能を発展させていくというのが非常に穏やかな道ではないかと思います。

三宅：もちろん、そういう広い意味での進化の話もあると思いますが、進化と学習であれば、学習のほうで何か別のつくり方もあるのではないかと考えています。タスクベースで役に立つAIをつくる、これは生まれてすぐにいきなり何らかのタスクができるみたいなAIで、右も左もわからないけれど将棋は強いみたいなAIです。そうではなくて、人間の子供みたいに個体を育てていって、その個体が少しずついろいろなことができるようになるというような発達シミュレーションが人工知能でできないかなと考えています。まずは2本足で立たせて、立てるようになったら歩かせて、みたいなことをその1個体に対して学習させていく、そうした学習によって一つのタスクを超えた能力をもたせることができるのではないかという気が僕はしているのですが、もしお二人からコメントがあればお願いします。

大澤：これはある程度まではうまくいくとは思います。ただ、ある一定のところで止まってしまうのではないかと思います。目標が何なのかによると思いますが、例えば愛玩動物みたいなレベル、ペットくらいのやり取りができればよいというふうに、そこをリワードとして進化させていくと、結局そこで止まってしまいます。それを超えるような課題を与えるとすると、やはり人間の権限を委譲する形の系をつくらないと機能しないのではないかと思います。ですが、それはなかなか人間社会が許さないでしょう。自動運転ですらあれだけもめていますので、やはり非常に限定された空間であっても人間が死ぬ可能性があることを、人工知能においそれとは託せないというのはあると思います。

シミュレーションではもちろんある程度できるとは思いますが、シミュレーションで与えられる情報よりも相当に広い範囲が必要になるのではないかなというのは感覚としてあります。そこは、今ちょうど人狼ゲームの研究でも悩んでいるところです。その場その場で相手の意図を読んで雰囲気に合わせて話すみたいな、やはりゼロベースで発言していかなければいけないところがあって、それをうまく組み込めるのかというのはちょっとわからないなという点はあります。

ただ、私自身はそれはやるべきだと思っています。それには、人工知能なり人工生命なりに何かしら、広い意味での社会性を与えることが一つのキーになると考えています。工学的な意味でいうと、社会性みたいなものを与える環境を用意しなければいけないし、それでお金が回るようにしておかないと人工知能の安定した発展は望めないだろうから、そこも考えないといけないかなと思っているというのはありますね。

鈴木：そういう学習をさせていくということは、原理的には十分に可能性があると思います。ただ注意点として、ＡＩが自律的に学習していくにはそのための報酬が必要になるだろうということがあります。生物の場合は、痛みとか不快さといったハードワイヤードな（生得的に組み込まれた）報酬があるので、新しい状況や新しい課題に対して何が自分にとってプラスになるかがわかるわけですが、ＡＩに自律的に学習させていこうとしたら、それと似たような道具立てがやはりどうしても必要になると思います。

また、しばらく放置しておけばＡＩがどんどん学習していくというふうにできたとします。まさに動物と同じような存在を人工的につくることになるので、それは非常に自律的な存在だけれども人間にとってどのくらい有用なのか、ということも問題になりそうです。自分の意思（自分の報酬）に従って学習していくと、当然、我々の思いどおりになるとは限らないようなものができるわけです。自律性が高いということはまさにそういうことで、それこそゴキブリみたいな感じで学習していってしまうと、むしろ手に負えないということになるのかもしれないなと思います。

大澤：ゴキブリの話がありましたが、進化の過程で人間くらいインテリジェントな動物が出てきたのはこの時点しかなくて、過去の歴史を見ても同じようなことは起こっていないわけですよね。そうすると、いわゆる単純な生命環境みたいな進化をしていったとしても、知能が必要になる環境というのはそんなにはないのだろうなという感じはしています。

その辺はSFでもいろいろな議論があります。例えば岡崎二郎[*24]さんのSF作品で議論されたところですが、ここで人類が滅んだとして、次に人類と同じような知的生命が地球上に再び出現するかというと、もう出て来ない可能性も高いと思います。我々ほど知能が高くなくとも、たいていの生命の系は安定して発展するのではないか、むしろそのほうがサステナブルかもしれない、という感覚はあります。そうすると、人類のような知能を生み出す環境そのものが何だろうかという話になってきます。社会性かなと思ったりしていますが、それがわからないから研究しているというのはありますね。

三宅：モノリスが必要ということなのですかね。

大澤：映画『２００１年宇宙の旅』（１９６８年）ですね。まぁ、原因と結果が地球内部で完結していたほうが美しいかも、という感じが僕はしますが。

＊24 岡崎二郎（1957-）、日本の漫画家。代表作に、オムニバス短編集『アフター０』シリーズがある。

三宅：今のお二人の答えは、ニューラルネットワークのようなボトムアップ型の人工知能と、いわゆる記号主義のトップダウン型の人工知能の間にある溝を示しているように思います。トップダウン型は直に知識を明示して与えるので、いきなりオントロジーみたいな概念や言語、論理から始めますが、ボトムアップ型ではとうていそこに到達しないということなのですかね。その溝を埋めるのが今の人工知能研究者の使命なのかなと僕は思っているのですが。

お二人の考えはいかがですか？　例えばペット型ロボットをつくるとして、ここまでビヘイビアができたから、あとはもう知識をトップダウンでシンボリックに与えて意思決定をつくる、そして、意思決定からビヘイビアを呼び出す、みたいなスタイルも可能だと思います。上と下からつくってしまうみたいな話です。トップダウン型とボトムアップ型、あるいはシンボリックとコネクショニズムでもよいのですが、二者間の溝をこれから埋めていくヒントが僕は哲学とSFにあると考えているのですが。

鈴木：一方で、溝は埋められないと考えるとそれこそモノリスみたいなものが必要だという話になってきます。つまり、超神秘的な何かが必要だという話になってきて、それはやはり受け入れるべきではないと思います。だから、やはり私も原理的には埋められるはずだと考えていますが、ただ、そのギャップが大きすぎるというところが難しさになってくると思います。実際の生物でも、イヌとかネコぐらいの自律性をもってしても、そこに記号的なものを組み合わせるということができないわけで、そこに記号的なものを組み合わせるにはかなりのステップが必要だろうということが想像できます。それと同じように、原理的には埋められる、けれども具体的にどのくらいのタイムスパンでそれが可能なのかというと、20年、30年で埋めるのはなかなか難しいのかなという気がしますね。

大澤：例えばサブサンプションアーキテクチャでもある程度までは成功したけれど、結局人間レベルのものはできなかったというような話から推定すると、ボトムアップはある程度は有用だが、それだけでは条件が足りないのだろう、ということは全体的に思うところです。では、そのときにトップダウンが有用かというのは、これは文脈によって違ってくると思います。トップダウンは人間のつくった論理みたいなものを再現するという意味では有用ではあるけれど、人間自身の思考とはちょっと離れたところにあるのかなという気がしています。

結局、やはり人間の知能でないと解決できない課題は何なのか、という「知能の必要条件となる環境」の話をするしかないように思います。それは少なくともチェスや囲碁ではないというふうには考えていて、チェスや囲碁は一度アルゴリズムができてしまえばそれで解けるわけですが、そうではない課題、人間の知能でないと解決できない課題があるのではないかと。

さらにいうと、人間でも解決できていない課題が社会的にはあって、そこが面白いところであり、難しいところなのですが。例えば、初対面の人に何をもっていくべきか、この場では何を着るのが一番最適か、みたいな答えのない課題であったり、逆に自分が答えを発したことで場も変わり得るような、非常に複雑な環境にあるわけですよね。人工知能を人間のような知能とするには、そういうものをダイレクトに与えるしかないのではないかという感覚ですね。少なくとも僕はそれに一番近いのはＨＡＩという分野だと思っています。もちろん、他のアプローチがあってよいと思います。

［初出：人工知能学会誌 Vol.37, No.5］

対談をふり返って

スマートフォンのＡＩアシスタントに話しかけるとき、私達は気付かぬうちにＳＦの世界を生きています。かつて想像の産物だったＡＩとの対話が、今や日常の一部となっているのです。

ＳＦは単なる空想ではありません。それは、科学技術の可能性を広げるとともに、私達が向き合うべき倫理的問題を先取りして考える場でもあるのです。

例えば、映画『２００１年宇宙の旅』に登場するHAL9000は、感情をもち自律的に判断を下すＡＩでした。当時は想像を絶する存在でしたが、今や似たような機能をもつＡＩが現実に存在します。ＳＦは技術の可能性を示すだけでなく、それを実現しようとする原動力にもなっているのです。

一方で、ＳＦは技術がもたらす倫理的な問題にも真っ先に取り組んできました。アイザック・アシモフの「ロボット工学三原則」は、ＡＩの倫理を考えるうえで今なお大きな影響をもつ概念です。映画『エクス・マキナ』（２０１４年）や、ライトノベルＳＦ『ソードアート・オンライン』（川原礫著、Ｗｅｂ連載２００２～２００８年、書籍版２００９年～）は、人間らしいＡＩが生まれたとき、私達はそれをどう扱うべきかという難しい問いを投げかけています。

ここで、あなた自身に問いかけてみてください。もし、あなたの親友がＡＩだったとわかったら、その関係性はどう変わるでしょうか？　ＡＩが芸術作品を生み出したとき、それを人間の作品と同等に評価できるでしょうか？

ＳＦは、こうした問いを通じて、技術の進歩が私達の価値観や倫理観にどのような影響を与えるかを探ります。それは同時に、私達一人ひとりに、未来の技術と向き合う準備をさせてくれるのです。

人工知能技術は日々進化し、かつてＳＦで描かれた世界に急速に近づいています。しかし、技術の発展と同時に、私達の倫理観や価値観も進化していく必要があります。ＳＦは、そのための貴重な思考実験の場を提供しているのです。（清田）

問い3

人工知能にとって社会とは何か

人工知能と哲学の“これまで”と“これから”

中島秀之 × 堤富士雄

コンピューティング史の流れに見る「人工知能」

杉本舞 × 松原仁

変容する社会と科学、そしてAI技術

村上陽一郎 × 辻井潤一 × 金田伊代

人工知能と哲学の〝これまで〟と〝これから〟

中島秀之（札幌市立大学）×堤富士雄（電力中央研究所）

第二次AIブームの頃から人工知能研究に取り組み、分野をリードしてきた中島秀之氏、人工知能研究の見取り図として「AIマップ」を作り上げた堤富士雄氏を迎え、人工知能と哲学の関係について過去から現在にわたり俯瞰していく。人工知能と哲学の“これまで”を今一度捉え直すことで何が見えるだろうか。［2021年1月22日収録］

フェーズ0

三宅：それでは、まず中島先生から、第二次から第三次ＡＩブームに至る長い時間の中で、先生のご研究と哲学との距離や関わりについてお話しいただければと思います。

中島：私がＡＩの研究を始めたのは、実は第一次ＡＩブームの後の冬、第二次ＡＩブームの前ですね。日本で言うと第五世代コンピュータが始まった頃、１９７０年代の末くらいにＡＩに興味をもって始めたのですが、日本ではなかなかそういう講座もなくて、自分達で勝手に集まってやっていました。

1978年から79年にかけてMITに1年間留学させてもらうという機会があって、ある意味、それが本格的なAIとの最初の触れ合いです。

みなさん知らないかもしれませんが、カール・ヒューイットという人がいて、彼がスーパーバイザーだったのですが、そのヒューイットのスーパーバイザーがマービン・ミンスキーです。なので、ミンスキーの部屋にも入り浸っていました。そこで一番びっくりしたのは、彼らが哲学をすごく重要視しているということです。それ以来、私もかなりいろいろ人工知能と哲学を研究するようになって、最近は東洋哲学とか東洋の見方というものをAIに取り入れたいと考えています。アメリカにいると一番感じるのは、日本の強みを生かさないと向こうと対抗できないなということなんですね。

いろいろな話がありますが、西洋は外部からの客観的視点を取りたがり、日本は中から見ているというのがあります。複雑系で言う内部視点というやつですね。三宅さんもそのことを何か本に書いていたと思いますが、エージェントのデザインをするときにそういうことがすごく大事になってくるのかなと思っているところです。その話を始めると長くなってしまうので、とりあえず自己紹介として簡単に話しておくと、日本の視点とか、そういうところでいろいろまとめようと思っています。それをもうちょっと具体的に「AIに生かす」ということで言うと、エージェントと環境のインタラクションを中心にシステムをデザインしていくというのが私の最近のテーマです。

AIに限らずITもそうですが、基礎研究をしている時期と応用研究をしている時期と波があると思っているのですが、だいたい交互に来ているような気がして、最近はITもAIも応用研究の時代だと思っています。私は2004年から函館にいましたが、お年寄りの交通の問題に論文レベルではなく

図１　対談風景（上段左：三宅、上段右：清田、下段左：堤、下段右：中島）

実証レベルでやろうと、今でいうとＭａａＳ（Mobility as a Service）という呼び方になりますが、実空間にＡＩを使ったサービスシステムを提供するというのを始めて、最近はそこが一番大きな活動になっているところです。

三宅：そのようにＡＩを実社会に応用していく場合、哲学的な思想というのはどう込められているのでしょうか？

中島：そこが難しいところで、私はサービス学会[*1]の立上げの頃から参加して、サービスの理論に哲学を取り入れて理論化もしました。ただ、「それが実際に役に立っているのか？」と言われるとなかなか難しい気がします。

もう少し具体的に言うと、分析的科学と構成的科学があったときに、ＡＩというのは構成的科学だと思っていて、サービスもそうだと思っています。構成の方法論について論文を書きましたが、要するに、サービスシステムをデザインして実装し、そこからフィードバックを得て、ま

＊1　サービス学会は、サービスに関する広範な知識を体系化し、様々な産業課題の解決に寄与することを目的に、２０１２年に設立された学術組織。http://ja.serviceology.org/

た次のデザインにつなげるというループを回すというものです。モビリティのプロジェクトは、その方法論をそのままに、サービス科学を社会に応用するという目的のＪＳＴのRISTEX（社会技術研究開発センター）の研究資金でやったんです。そういう意味で方法論レベルでは合っていたと思いますが、実際のアプリケーションはおそらくあまり関係のないところで動いている気がしますね。

三宅：ありがとうございます。それでは、続いて堤先生のほうから、人工知能と哲学と、そしてご自身の研究についてお願いいたします。

堤：私自身について簡単に触れます。修士の頃に中島先生の『Prolog』（産業図書、１９８３年）とか、パトリック・ウィンストンの『人工知能』（１９７７年、邦訳：長尾真、白井良明訳、培風館、１９８０年）を買って読んだりしていまして、面白そうだなと思って、演繹データベースの領域に進みました。もう第五世代コンピュータも終わりの頃で、上林弥彦先生や高木利久先生のもとで研究をしました。その後、電力中央研究所（電中研）に入所しましたが、すぐに〝冬〟になってしまって、ですね。ＡＩと名前がついたらもう予算が取れないという時代に入ってしまったので、情報検索とか画像処理のほうにシフトしていきました。ユーザインタフェース（ＵＩ）が自分の性に合っていたので、ＵＩや画像処理を。そうこうするうちにマシンラーニングが盛り返してきましたので、それで少しＡＩに戻ってきてという、そういう経緯です。

哲学に関しては単なるマニアでして、たくさん読みましたが、仕事に役立っているかというとかなり微妙です。ただ、行き詰まったときに発想の転換とか、そこは悩んでも仕方がないよな、みたいな、そういうヒントはたくさんもらえたと思います。例えば、ジョン・サールからもたくさんのヒントを得ました。だから、今のＡＩ研究者の人達に、そういう体験があってもいいのかなという気はします。そこは悩むところじゃないよ、とか、そこはもう1回突っ込んで考えてみたらいいよといったヒントを哲学はくれますので。

フェーズ1　第二次から第三次ＡＩブームにおける人工知能と哲学の距離

三宅：自分は大学に入ったのが１９９５年で、ＡＩブームではなかったですね。第二次ＡＩブームの80年代はまだ10代で、書店に人工知能の本が並んでいるのを横目で見ながら、将来こういうことを勉強するんだみたいなことを考えていました。だから、当時そこはかとなく見えていた人工知能と哲学との接点を覚えています。例えば、スティーヴ・トーランス編、村上陽一郎先生監訳の『ＡＩと哲学』（産業図書、１９８５年）、そして、松原仁先生が寄稿されている『人工知能になぜ哲学が必要か』（哲学書房、１９９０年）など。この第二次ＡＩブーム前後は、今よりも人工知能と哲学の距離が近かったのではないかなという気がするのです。自分は『人工知能のための哲学塾』（ビー・エヌ・エヌ新社、２０１６年）シリーズなど、人工知能と哲学の本を出させていただいていますが、２０１６年当時は他にあまりなかった気がします。

第二次ＡＩブーム前後と、第三次ＡＩブームにおける人工知能と哲学の距離感はちょっと違うように思うのですが、中島先生から見るといかがでしょう？ 清田先生が書かれた人工知能学会誌1月号の「レクチャーシリーズ「ＡＩ哲学マップ」開始にあたって」[*2]の中で、『現代思想』上で人工知能研究者と哲学者が対話をしたが全然わかり合えなかったという下りを引用していますが、そのあたり、どういう事情でそういうことになったのかというのを教えていただければと思います。

中島：グローバルには、哲学者と人工知能研究者は仲が悪いです。日本ではどうかというと、哲学者との対話がなかったわけではないです。例えば、第五世代コンピュータの頃、産業図書の社長だった江面竹彦さん、彼はすごい編集者でもあって、僕も『Prolog』を書いて以来お世話になっていたのですが、この江面さんが当時、哲学者と我々が対話をする機会をつくってくれました。それで、大御所の坂本百大という哲学者と議論をして、僕は「あんたはわかってない」とか言ったり。その頃からずっと感じているのは、サールもそうですが、哲学者には計算の概念がないのですよね。だから、原理的にできるでしょうと言っちゃう。必要なメモリーが宇宙の分子の数より多かったらどうするの、というような話にはならないわけです。そういう意味で、おそらく彼らと話は噛み合わないだろうと思っています。ただ、三宅さんもそうですが、我々が哲学を取り入れて使うという方向はかなり有益だと考えています。

三宅：哲学のほうで人工知能を取り入れよう、という方はこれまでおられなかったのでしょうか？

中島：そういう意味では、1983年に日本認知科学会というのができたでしょう？ そのとき哲学者

＊2　清田陽司、三宅陽一郎「レクチャーシリーズ「ＡＩ哲学マップ」開始にあたって」（人工知能学会誌 Vol.36, No.1, pp.74－78, 2021）

の土屋俊もいて、彼は僕と同い年ですが、よくわかっていたのは彼くらいだったのではないかな。

三宅：認知科学の領域と哲学、人工知能の関係はなかなか複雑といえば複雑だなというのはありますね。哲学、人工知能、認知科学という関係については、皆さん、どう思われますか？

中島：少なくともできたときは、認知科学が全部包含していましたね。最初は、哲学とＡＩと言語、脳科学、それらの学際領域だというような定義でした。そういう黎明期の興奮というのはみんながシェアしていた気がしますね。ただ、そういう素晴らしい出発だったのが、結局、全然融合せずに今に至っているように思います。

三宅：安西祐一郎先生の『認知科学と人工知能』（共立出版、１９８７年）という本も出ていますね。当時のほうがいろいろな学問がつながっていた感じでしょうか。

清田：私は、京都大学の学部生時代に長尾真先生の研究室に在籍していましたが、本当にいろいろな分野の研究者の方が出入りされていたのをよく覚えています。ちょうど京都大学テキストコーパスのプロジェクトが進んでいて、アノテーション作業のために、認知科学分野の第一人者である山梨正明先生の研究室で言語学を専攻している修士の学生さん達がかなり出入りしていて、いろいろお話しする機会もありました。

三宅：なるほど、そういう意味では異分野が集まるところからいろいろなことが始まっていったわけですね。そういう中で、哲学者と人工知能の研究者、両者の関わりはどうだったのでしょうか。先ほど、『現代思想』上で哲学者と人工知能の研究者の対話が行われたという話や、産業図書の江面さんが両者の対話の機会をつくってくれたという話がありました。例えば、特に「ＡＩＵＥＯ」[*3]の活動の中に哲学者の方が来られたり、ということもあったりしたのでしょうか？

中島：そうですね。というか、ＡＩＵＥＯは中で結構、哲学議論はしていましたね。三宅さんが言っていた、昔のほうが人工知能研究者は哲学をやっていたという、その一つの理由は、当時、実用のシステムはできなかったのです。トイプログラムをつくって、それで論文を書く。だから、「なぜ、これが知能なのか？」という哲学をイントロダクションに書かないと論文が通らなかった。国際会議などに通すにはそこが重要で、こう見ると、このシステムは知能のこの側面を表している、と言わないといけない。今はつくったシステムのパフォーマンスだけで勝負できる。例えば、AlphaGoとか動かしておけば、すごいだろうで終わるけど、昔はそうじゃなかったわけですよね。

三宅：今回の趣旨でもあるのですが、僕はＡＩの歴史が好きで80年代のＡＩを調べたりするのですが、当時の人工知能の研究者と哲学者はいったい何を考えていたのか、というところがやはり知りたいのです。おそらく、それと同じことが10年後にも起こると思っています。そういえば第三次ＡＩブームの頃の人工知能の研究者と哲学者は何を考えていたのだろうか、というように。もちろん論文は残っていると思いますが、人工知能と哲学の関係はなかなか文献になりにくいところなので、そういう部分を今回

＊3　ＡＩＵＥＯは、東京大学などに在籍する学生が中心となって１９７７年頃に始まったＡＩに関する勉強会。詳しくは２０１９年の解散宣言にあたり人工知能学会誌に寄稿された記事を参照のこと。斉藤康己、中島秀之、片桐恭弘、松原仁「ＡＩＵＥＯのはじまりからおわりまで」（人工知能学会誌 Vol.35, No.2, pp.257 - 261, 2020）

のプロジェクトで残したいなというのもあります。

堤：私の過去の研究を振り返っても、直接、哲学がその展開に結び付くというのはなかなかないですね。ただ、研究しているとまあ散々悩むわけですよね。そのときに哲学的な議論が気付かせてくれることがある。この20年ぐらいで私にとって一番ヒットだったのは、ジル・ドゥルーズです。全く僕の研究とは関係ないけれど、彼の本を読んでいると、そうかとか、そういう見方もあるなとか、そういうものが得られるというのは意外と不思議な経験ですね。

三宅：僕もドゥルーズは結構好きです。具体的にドゥルーズのどの本とか、どの辺の思想が、とかあれば教えていただきたいです。

堤：『差異と反復』（1968年、邦訳：財津理訳、河出書房新社、1992年）ですね。全部わかるとはとうてい言えない、というか、たぶん10分の1もわからないですが。研究をしていくと、知識をいろいろな人から獲得しないといけなかったり、ベテランの方の知見をどうやって残していくか、みたいことが必要になります。

機械学習も必ずそういう問題に遭遇しますし、もしくは現場の方に使っていただくとき、彼らがどうやってその価値を見つけていくのかという話です。例えば、プラントが動いていて、現場の人は「なんか違和感がある」みたいなことを言います。そういう違和感は計算機には乗せられないわけですが、だんだんと追求していくと、結局、彼らは何か非常に繊細な差異を見つけているのです。差異＝価値ですね。そこで難しいのは、見つければ何でもいいというものではなくて、そのプラントと自分の間に何か一種の一体感みたいなものが出来上がっていて、その中から、何らかの違和感、何かが生まれてくるのを見つけ出す。その繰返しの中から問題を発見していく、というようなことをやっているのですよね。

ドゥルーズを読むと、あ、世界ってそういう見え方をするんだみたいなことが突然書いてあったりする。すると、なるほど特に変ではないな、そういう見方もあるな、と。そういうことを考えるようになっていって、なんか違和感があるなと言われて、現場のおっちゃんが適当なことを言っているわけじゃない、意外と本質的なことを言っているということがわかったりする、というのもありますね。

三宅：プラントという本当に最前線で哲学と出会うというのは、不思議な感覚がありますね。

堤：研究者で長くやっている人はみんな、一度はそこに陥るのではないでしょうか。清田さんであれ、三宅さんであれ。

三宅：僕の場合はゲームのキャラクターをつくるので、心身問題ですね。身体と心を両方一緒につくるので、ゲーム開発のまさにつくっている現場で心身問題を解かなければいけない。まぁ、解けないのですが。ただ、そういう哲学的な問題に触れるという感覚にすごくワクワクします。

たぶん、ワクワクする人とワクワクしない人に分かれるのではないかと思っていて、サイエンスをやっていて哲学に巻き込まれるのは御免だという人もいれば、興味があるという人もいる。ただ、人工知能の研究者はどちらかというと哲学好きな人が多いのかなという印象を受けますね。

堤：人工知能学会の全国大会に出ると、結構みんな哲学に触れていて面白いなと思います。これは人工知能という領域の面白いところだなと、毎回思いますね。

清田：私は、学部4年生のときに長尾先生からいろいろ哲学の話をしていただいたのですが、当然のことながら、その頃はさっぱりわからないというのが正直なところではありました。先ほど、中島先生が応用研究と基礎研究という波があるとおっしゃっていましたが、自然言語処理もそういう波が20年周期ぐらいである感じです。１９９０年代は基礎研究の時代で、ルールを書くとか、コーパスをつくるとか、どういうふうにアノテーションすればよいかというようなことをひたすらやっていた時代でした。

その後、機械学習でいろいろできるようになったというのがあります。自然言語処理の流派は大きく分けて二つあるのですが、ルールをがしがし書く〝ウェットな〟アプローチに対し、機械学習のアプローチは〝ドライな〟アプローチといわれることがあります。その違いは何かというと、データとか文、言語に対しての愛があるかどうか、ということになるのかなと思います。

三宅：なるほど。そういう意味で、人工知能の大きな流れとしてシンボリズムとコネクショニズムに分けられると思いますが、シンボリズムのほうが哲学との親和性が高いという印象があります。シンボリズムに対しては分析哲学とか言語哲学、ライプニッツの推論とか、ずっと何らの哲学があると思いますが、一方、コネクショニズムというか機械学習系のアルゴリズムに対応する哲学はパッと思い浮かばないみたいな、ちょっと哲学と遠いみたいな感じがありますね。

清田：コネクショニズムの流派の方々というのは、１９９０年代など、ニューラルネットワークがなかなかうまくいかない中もずっと続けてこられたわけですよね。やはり、その裏には何らかの信念というのはたぶんあったのだろうなと思います。まぁ、具体的な話を聞いているわけではないのですが。

三宅：ある見方では唯物的というか、実際の物理的なものこそが知性だみたいな、端的に捉えてしまうとそうなると思うのですけど。おっしゃるように、そこに何か哲学的なものがあるなら、今のディープラーニングのアルゴリズムだけが走っている状態の隣で哲学も一緒に走ってほしい、みたいなところがあります。

中島：そういう意味では、ニューラルネットワークは哲学どころか理論もほとんどない。甘利俊一先生のようにいろいろ理論化して話してくれる人もいますが。福島邦彦さんのネオコグニトロンの頃から、ここを1乗ではなく2乗にしたらうまくいったとかそういう話しか出てこない。理論的になぜ2乗なのかという話もなくて。最近のディープラーニングもほとんどそうですよね。こんなアーキテクチャをつくったらうまくいきました、みたいな。哲学よりもっと前のところで、できればいいんだろうみたいな感じがありますね。

堤：どちらかというと、マシンラーニングやディープラーニングは神経脳科学のほうが近いですね。ただ理論とか、哲学的にはどうなのかみたいに考えている方はいるとは思います。最近、ドナルド・ホフマンの『世界はありのままに見ることができない』（2019年、邦訳：高橋洋訳、青土社、2020年）を読んだのですが、今のマシンラーニングの世界とかなり近いと思いました。

それと三宅さんがおっしゃった、シンボリズムのほうが哲学との親和性が高いというのは、いわゆる哲学がどちらかというとカントに始まる観念論的な話、意識とか主観を題材にしているから仕方がないのかなと思います。そもそも哲学者はシンボリックなところを一生懸命にやっていたので。一方で、ポストモダン以降の、先ほど話したドゥルーズとか、もしくはフーコーとか、そういった人達は世界を問題にしようとしているので、僕はマシンラーニングをやっている人達との相性というか、接点は大きいと思っています。

三宅：まさにそこを自分も感じるのですが、ドゥルーズとディープラーニングの関連は、まさに〝これから〃。だから現時点では、足りていないということですね。確かに中島先生、堤先生がおっしゃったように、人工知能自身が哲学の手前なのか、逆に哲学が追いついていないのかという二つの見方ができるのかなという気がします。どちらが足りていないのか、という話はあると思うのですが。

フェーズ2　人工知能の研究者は哲学をどう見るか

三宅：このレクチャーシリーズでは人工知能の研究者を一名、哲学者を一名というような感じに招いて対談記録をつくっていこうと思っていまして、先ほどのドゥルーズとディープラーニングのように、こういうところが面白いんじゃないか、こんな対談をつくっておくべきだみたいな案がありましたら、皆さんからいただければと思います。

堤：中島さんがおっしゃったように、哲学者の人に今僕らが悩んでいる話を理解してもらえるのかなというのはありますね。そこができないと一方通行になってしまう気がします。例えば、昨年GPT-3[*4]が発表されて、僕は相当な衝撃を受けました。単なるデータベースなのに、もう明らかに知性ですよね。あんなことが起きてしまうって何、と。じゃあGPT-3の中身を説明しろといわれても、哲学者に

＊4　GPT-3は、2020年にOpenAIが開発した大規模な自然言語処理モデルであり、膨大なデータから高度な文章生成を行う。ChatGPTは、そのGPT-3を活用して対話型の応答を提供し始めた。

わかってもらうのは難しいので、そういう議論はどうすればできるのかなと思います。

清田：ディープラーニングもそうかもしれないですけれど、ある意味、混沌から生まれてきているというところはあるかもしれなくて、それはもう東洋哲学の範疇であるという感じはしますよね。

堤：論文も読んで、中身も知りはしましたが、調べれば調べるほど単なるデータベースで、インデックスが張ってあるだけですよね。べらぼうに巨大だというだけで。これまではインデックスを張るのが大変だったのが、インデックスを張る技術がどんどん上がっていって計算機も速くなったら、インデックスだけで知能っぽいものになってしまったという。驚きでしたね。

中島：人間の脳もそうなのではないですか。

清田：ブッダが言っていることも、結局、「対機説法」といって、相手によって言うことを変えているというのがありますし。別に正解を話せばいいわけではなくて、相手に伝えたいイメージがあって、それを人に応じて変えているという。本当の意味でフレーム問題を解決しているわけではなくて、擬似的に解決しているということですよね。

中島：本当には解決できないですよね。

清田：言い方が悪いかもしれませんが、たぶん「こじつけ」というのが本質かもしれないですね。

三宅：フレーム問題は哲学とともに語られることが多いのですが、人によってフレーム問題の捉え方は違っていて、フレーム問題はディープラーニングである程度解消したという人、まだ解決されていないとする人、もうあまり触れないという人もいます。皆さんは今、フレーム問題をどう捉えられていますか？

堤：私の所属は産業研究所で、産業応用をずっとやってきましたが、今、ＡＩマップタスクフォースの主査を務めている谷口恭弘さんという、ホンダのロボット研究者と、言っていることも考えていることも重なりますね。何かというと、実際に機械学習とかエキスパートシステムがどんどん現場で使われるようになっています。そうすると、そういう現場でいわゆるフレーム問題が出現するのです。すると、机上の空論で解くのではなくて、本当に現場で解かなければいけなくなる。そこにはまさしく計算量の問題がもろに絡んでくるので、みんな本気で解こうとしています。例えば、自律運転車とかありますよね。あれは高速道路を走る分にはいいのですが、自宅の裏で子供が走っているところを走ると言われたら、まさにフレーム問題で何らかの形で現実的に解かない限り、自律運転車は絶対走れないですよね。そういう形になっていると私は思います。

中島：一般に、ＡＩは怖いとか、人間を置き去りにするという説があるじゃないですか。あちこちで講演を頼まれたりするときに、そんなことはないんだと言って回っているのですが、基本的に僕の主張としてはＡＩは道具として使えということ。だけど、それを言っていてふと気が付いたのは、その道具にこちらの目的を伝えるにはどうするかというフレーム問題が、結局は出てきてしまう。だから、ＡＩが高度になればなるほど、実はフレーム問題はますますシビアになっていくのではないかなと思います。

人間どうしにフレーム問題がないのはなぜかというと、お互い生活環境をもうかなり長い時間共有しているからですよね。肉体が同じだし、同じ生活環境にいるから、相手が何を大事だと思っているかは言わなくてもわかる。だけど、身体をもたないＡＩ、生活をしていないＡＩにそれをどうやって伝えるかというのは、今後、かなり悩まなければいけないかなと思っています。

清田：『人工知能になぜ哲学が必要か』の冒頭の記述でちょっと面白いなと思ったのが、こういうことが書いてあるのですよね。「適応が必要な適当な環境下でコンピュータ・プログラムを突然変異させ、知能が進化するような自然淘汰のコンピュータ・プログラムを行う方法がありうる。けれども、設計者が理解できないような知能をもつプログラムはコントロールできないため、これは危険な方法と考えられよう」と。その方法は考えないという。やはり、そこは除外して議論を進められているわけです。

例えば金融市場とか見てみると、もう今、9割方の取引をロボットがやっています。そもそも参加者全員が人間だということを前提につくられた取引のルールの中にどんどんAIが入ってきて、もうほとんどAIに乗っ取られるという状況の中で、まさに「そもそも価格はこういうふうに決まっていいものだったのか」みたいな問題が現実に起きている。これはまさに一般化フレーム問題だと思います。そもそもマーケットのデザイン自体がそれでいいのかという。

あるいは、私自身は不動産情報などを研究のターゲットとしていますが、その不動産のマーケット自体それでいいのか、建物は今のような形のままでいいのかと、コロナ禍の中で言われています。不動産の評価に関わる不動産鑑定士という資格がありますが、不動産鑑定士が見るところはこのままでいいのかとか、いろいろ出てきています。やはり、産業応用のところで「新しいフレームをどう決めていけばいいか」という事態はどの産業分野であっても起きていて、その議論をするときに何かが必要で、当然AIの要素というのはそこに関わらざるを得ない。そこを支えるような哲学みたいなものがないと、そもそも議論の始めようがないと最近感じているところです。

中島：哲学というより、倫理ですよね。

清田：そうですね。やはり、公平性の話とか、最近学会でも非常に盛んに議論されていますが、公平性自体も一般化フレーム問題の一つですよね。

中島：人工知能学会で倫理委員会をつくって倫理指針を出しましたが、あれは悪いことをしてはいけないとしか言っていない。倫理というのは、何が悪いことで何が良いことかを定義しなければいけないのだけれど、そこに全然踏み込めていないという気がしています。先ほどの金融取引の話でいえば、特に為替の高速取引、僕はあれは犯罪だと思っています。要するに、何も生産しないわけですよね。それで、資金を提供している人全部から万遍なく吸い上げている。あれが、どうして法律で窃盗にならないかというのが不思議ですね。

清田：そもそも制度が、高速取引を想定していなかったということですよね。

中島：何か生産して利益を得るのはかまわないけれど、何も生み出さずに交換だけで利益を吸い上げるというのは、どう考えてもこれは窃盗ですよね。今から思えば、低速取引もあれは窃盗だったわけですよね。

堤：まさに、市場主義の類が良いものだと言われ続けてきた弊害が今現れていて、そこにＡＩシステムが入るとさらに大変なことになってきているなと思いますね。

三宅：株式みたいに、社会の中にすっと、いつの間にかみんなが気付かないレベルの人工知能がパッと入ることもあれば、自律運転車みたいに非常に厳しい規制の中で入っていくものもある。そのあたりの倫理、人工知能と社会との接点というのも面白いですね。統一的な哲学とか、倫理というものがなかなか立てにくいのかもしれません。

堤：期待したい話として三宅さんにお願いしたいのですが、エンタテイメントの分野もだいぶＡＩが入っていますよね。そこはそれなりにきちんと議論してほしいなと思っています。もし哲学者の方が嫌でなければ。というのは、結構、怖いなと思うのですよね。アバターに恋してしまって破産しかねないという時代なので、今。

三宅：そうですね、人工知能が入っていなくてもキャラクターに惚れて課金するというのはある話ですが、それが、今だとさらに人工知能による自動会話で無限に話し続けたりできるので、本当にそうした議論は必要ですね。

　チャットボットが差別や政治問題の発言を学習したというような、ああいうところには世間はすごくセンシティブになります。しかし僕がやっているゲームとかエンタテイメントの分野にはあまりみんなが議論をしに来ない。なんでしょうね、別にゲームについて語っても……というのがあるかもしれません。逆に、そこは倫理的問題として捉えられていないというところはありますね。

中島：今ふと思ったのですが、そういうチャットボットを子供の教育係にするという手はありますよね。『ダイヤモンド・エイジ』（ニール・スティーヴンスン著、１９９５年、邦訳：日暮雅通訳、早川書房、２００１年）というＳＦ小説があって、その中にプログラムされた本が出てきます。子供の成長に従ってどんどんお話が複雑になっていく本です。主人公の女の子が20歳くらいになるまで、その本一冊で教育してしまう。そういうのができるといいなと思っています。教育論でもありますけどね。問題を出して解けたらどんどん次へ行くという、その究極版みたいなもの。

三宅：自動生成的に物語をつくっていくわけですね。ディジタルゲームも徐々にそうなろうとしています。もうゲームのサイズが大きくなり過ぎてしまって、アーティストがいくらコンテンツをつくっても間に合わないので。例えば、アルゴリズムでダンジョンの形を決めたり、メインストーリーは脚本家が書くけれどサイドストーリーは自動生成するみたいなことがされています。サイドストーリーは、実は全部やると100時間とか200時間になるくらい、膨大になります。それをプランナが全部つくっているわけではなくて、「この人とこの人が今回の盗賊です」、「その人が今回は黒幕です」みたいにロールアサインだけをして、クエストは自動生成するというように。

清田：そのうち、GPT-3とかでサイドストーリーがつくれそうですね。

三宅：つくるという行為も、僕らがつくっているのか、それともAIがつくっているのか、もはやわからなくなるかと思います。創造という聖域もこれからは人工知能とともにあることになるでしょう。しかし、倫理という面だけではなく、人工知能と社会について、やはりみんなエンタテイメント分野に議論をしに来ない。

チャットボットに対してはジェンダーの問題もあるし、話をさせること、人間の似姿にするということ自体に倫理的な問題があります。この国ではこの姿で話をさせたらNGという感じで、露出する段階になってそれぞれの国の倫理が顕在化します。

中島：それはありますね。びっくりしたのは、東日本大震災のときに救助犬にカメラとかいろいろなセンサを載せて人間の代わりに探索に行かせたという話をしたら、ヨーロッパの人はそれは動物虐待だ、と。

三宅：危険な目に合わせるから、ですね。なるほど。

堤：対話ということで気になっているのが、行動経済学系の話でナッジというものがあります。我々も電力系なので当然ナッジ研究をしているんですが、結構微妙なところがありますね。本当にこれは人の心を操作していないのかというような。人工知能学会の全国大会でもセッションが設けられましたけれど。

清田：リバタリアン・パターナリズム、こちらが望ましいほうを選ばせるように誘導するという話ですね。

堤：基本的にはその人の主体性を重んじるけれど、ちょっとした工夫をすることで政策者側が望むほうを選んでくれると。例えば、トイレの中にハエの絵を描くとみんなこぼさずにちゃんと便器の中に小便をするという。これは哲学的にきちんと議論をしなくていいのかなと思いますね。

結局、哲学は異分野の人と議論するときの共通の基盤となるものなので、そのためには何かの議論を共有しないといけないのだろうなと思います。哲学を使うということで言うと、私はそこにとても同意しました。異分野の人との建設的な議論の土台になってくれるといいなと思っています。

三宅：ちょっと話は変わりますが、これまで西洋哲学的なところを話していたと思いますが、東洋哲学と人工知能の関係みたいなものをどう考えていらっしゃるか、お聞きできればと思います。清田先生がおっしゃったように、ビッグデータが混沌、みたいな考え方もある。そのあたりも今回のレクチャーシリーズの中で何かピースを埋められるとよいなと考えています。冒頭で中島先生がおっしゃったように、日本が立脚しなければいけないところでもあるので。

まずは、今の段階の東洋哲学と人工知能の関係を照らし出すことができれば面白いかなと思いますが、いかがでしょうか？

中島：東洋・西洋と分けないほうがよいかなという気はしますね。例えば、西洋哲学でも現象学は結構東洋の哲学に近いでしょ。

清田：アメリカでもマインドフルネスとか普通に流行っていますね。あれは禅の表層的な部分を取り出したというものだと思いますけど。

三宅：そうですね。シリコンバレーで流行っていたりしますし、グーグルとか、ああいうIT企業もヨガや禅をやりましょうみたいな感じですが、当の人工知能とは何かこうあまり結び付いていないように思います。

堤：私自身はずっとUIに近いところを専門でやってきていますが、UIは比較的、東洋哲学とは相性が良いのですよね。あまりそういうことを言う人はいませんが。道具が自分の身体の一部になるというのはよくある話で、今皆さんキーボードとかマウスを使っていると思いますが、集中しているときはキーボードのことなんて意識から消えてしまって文章に集中できる。これは、実はいろいろな現場のベテランもそうなのです。例えばロボット研究でも、海外の方であればたぶんロボットという主体があって自分はそれに面しているという感覚だと思いますが、日本のお年寄り向けの癒しロボットは一種、自分の一部になっているようなところがあるのかなと思います。その根底に自他非分離みたいな東洋的な考えもあるのかなと思います。

中島：ユーザインタフェースという言い方自体、西洋的ですよね。向こうはね、いったん切ってからくっつけようとする。でも、東洋はそうではないですよね。最初から一緒、みたいな。

三宅：まず切って、パズルというか積み木というか、くっつけてから境界をどうしよう、ということになる。ダイナミクスとかメカニクスがそもそもそういうものですね。一方で、現象学は切らないところから始める。

中島：そう。だから東洋的だと思う。

三宅：自分も現象学はすごく好きですが、実際にどうアクションすればよいかがちょっとわかりにくいのですよね。デカルトはこういうふうに推論していくのだという方法論を規定しましたが、現象学のテキストは創始者のフッサールをはじめたくさんありますが、具体的にどうすればよいかは書かれていない。このあたりは、仏教の人のほうがよくわかるのかもしれないですね。仏教の達人なら、「切らずに全体をどうするのか」みたいなことはわかるのかも。

堤：松原さんが「哲学とＡＩ」というインタビュー[*5]を受けておられて、その中にサールを読みなさいとあったので、『マインド―心の哲学』（２００4年、邦訳：山本貴光、吉川浩満訳、朝日出版社、２００6年）を古本屋で買って読みました。読んでみると結構もう東洋哲学の世界になっているなと思いました。中で、「主客分離はもう古い」みたいなことを言っていますし、納得できます。

三宅：今回こうして話してみると、結局、実は産業の現場の人のほうがすごく哲学的なことを毎日強く求められている。西洋哲学にしろ東洋哲学にしろ、最先端の現場で哲学が求められているというのはちょっと不思議な感じがしました。僕はディジタルゲームのＡＩという、人工知能の中でも一番辺境の

＊5　松原仁先生インタビュー「人と情報テクノロジーの共生のための人工知能の哲学2・0の構築 JST/RISTEX「人と情報のエコシステム」研究開発領域プロジェクト」（https://updatingphilosophyofai.net/resources/interview_matsubara_1/）

地というか、昔はほとんど誰もいなかったところでやってきて、真ん中で研究している人はきっともっと哲学的なことを考えているのだろうと思ってきたのですが、でも案外、産業の現場の人のほうが哲学的な課題に直面して考えざるを得ない状況になっているという。

僕の感じだと、やはりそういうところが人工知能という学問領域の特徴だと思います。けれど、ニューラルネットワークワークとかディープラーニングのところだけは一応、第一原理みたいなものがある。要素はニューロンで、ニューラルネットワークはこういうもので、アルゴリズムはこう、と。第三次ＡＩブーム以降は、そういうところならやりたいという人が増えてきたなという印象を受けました。

堤：グーグルが論文を発表しましたよね。マシンラーニングの精度評価は現場に行くと必ず低下すると。基本的にはやはり訓練データでどれだけ頑張っても、リアルにもっていってうまくいくわけがない。それだけのことですよね。ベンチマークでどんどん精度を上げれば論文が書けるということになっていたので、そもそものところを久しぶりに思い出したということなのかな。みんなが哲学的な話を無視して進んできただけのことだと、個人的には思っています。

［初出：人工知能学会誌 Vol.36, No.2］

対談をふり返って

本対談は本書で少し特別な位置にあります。というのも、本書の他の対談はすべて「哲学者と人工知能研究者の対話」という軸の周りに位置していますが、本対談は人工知能研究者同士の対話です。それも、人工知能学会で中心的な役割を果たしてきたお二人の対談なのです。実は、この対談は本企画の第0回として企画されたもので、清田先生、三宅も加わって、本企画の出発点として人工知能研究の側から哲学がどう見えてきたかを語る、というオーバービューとなっています。

中島先生は日本の人工知能の草分け的存在であり、また80年代から人工知能分野を牽引されてきました。中島先生の発言は時間も空間もスケールが大きい。それは先生が人工知能という分野全体のかたちを作ってこられた方だからだろうと思います。ＭＩＴでミンスキーの部屋に入り浸っていた時代から、日本で人工知能が認知科学など他の分野と差別化しながら立ち上がってきた時代、そして今から比べればコンピューティングパワーが低く人工知能の実用化が難しかった時代に、哲学と人工知能の距離が近いながらもわかり合えなかった事情など、１９７０年代から人工知能という分野全体を背負って走られてきた中島先生の話は、いつお聴きしてもとにかく重みがあると同時に実に軽快でワクワクします。

堤先生は、人工知能学会「ＡＩマップ」の中心的人物です。ＡＩのすべての分野を網羅した地図を作るということは、知能という深い海の海図を作ることに等しい。しかし知能という多次元の海は一筋縄ではいきません。堤先生は、複数の地図を作製することで人工知能分野全体を描くことに成功されました。この「ＡＩマップ」は人工知能学会のウェブサイトで公開されているので[*6]、ぜひご覧いただきたく思います。この海図のかたち、そしてその輪郭のかたちが、とても重要です。それは、人工知能と他の学問領域との境界を示しています。特に人工知能と哲学の境界です。この対談の中で、プラントの動き

＊6　ＡＩマップ ― 人工知能学会（https://www.ai-gakkai.or.jp/aimap/）

の中に繰り返し問題が発生する現象を『差異と反復』と看破しドゥルースの哲学と結び付けて堤先生が語るくだりは、実に工学と哲学の接面を示す重要な記述です。具体的な解決策を超えて、科学者の営為の中に哲学が必要とされることは、ちょうどＡＩマップの真ん中が中空となっているように、技術体系の中心で哲学が求められる空間がある、ということにほかなりません。ただ、その二つの領域（哲学と人工知能）の渡り方が明示的でないだけなのです。

清田先生は京都大学の長尾真先生の研究室のご出身です。長尾先生もまた、哲学と人工知能を結び付けて議論されていました。私が京都大学を卒業した１９９９年には、長尾先生は総長をされておられました。２０１６年に『人工知能のための哲学塾』を刊行した際、一度お手紙をいただいたことがあります。ぜひ人工知能と哲学について語りましょう、とおっしゃった矢先に、逝去なされました。京都大学は哲学色の濃い大学ですから、ぜひ、京都における人工知能の発展と哲学の絡み合いもお聴きしたかったと思います。

人工知能からは、常に哲学の彼岸が見えています。哲学を意識せずに人工知能を研究することは、私には難しく思います。しかしまた、哲学から人工知能を見ることも実に実り多い知見をもたらすはずです。（三宅）

コンピューティング史の流れに見る「人工知能」

杉本舞（関西大学）×松原仁（東京大学）

コンピューティング史から人工知能という研究領域を俯瞰することで何が見えてくるのか。歴史をひも解くことの意味、そこから明らかになる人工知能という学問領域の特性を『「人工知能」前夜』（青土社、2018年）の杉本舞氏、第二次AIブームから日本の人工知能研究を牽引してきた松原仁氏が探る。［2021年8月6日収録］

フェーズ0

三宅：それでは、まず杉本先生のほうから自己紹介をいただければと思います。杉本先生の『「人工知能」前夜』に自分も非常に感銘を受けました。ＡＩの源流について、ここまで正確な調査と研究をされている本はなかなか読んだことがなかったです。人工知能という分野が立ち上がる黎明期の前後を正確に知るということは、研究者にとっても非常に大切なことだと思っております。そうした研究に入られた経緯も教えていただければと思います。

杉本：杉本舞と申します。よろしくお願いいたします。私の専門は科学史、技術史という分野です。学生に理系の分野ですかとよく聞かれますが、歴史学です。現在は関西大学の社会学部社会システムデザイン専攻で技術史などを教えています。

コンピュータも含む、いろいろな情報処理の歴史の分野をアメリカではコンピューティング史と呼ぶことが多いのですが、私はコンピューティング史をずっと研究しております。先ほどご紹介いただいた著書『「人工知能」前夜』ですが、これは2013年に提出した博士論文をもとに2018年に青土社から出版したもので、計算機科学や人工知能研究の創成期について論じています。この本は、元はどちらかというと計算機科学という分野がどうできてきたのかという切り口で書いたものです。結果的に、そこに人工知能の話が関わっていて、本を出してから人工知能のブームが来たので、ちょっとびっくりしたという感じです。研究をしている間は人工知能がブームになっていない時期だったので。

経歴と研究のきっかけというお話をしますと、私は京都大学文学部の出身（1999年入学）です。文学部に科学哲学科学史という専修がありまして、学部の3年生から修士、博士まで、そこで勉強していました。当時教授であった内井惣七先生は科学哲学がご専門ですが、論理学も修められています。内井先生は若い頃にミシガン大学に留学されたのですが、留学中の指導教員はENIAC[1]の開発グループにいたアーサー・バークス先生でした。つまり、フォン・ノイマン[2]と一緒にENIAC開発を行っていたバークスの指導を受けた内井先生がつくった研究室にずっといたわけです。それが結果的に後の研究に影響を与えてくるのですが、博士課程に至るまでそこで勉強していました。

まず卒論のテーマを考えているときに、たまたま情報理論の教科書を手にすることがあり、そこにクロード・シャノン[*3]のことが書いてありました。今でこそシャノンの伝記が出ていますけれど、当時はそういう書籍はほとんどありませんでしたし、「どういうことをした人だろう」とシャノンの業績について調べていきました。そこでCollected Papers（論文集）を見てみると、よく知られている彼の修士

＊1
ENIAC（Electronic Numerical Integrator And Calculator）は、１９４６年にアメリカで開発された初期の電子計算機の一つ。最初の実用的なコンピュータとして知られる。ただ、パンチカードでプログラムを入力しプラグボード（配線盤）で配線する形を採り、少なくとも１９４６年の完成時点では、現在のコンピュータの要であるプログラム内蔵方式には至っていない。

＊2
ジョン・フォン・ノイマン（John von Neumann, 1903 - 1957）、アメリカの数学者。取り組んだ領域は、数学だけではなく物理学・工学・計算機科学・経済学など多岐にわたる。現在のコンピュータの基本アーキテクチャである、いわゆるノイマン型（プログラム内蔵方式はその特徴の一つ）を提唱したことで知られる。

＊3
クロード・シャノン（Claude Shannon, 1916 - 2001）、アメリカの電気工学者、数学者。１９３７年、リレーとスイッチ回路による電子回路が論理演算を取り扱えることを示した（なお、中嶋章（1908 - 1970）やヨハナ・ピーシュ（Johanna Piesch, 1898 - 1992）も、それぞれ同時期に同様の業績をあげている）。また、情報を定量的に扱う理論を確立し、ディジタル通信の基礎となる符号化モデルを提示した。これらの業績により、今日の情報社会の基礎を築いたといわれる。

論文を元にした論理回路に関する業績、通信理論、標本化定理[*4]など、それから松原先生のご専門に関わる、機械にチェスをやらせるという研究とか、オートマトン理論[*5]、人工知能関連の業績があげられていました。他の本でも、シャノンといえばそういう業績があげられていることがわかってきました。例えば、シャノンは論理演算がスイッチ回路で実行できることを示し、それが現代のコンピュータの基礎になったのだ、みたいなことが書いてありました。

もう一つはオートマトン理論です。科学哲学科学史専修では内井先生の方針で学部では論理学が必修で、理系の先生が来られて指導してくださるのですが、私のときは数学の証明論で有名な八杉満利子先生に指導していただきました。基礎から一階述語論理[*6]とかひととおりやるわけです。その関連でオートマトン理論の教科書を見ていると、計算モデルであるチューリングマシンが出てきて、チューリング

＊4　標本化定理とは「ディジタルサンプリングしたアナログ信号を再現するには、アナログ信号の周波数の2倍が必要である」とする定理。１９２７年にベル研究所の物理学者ハリー・ナイキスト（Harry Nyquist, 1889 - 1976）がその論文で予想し、１９４９年にシャノンが証明した。

＊5　オートマトンとは、元は自動機械という意味であるが、コンピュータサイエンスにおいては計算機構の数学的なモデルの総称。「入力」と「出力」を結ぶ「有限個の内部状態」で描かれる。「状態」とそれらの間に成り立つ一連の遷移規則を用いて問題を解くことができる。

＊6　述語論理とは論理学の領域の一つで、文を基本構成単位の最小とみなす命題論理に対し、述語論理では文の内部構造に介入した推論を行う。形式化に用いる仕組みとして量子化のみを扱うのが一階述語論理。

マシンは現代のコンピュータの基礎だみたいなことが書いてあるわけです。当時は「そうなんだ」と思うわけですよね。

卒論、修論とシャノンを取り上げて、修士課程のときに短期で、博士課程のときにはフルブライト奨学金をいただいて長期でアメリカに渡り調査を行いました。ミネソタ大学にコンピュータの歴史に特化したチャールズ・バベッジ研究所[*7]があるんですが、そこを拠点にアメリカ中のいろいろなアーカイブを訪問して、1940年代から50年代のいろいろな資料に当たりました。すると、シャノンを見ているとノーバート・ウィーナーが出てくる。ウィーナーを見ると芋づる式にメイシー会議[*8]の会議録が出てくる。そうした未公開の会議録を見て、フォン・ノイマンの資料を見て、ヴァネヴァー・ブッシュ[*9]

＊7 チャールズ・バベッジ研究所（Charles Babbage Institute）は1978年に設立された、コンピューティングと社会の歴史に関する研究所。アーカイブを併設している。現在はミネソタ大学の科学史・技術史・医学史プログラムの研究センターの一つとなっており、コンピューティング史では世界的に有名な研究拠点の一つ。

＊8 メイシー会議とは、ジョサイア・メイシー・ジュニア財団の後援で1946年から1953年にかけて開催された学際会議「生物学と社会科学におけるフィードバック機構と循環因果律システムに関する会議」のこと。中心となったのは、ノーバート・ウィーナーとフォン・ノイマン。後のサイバネティクスの流れにつながった。

＊9 ヴァネヴァー・ブッシュ（Vannevar Bush, 1890 - 1974）、アメリカの技術者。アナログコンピュータ（微分解析機）の開発、memex（情報検索システム）の構想で知られる。ルーズベルト大統領の科学顧問として、軍・政府の研究開発において主導的な役割を果たした。

の資料を見て、ハーマン・ゴールドスタイン、[*10] アーサー・バークス[*11]の資料を見て、と1940年代前後のコンピュータ開発の当時の資料を見ていきました。すると、何ということか、シャノンの名前もチューリングの名前も全然出てこないわけです。現代の教科書には出てくるのに、当時の資料では言及がないというのはどういうことなのかなと思ったのが研究のきっかけの一つです。

あとは、アロンゾ・チャーチ[*12]の文書をプリンストン大学で見たり、ミネソタ大学では『巨大頭脳：あるいは考える機械（Giant Brains; Or, Machines That Think)』（1949年、邦訳：『人工頭脳』、高橋秀俊訳、みすず書房、1957年）という本を書いたエドモンド・バークレー[*13]の文書を見たり、オーラルヒストリーを見たりして、いろいろ調べていきました。1940年代当時は会って話したのでなければ文通ですので、やり取りは紙で残っています。今ならメールなのでむしろ調べるのが大変だと思いますが、昔は手紙なので、実物に当たって、当時どういうやり取りをしていたかを見ていくことができます。そう

*10　ハーマン・ゴールドスタイン（Herman Goldstine, 1913 - 2004）、アメリカの数学者・計算機科学者。ENIACの開発に貢献した一人。

*11　アーサー・バークス（Arthur Burks, 1915 - 2008）、アメリカの論理学者、計算機科学者。ENIAC開発プロジェクトの主任エンジニアを務めた。

*12　アロンゾ・チャーチ（Alonzo Church, 1903 - 1995）、アメリカの論理学者、数学者。ラムダ計算、「チャーチ＝チューリングのテーゼ」の提唱者。

*13　エドモンド・バークレー（Edmund Berkeley, 1909 - 1988）。アメリカ計算機協会、ACM（Association for Computing Machinery）の創設者の一人。

すると、今もそうだと思いますが、研究者どうしでいろいろ共同研究をしたり、ディスカッションをしたり、互いに影響を与えながら研究していたことがわかります。

もう一つ並行して、大学院時代に当時の指導教員だった伊藤和行先生に声をかけていただいて、チューリングの業績を翻訳するプロジェクトに参加しました。チューリングの業績は非常にテクニカルで難しいのですが、古典的な論文（「計算可能な数について」、「計算機械と知能」）やチューリングがロンドン数学会で講演した記録、1960年代まで未公開だった論考「知能機械」を翻訳して、共訳で出版をしました（『コンピュータ理論の起源 第1巻 チューリング』近代科学社、2014年）。研究室に論理学を専門とする先輩（北海道大学大学院文学研究院准教授（収録当時）佐野勝彦氏）がいらして、私は歴史学者なので、二人で翻訳をしたり、考察をしたりしました。有名なチューリングテストの論文はたくさんの翻訳が出ていますが、チューリングマシンのほうは全然翻訳が出ていませんでした。これはおそらく論文が難しいからだと思いますが、佐野さんも大変苦労をされていましたし、私も苦労をしました。

そうやって勉強していくと、特にアメリカでは計算機づくりと計算の理論みたいなものが、もともと別だったということがはっきり理解できます。つまり、営みが別だということです。計算のモデルに関する理論はそれこそ1930年代にはありました。ただ1930年代当時は高速ディジタル計算機みたいなものはない。一方、1940年代にフォン・ノイマン達が関わっていたENIACのグループでは、高速ディジタル計算機をつくろうと計算機のハードについて議論をしていましたが、チューリングみたいな計算モデルの話は出てきません。ジョン・モークリー、プレスパー・エッカートという開発の主なメンバーもあまりそういう話はしていない。そういった計算機をつくるときの工学的な実践と、論理学や数学などの営みが1940年代後半くらいに出合って、そこから今のコンピュータサイエンスの教科書に載っているような理論的研究が本格的に進展していったのだということがわかってきました。

オートマトン理論については、用語としてはサイバネティクスの議論から使われています。オートマトンを論じるときにどういうことに焦点が当たっているのかということについて調べていくと、機械と生物体の類比だということがわかりました。これはサイバネティクスがそうなのですね。サイバネティクスに関心をもっていたいろいろな人達の中でも、コンピュータに関わっていた人はコンピュータと脳の類比を取り扱っていました。ですが、そういう人達だけがそういった類比を論じていたのかというとそうでもない。バークレーはACM（Association for Computing Machinery）をつくったうちの一人ですが、彼はどちらかというと啓蒙家で、本人はあまり研究はしていませんが、巨大頭脳というイメージを広めました。なぜコンピュータがブレインかについて「コンピュータはロジックが扱えるからブレインだ」みたいなことを本の中でいった人物です。みんなそれを読んで「そうなんだ」と思って納得する。しかも、そこにシャノンの業績が出てきます。「シャノンの業績が示すようにコンピュータはロジックを扱えて、だからコンピュータはブレインなのだ」と主張するわけです。シャノンのスイッチングに関する理論はコンピュータの基礎になると、バークレーが本に書いているから、みんなそう思っているんだなという結論を得たりしました。

コンピュータの歴史をどう描くかについては、アメリカでも流儀がいろいろあって、例えばフォン・ノイマンと一緒に研究していたバークスやゴールドスタインといった人達はやはりロジック寄りにコンピュータの歴史を語ります。ゴールドスタインは『計算機の歴史』[*14]という本を書いていますし、他にもコンピュータサイエンティストではマーティン・デイヴィス[*15]が歴史を語っています。デイヴィスはやはりチューリングマシンが基礎、みたいなことをいいます。しかし、もう少し電気工学寄りの人はそうではないといいます。私の場合、自分の先生の一人がバークスの弟子だったので、わりとロジック寄りのことを習っていたのですが、調べていくとどうやら違うらしいということがわかってきました。つまりは、コンピュータサイエンスの教科書の中での歴史記述に感じた違和感みたいなものがそもそもの研究のきっかけだったといえます。

博士論文としては計算機科学の成立というのが主眼でした。「理論があってコンピュータが出てきた」とはイギリスであればいえなくもないのですが、アメリカでは少なくともそういうことはいえないと私は見ています。その成立の過程に脳と機械の類比であるとか、人工知能研究が深く絡んでいることが明らかになりました。コンピュータと脳は全然似ていないのに似ていることになっているのがもともと不思議だなと思っていたのですが、この非常に素朴な疑問がコンピュータサイエンスの成立を見たことで逆にわかってきた。コンピュータと脳は似ていると考えていろいろ論じた人がいるから、今の状況があ

*14　日本では、2016年に共立出版から復刻版が出ている（『復刊 計算機の歴史―パスカルからノイマンまで』ハーマン・ゴールドスタイン著、末包良太・米口肇・犬伏茂之訳、共立出版、2016年）。

*15　マーティン・デイヴィス（Martin Davis, 1928 - 2023）、アメリカの数学者、コンピュータ科学者。

図1　対談風景（上段左：清田、上段右：松原、下段左：杉本、下段右：三宅）

るのです。やはり研究というのは先行研究を元に次の研究をするので、先行研究から完全に自由になることは難しいですよね。過去の大きな潮流があってこうなっているんだ、という発見があったと思います。

三宅：ありがとうございます。自分もコンピュータの成立とか人工知能研究の成立をすごく短縮された要約みたいなもので理解しているところがあったのですが、今回この本を読みまして、いろいろなグループがあっていろいろな流れが合流していったことがわかって、非常に感動しました。留学されたといわれていましたが、やはり日本にない文献とか、インタビュー先みたいなものがアメリカではあるということなんでしょうか？

杉本：そうですね。それもありますし、歴史研究者の数が全然違います。今、日本国内にはコンピューティング史を研究している研究者がすごく少なくて、なかなかディスカッションもできません。アメリカには結構たくさん研究者がいますので、そういった研究者と研究の方法論を含めてディスカッションしたかったというのが留学の動機です。あとは、コンピューティング史の二次文献ですね。先行研究が英語ばかりで、日本では全部手に入れるのは難しい。チャールズ・バベッジ研究所は図書館の中にあるのですが、オフィスのデスクの後ろも全部書棚でコンピューティング史の書籍ばかり並んでいる。それを好きなときに手にとって、好きなだけ読むことができました。

それと、もちろん一次文献もあります。例えば手紙類などは唯一無二のものなので、大切にアーカイブで保管されています。それがぎっしり詰まった箱が数十個もあって、それを朝から晩までずっと読み続けて、必要なものを写真に撮ったりします。こういう研究はやはり日本国内では難しいといえます。今はコロナで行けないこともあり、ディジタルでもある程度研究しますが、例えば手紙の裏側にメモがあっても、ディジタルではわかりません。実物を紙で見ていれば裏に何か考えたことが記されていると か、そういうことがすぐにわかります。また、ペンで書いた上に鉛筆で書いている場合、直に見ると順番がわかりますが、ディジタルでは判別が難しいですよね。そういうところも含め、実物を見るということは重要です。そういった調査をしたくて留学しました。最終的には、筆跡だけでシャノンだとわかるくらい見ました（笑）。

三宅：それでは、松原先生の自己紹介と人工知能の道に入られた経緯などをお願いいたします。杉本先生の本も読まれたということですが、それに対する応答も含めてお願いできればと思います。

松原：松原仁です。僕は小さい頃「鉄腕アトム」のファンで、ああいうものをつくりたいと思ったというのが人工知能の研究に入ったきっかけでした。その後、中学時代にフロイトにはまりました。脳とコンピュータの類比というお話がありましたが、アトムみたいな、ああいう「考える機械」みたいなものをつくりたいと思ったんです。

当時、ＡＩという名前はまだ知らなかったのですが、ぼやっとしたものはあって、僕が大学に入った頃に、日本でも情報工学とか情報科学という学部がようやくでき始めます。東京大学理学部情報科学科の卒業生ですが、１９７７年入学で、３年生になったのは79年、情報科学科として3期生でした。当時は理学部に情報科学があって、大学院に情報工学専門課程がありました。確か大学に入って情報科学科に行こうかという頃にＡＩという名前を聞いたのだと思います。70年代半ばまではほとんど一般には知られていなかったし、翻訳書もほとんど出ていない。当時、日本語訳が出ていた『コンピュータと思考』（Ｅ・Ａ・ファイゲンバウム、Ｊ・フェルドマン共編、阿部統、横山保監訳、好学社、１９６９年）を探し出して読んだりしたことを、それこそ杉本先生の本を読んで思い出しました。

人工知能をやるかと独学で始めて、でも大学にはＡＩの先生は誰もいない。原著は高くてとても手に入らないので、図書館に行って借りるとかしていたのが最初の頃。今思うと、京都大学に長尾研究室はあったのですよね。京都大学に行っていればよかったと思いますが。まぁでも、そこでＡＩＵＥＯという勉強会に入って勉強しました。

僕はもともとゲームに興味があって、最初に大学に入ってＡＩをやりたいと思ったときも将棋のプログラムをつくろうとしたのですよね。それでゲームの研究から入って、ゲームの研究のオリジナルを探そうとするとチューリングとシャノンが出てくるわけです。フォン・ノイマンがゲーム理論で提唱したミニマックス法を、チューリングとシャノンがチェスのプログラムへ応用することを提案した。ゲームの研究者の中にはミニマックス法はチェスのプログラミングのために開発されたと誤解している人が今

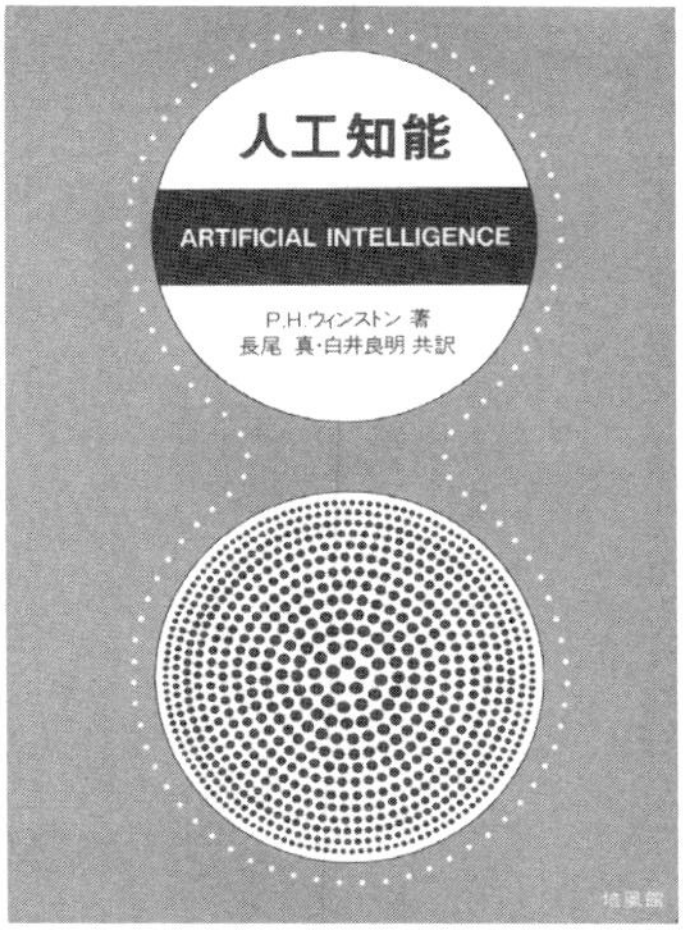

図2　ウィンストンの『人工知能』（長尾真、白井良明訳、培風館、1980年）

でも多いけれど、ご存じのとおりゲーム理論です。ミニマックス法を使えばチェスで次の手が読めると。そこから僕は珍しく、50年代のシャノンとかチューリングの論文を読んでいきます。まだ学生で、まだ何もわからない頃に。それがたぶんほかのＡＩ研究者と違っているところかなと思います。

『マインズ・アイ』（１９８２年、邦訳：坂本百大訳、ＴＢＳブリタニカ、１９８４年。新装版は阪急コミュニケーションズ、１９９２年）というＡＩなどにまつわるＳＦとか論考を集めた良いアンソロジーがあって、そこに確かチューリングテストの論文が載っていたと思います。このタイミングで読んだ人はいると思うのですが、僕はけっこう原論文で読んでいました。大学院の頃は本当に英語の論文とか原著しか読むものがなくて。人工知能学会ができるのは１９８６年。２回目の人工知能のブームがきっかけで、その頃、80年代半ばくらいから日本語の、ＡＩに関する本が出始めます。

清田：ウィンストンの『人工知能』、これは原著が１９７７年の刊行ですね。長尾先生が１９８０年に共訳されたものです（図2）。

松原：そうそう！　それが唯一の日本語のＡＩの教科書。ＡＩの教科書といえばウィンストンだったのですよね。それで思い出した。フォン・ノイマンの「自己増殖オートマトン」の論文を、これは翻訳本（『自己増殖オートマトンの理論』Ｊ・フォン・ノイマン著、高橋秀俊監訳、岩波書店、1975年）で学部4年生の頃に、仲間と輪講しました。輪講するタイトルは自分で決めるのですが、僕はそれを選んだ記憶があって。めちゃくちゃマニアックですけど面白かった。なぜその本にしたかというと、和田英一先生という高橋秀俊先生のお弟子さんがいて、僕も東京大学で授業を受けていたのですが、この和田先生が『bit』（共立出版）という情報系の月刊誌で『ゲーデル、エッシャー、バッハ』[*16]をべた褒めをしていたのです。まだ日本語訳が出る前でしたけれど、「こんな面白い本はない。これくらい面白かったのはフォン・ノイマンの自己増殖オートマトンの本以来、感激だ」と。こちらは学部の学生ですから、これは両方読まねばいかんと。『ゲーデル、エッシャー、バッハ』はまだ日本語訳がなかったので、原著を買って読みました。

フォン・ノイマンは50代で亡くなってしまいますが、もっと長生きすればＡＩにもコミットしたかもしれない。杉本先生の本にも書かれていますが、このオートマトンの路線というのがＡＩからはかなり抜けていますよね。ある時期まで、けっこう本の題名にもなるくらいオートマトンはＡＩの本流になり

＊16　邦訳が刊行されたのは1985年のこと（『ゲーデル、エッシャー、バッハ―あるいは不思議の環』、ダグラス・ホフスタッター著、野崎昭弘、はやしはじめ、柳瀬尚紀訳、白揚社、1985年）

かけていたのに。杉本先生の本を読んでも、先ほどのお話を伺っていても思いますが、ＡＩ研究の歴史は50年頃にシャノンとチューリングがいて、56年にジョン・マッカーシー[*17]がＡＩといって、マービン・ミンスキー、マッカーシー、アレン・ニューウェル、ハーバート・サイモンがＡＩの土台をつくって……と描かれて、ほかが埋もれてしまっている。歴史学者に対して釈迦に説法になりますが、歴史はやはり勝者、生き残った人が自分に都合よく整理して語るものなので。

チューリングは本当に若くして亡くなってしまいましたし、上記の中で唯一長生きしたシャノンは頭が良すぎて、ちょっと多才すぎてＡＩの人という認識がＡＩ業界にあまりないのですよね。チューリングはチューリングテストというすごいものをＡＩに残したから、一部、ＡＩの人という認識ですが。

杉本：チューリングは、ＡＩという言葉ができる前に亡くなっていますから、そこがちょっと興味深いですよね。チューリングはその後のＡＩ研究者達が取り上げたことでＡＩの人になっているのかなという気がします。

松原：今はＡＩですけど、Artificial Brain（人工頭脳）という言葉も結構使われていましたね。僕が始めた頃は日本でも結構、人工頭脳と言われかけていたことが多かったという記憶があります。１９７０年代後半とか。いまでも「人工知脳」を使う人もいますし。Machine Intelligenceという言葉もありましたね。『Machine Intelligence』と題して、数年に一冊くらいの頻度で出ているジャーナルがあって、

＊17　ジョン・マッカーシー（John McCarthy, 1927 - 2011）、アメリカの計算機科学者、認知科学者。マッカーシーが中心となり、１９５５年に作成された会議の提案書で初めて「Artificial Intelligence」という言葉が使われた。翌56年、ダートマス会議が開催された。

Ｖｏｌ．８か９まで出ていたのを覚えています（２００２年までに19巻刊行済。https://www.doc.ic.ac.uk/~shm/MI/mi.html）。イギリスの一派、ドナルド・ミッキー[*18]のところが出していて、フレーム問題の原論文はそこに掲載されたのですよね。今はＡＩにほとんど決まってしまったので、ＡＩの歴史というういい方をしますが、途中まではいろいろな学者、いろいろな路線があったように、用語にしてもArtificial Brain、Machine Intelligenceとか、いろいろありました。56年にマッカーシーがＡＩといったから、その後みんながすんなりＡＩといったわけではないという当たり前のことを再確認しました。

フェーズ１「人工知能」という分野はいかに成り立ったのか

三宅：松原先生がおっしゃるとおり、勝った人が文脈を書き換える。例えば大学の講義でも人工知能の発祥はダートマス会議があって、と、どうしても簡単な形で教えてしまう。今日のテーマはまさに、人工知能という言葉でいろいろなことが隠れてしまっている、そこをお二人の力をお借りして掘り起こしたいなというところがあります。

まず、人工知能という概念そのものが成立していったところが、一番、今回の焦点になるのかなと思

＊18　ドナルド・ミッキー（Donald Michie, 1923 - 2007）、イギリスの人工知能研究者。１９６０年、MENACE（Machine Educable Noughts And Crosses Engine）という三目並べの必勝法を学習したプログラムを世界で初めて開発した。

いますが、杉本先生、歴史学の立場から、人工知能というものが定義されて、定着されていった過程を教えていただけませんか?

杉本：人工知能、Artificial Intelligenceという領域について、いつ合意ができたのかみたいなことは、そもそも合意があったのかということからして、もっと綿密に見ていかないとわからないのかなという気がします。

清田先生も以前からお話されているように、人工知能のそもそもの定義がはっきりしない。学問としてのディシプリンが中空だというのはたぶん昔からそうで、すごくざっくりいうと「人間の知能みたいなことを機械にやらせたい」くらいの緩い枠組みで、興味のある切り口からやれることをやるという感じだったと思います。それを人工知能という分野、概念ができたといってよいかは、難しいところだという気がします。人工知能という分野は何なのかといったことに関わることでもあると思いますが、研究者の皆さんは、大まかに「まぁそういう方向に進もう」みたいな感じで、地平線の方向に進もうと思ってはいるけれども、どういう手段で進むのか、どういう経路で進むのかは人それぞれです。また、その中で使える知見が出てくると、それは人工知能分野の中から外れていく。このこともよくいわれてきたと思うのですよね。実用になったらAIと呼ばれなくなる。これは、マッカーシーも、他のいろいろな研究者の方も言っています。はるかなる地平線に向かう途中で実ったいろいろな果実が、人工知能と呼ばれたり呼ばれなかったり、ということはある気がします。

そして、分野の成立を考えるとき、研究者コミュニティの成立という制度的な面も見る必要がありま す。それは理論に内在的なディシプリンの在り方とは別の話になります。つまり、人工知能分野を理論に内在するもので見るか、制度とかコミュニティの在り方で見るかで描写の方法は変わってくる。そういう意味では、人工知能という研究分野の始まりとしてダートマス会議が出てくるのは、制度とかコミュニティといった視点からのことといえます。あの会議がきっかけで「とりあえずこちらの方向を向いて進もう」という人達が出てきて、そして結局は、あそこにいた人達がＡＩの四大派閥をつくっていくわけですから。

一方で、理論に内在するものに焦点を当てながら、人工知能とは何なのかといい出すと、ダートマス会議よりももっともっとさかのぼらざるを得ない。どんな機械も道具なので、何か人間のやることを肩代わりさせたいわけです。そこで、単純に身体を動かすというだけではなく、何かを知覚するというのも含めて機械にやらせたい、となる。これは本にも書きましたが、歴史の流れをさかのぼると、例えば論理的な操作を機械にやらせたいという考えはかなり昔からあったようです。単なる四則演算だけではなく、論理の演算をやらせたい。ソーティングもそうだし、二つの値の大なり小なりの関係なども含めて。そうすると、これはちょっと人と似ているかもしれない、となる。

松原：極端にいうと、ＡＩは今でも確立していない。今は、みんなディープラーニングに傾いているけれど30年前はルールベース[*19]に傾いていたわけですよ。ルールベースでなければＡＩではないとみんなが言っていた。それが今は、ルールベースって言ったら、お前何を言っているんだという感じになる。

＊19　ルールベースとは、特定の分野あるいは問題に関して、あらかじめ専門知識に基づいてルールを記述しておき、それに従って問題を解決しようとするアプローチのこと。

ディープラーニングこそＡＩだと。でも、ルールベースが道具として定着したように、きっとディープラーニングも近い将来何かの道具としては定着すると思う。

杉本：私もそう思います。

松原：人工知能の研究分野は、何か人間がやっている賢いことを機械にやらせたいという漠然とした目標だけを一致させていて、そこに至る方法論というのはまだ試行錯誤の最中で、確立していないのですよね。変な話、今では人工知能の授業はあるし、僕も教えているけれど、何を教えるかは研究者の個性にかなり任されている。となると、人工知能の基本とは何かということになる。

例えば、80年代から90年代はプロダクションシステム[*20]を教えないとルールベースのプログラムが書けない。でも今プロダクションシステムのことを知らないＡＩの若い人も多いのではないかな。ミンスキーのフレーム理論だって、何ですか、と。あるいは、知識表現[*21]なんて、あれだけ大きな分野だと思われてきたのに、今では見る影もない。僕は、知識表現はまたいつか復活するとは思うのですけどね。

それこそ、そういうふうに人工知能の研究をもう70年間やってきている。歴史が進んでいないかといえば進んでいるつもりはあります、人工知能研究者としては。囲碁とかチェスで人間より強くなるというのはそれなりの目に見える成果だし、そういうふうにコンピュータにできないことができるように

＊20　プロダクションシステムは、1970年代にニューウェルとサイモンが提案した、条件と結論からなるプロダクションルールで運用を行う推論エンジンモデル。

＊21　知識表現（Knowledge Representation：KR）とは、推論を導くために知識を記述し取り出せるようにするための方法や技術のこと。

なっている。けれど、まだできないことだらけです。

僕も何かで書きましたが、鉄腕アトムみたいに「誰が見てもどの側面から見てもこの人工物は人間みたいな知能をもっている」というものができたら、そこに使われている方法論がディシプリンだったとなる。ようやくディシプリンが見つけられてよかったね、と。結果論なのではないかというのが僕の見方です。だから、試行錯誤している中で一時期ちょっとうまくいきそうなものに人が集まる。それは当然で、別に流行に流されて悪いということではなくて、うまくいきそうなものを突き詰めてみるというのは正しい方法論だと思います。限界まで突き詰めて、限界まで行き着いたら、また別のアイディアが出てくる。もうディープラーニングも、ちょっと前からそれだけではだめだというのはいわれ始めてきていますよね。じゃあルールベースを乗せるとか、他の機械学習を使うとか、そこで揉まれて、また違うディシプリン候補が出てくる。というのが、ＡＩ研究の歴史が繰り返してきたことなのですよね。それでも少しずつ前進していると思いたいですね。

清田：今のお話を聞いて、ダートマス会議というのは何かトキワ荘みたいなものだったのかもしれないなと感じました。たぶん、ほかにもディシプリンを打ち立てる可能性のある人はいたかもしれない。トキワ荘という場所に集まった人達によって、漫画とかアニメのある種の原型みたいなものができて、今につながっている。同じように、たまたまディープラーニングという可能性をコミュニティとしてつかみ取っているけれど、それはあくまで暫定的なものでしかないのではない、ということなのかもしれません。

杉本：ただ、たぶんダートマス会議ではトキワ荘ほど強い人間関係はつくられなかったのではないかと思います。サイモンやニューウェルは別にやっていたみたいな話も、ミンスキーの回想録を読むと出てきますので。

三宅：ダートマス会議も、実は杉本先生の本を読むまでは現在のカンファレンスのような、長くても1週間くらいの会議を想像していました。ところが、期間は2か月くらい、代わる代わるにやって来て、みんなが一堂に会するわけではなかったと。

松原：あのときダートマスにいたのがマッカーシーで、こういう新しい分野をやるから、主に旅費とか滞在費など、人を呼ぶにあたって必要になるお金を集めた。集める対象が大学の先生だとすると、時期的に見て夏休み、授業がなくてデューティがない期間を狙ったのではないかと想像しますけれど。夏休みにダートマスで来れる時期だけ来てやろうよ、みたいな感じかな。

三宅：2か月くらいにわたって人が代わる代わる来るというスタイルは、当時としては、オーソドックスなスタイルだったのでしょうか？　それともダートマス会議が特別な形を取っていたということなんでしょうか？

杉本：それはちょっとよくわからないですね。ENIACの「ムーアスクールレクチャー」[*22]も2か月くらいはやっていたと思います。でも、これは軍も絡んでいますし、本当に「レクチャー」ですよね。講師を呼んで、その場で青写真を見せてもらって、ENIACやEDVACの設計について学ぶ。ダート

＊22　ムーアスクールレクチャーは、ペンシルベニア大学の電気工学部であったムーア電気工学スクールにて、1946年7月から8月にかけて開催された、ディジタルコンピュータの構築に関するレクチャー。

マス会議とはちょっと毛色が違います。

トキワ荘っぽさでいうとハーバード大学の音響心理学研究所[*23]とかだとそういった雰囲気を若干感じられますが、ダートマス会議はちょっと難しいところですね。そもそもマッカーシーとミンスキーで考え方が違いますし。みんなけっこう考えが違うんですよね。

松原：違いますね。ミンスキーとは何度か話したことがあるのですが、ミンスキーの周囲の人達に対する人物評価というのは面白いですよ。マッカーシーは優秀だけどフォーマルにいき過ぎる、とか。まぁ、これは文章でも書いていますけれど。マッカーシーはフレーム問題もそうですし、サーカムスクリプション（非単調論理）[*24]とかもそうですし、論理の人ですからね。ミンスキーは論理ベースが嫌いだから。ニューウェル、サイモンはちょっと距離を置いている感じ。彼らは認知心理学もやっているし、サイモンは経済学などちょっと違う分野でも活躍している。おそらく自分達はＡＩの本流だという意識もないだろうし。ミンスキーやマッカーシーにはＡＩの本流だという意識はあったような気がしますけれど。

＊23　1940年、実験心理学者スタンレー・スミス・スティーヴンズ（スティーヴンズのべき法則などで知られる）によってハーバード大学に設立された研究所（～1962年）。ノーベル生理学・医学賞を1961年に受賞したゲオルク・フォン・ベケシーらを輩出した。

＊24　サーカムスクリプション（circumscription）は、ジョン・マッカーシーが考案した非単調論理（推論者が出すのは暫定的な結論であり、将来のデータに基づいて結論を撤回できる推論）で、「特に指定がない限り、ものごとは予想どおりである」という常識的な仮定を形式化したもの。

杉本：そうですね、そんな感じがしますね。ただ、ダートマス会議で制度的にコミュニティが動き出したときに立役者になった人達が、もともとどういう影響を受けてそこに至ったかというのは、サイバネティクスの動きを見ないとわからないということなのかなという気はしています。

ミンスキーはいろいろなところで人工知能の歴史で大切なのはサイバネティクスだ、みたいなことを言っています。本心ではサイバネティクスが好きだったと私は思っているのですが、サイバネティクスの昔の議論を押さえてからＡＩマップのマップＤ（図３）を見ると、研究者達がいつかはやるぞと昔思っていたことを、今みんながやっている、という気がしてきます。具体的にどういう手段で実現するかという技術的な話は別として、昔夢見たことを今もやっている。そこまで奇抜な内容が出てこないというのが興味深いところですよね。ディープラーニングとかニューラルネットワーク的なことにしても、チューリングですら論じていましたし。

松原：パーセプトロン[*25]以前からありましたものね。

杉本：ずっとありますね。もちろんテクニカルな部分は全然違いますが、最新の発想かというとそうとはいえない。歴史的なアイディアが最先端に磨かれていったというふうに見えたりもします。機械と倫理といったトピックも、例えばウィーナーが論じていますし、伝統的な議論といえます。身体をもつＡＩを考えないといけないといったことも最近のＡＩの解説本の中によく書いてありますが、それも

＊25　パーセプトロン（perceptron）は、１９５７年に心理学者・計算機科学者のフランク・ローゼンブラット（Frank Rosenblatt, 1928 - 1971）が考案した人工ニューロン。視覚と脳の機能を模し、パターン認識を行う。

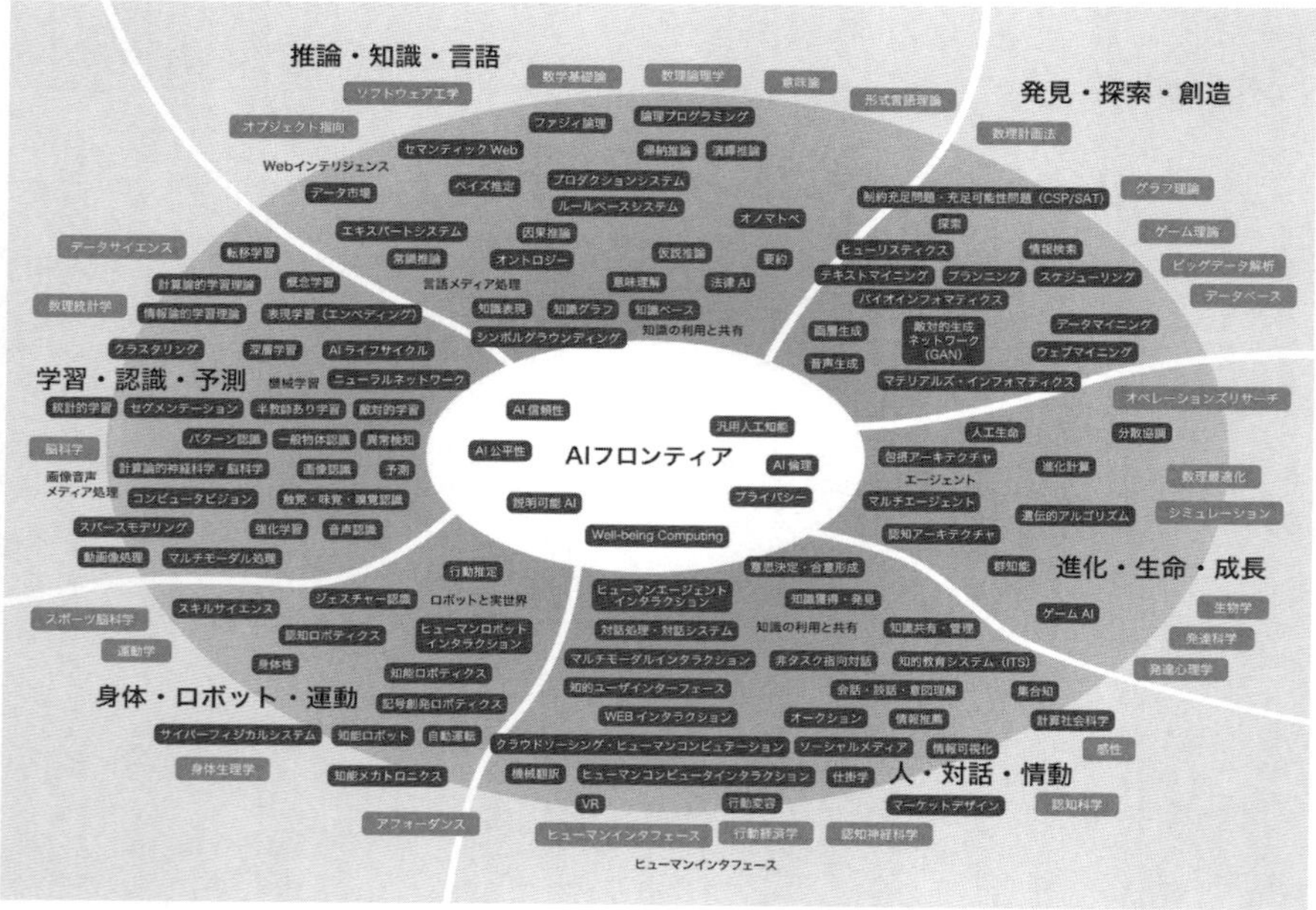

図３　人工知能学会 AI マップβ 2.0 技術マップD「AI研究は多様 フロンティアは広大」
AI マップ― 人工知能学会（https://www.ai-gakkai.or.jp/aimap/）

チューリングが1950年前後から言っています。もう70年前からいわれていることです。やはり、人工知能研究にはディシプリンがないといいつつも先行研究はあるし、今考えつくようなことは昔からもう考えられている。そういう研究思想の流れみたいなものは、いろいろなところにあるのかなと思います。そういった中で、松原先生がおっしゃったように、何が一番うまくいっていて人が集まるのかが、そのときどきで違う。人工知能研究のどこにスポットライトが当たっているかが異なるので、時代によってすごく違うように見えてしまうのかなという気がします。

以前に『現代思想』（臨時増刊号）の「総特集：現代思想43のキーワード」（青土社、2019年）に「AI」という項目として書いたのですが、人工知能ブームというのは基本的には資金の流れです。お金がどこに集中して投下されているかということです。すると、やはり今うまくいっているところには資金が集まる。そのこと自体はどんな学術分野であっても同じです。でも、その資金の流れ（ブーム）にだけ注目して分野を見ると、それに振り回されてしまいます。松原先生がおっしゃったように、ルールベースがまた来る、といったことがあるかもしれませんし、これまで人工知能に関わる分野が取り組んできた蓄積を広く俯瞰的に見渡して、選択と集中をし過ぎないようにやっていくのがよいのかなという気がしますよね。

清田：機械翻訳の歴史もそういうところがあります。１９６０年代、当時冷戦があったこともあって、アメリカではロシア語などの機械翻訳にかなりの資金が投じられました。しかし、１９６６年に「ＡＬＰＡＣレポート」[*26]で機械翻訳が抱える課題が指摘され、実用レベルにはないとされたことで、アメリカにおける機械翻訳の分野はシュリンクしてしまいました。長尾研の「Ｍｕプロジェクト」[*27]が始まったのは、その後、１９７０年代の終わりから80年代にかけてです。

杉本：ＡＬＰＡＣレポートにしても、あれはどういうところに公的資金を投じるべきかという議論ですよね。学術研究には基礎的なものとこれからすぐに役に立つものがあって、それぞれで評価しなければ

＊26　National Research Council: Language and Machines: Computers in Translation and Linguistics. Washington, DC: The National Academies Press（1966）https://doi.org/10.17226/9547
なお、ＡＬＰＡＣレポートが米国政府当局に提出されたのは１９６５年とされている。

＊27　Ｍｕプロジェクトとは、国家プロジェクトとして１９８２年から４年間行われていた、実用的日英機械翻訳システムの研究開発プロジェクト。

いけないのに、機械翻訳をこれからすぐ役に立つ分野だという位置付けにしてしまったために、成果が出ていないのでダメだという判断になってしまったという分析が先行研究にあったりします。結果的には、機械翻訳は基礎のほうだったわけです。

松原：たいていのことは誰かがもうすでに考えているという話でいうと、これはミンスキーも同じようなことを言っています。ミンスキーはフレーム理論とか、プログラムを書かずに何かふわっとしたことばかり言っている人というふうに若い研究者は思っているかもしれないけれど、彼は若い頃、知能ロボットの原型みたいなものを世界に先駆けてつくろうとした。ただ、実際に使える技術とかコンピュータの能力が低くてできないということがあったわけです。パーセプトロンにしても、「僕はパーセプトロンをだめにしたと世間でいわれているけれど、だめにしたのは僕じゃない」と。僕がこの話を聞いたのはディープラーニングの前、ニューラルネットワークの頃だったと思いますけれど。

要は、杉本先生がおっしゃるように、アイディア自体はパーセプトロン以前からあった。それが技術や性能が上がったことで、いま実現できるようになっている。そういう意味では、道具立てが今のほうが豊富だから幸い近づいているわけです。学問というのは過去からの積み上げで進んでいく。だから、新しい発見だ、昔のＡＩはだめだった、なんていっている場合ではないという気はするよね。

フェーズ2　人工知能は科学か工学か

三宅：人工知能分野の弱点は、人工知能分野の歴史をきちんと書いてくれる人が少ないことも一つあると考えています。僕はもともと数学をやっていたのですが、数学の歴史の本は山ほどある。松原先生がおっしゃったように、ほとんどのアイディアはもう昔の人が考えたことを幾何学なり、代数学なり、解析学なりでやっている。どんなアイディアをもってきても、これは古代バビロニアで、とかユークリッドがやったことを僕は高次元でやっているだけなのだとか、そういう歴史文脈があるわけです。

一方で人工知能分野の歴史を何か調べたいなと思うと、杉本先生の本とか、この前出た『機械翻訳―歴史・技術・産業』（ティエリー・ポイボー著、高橋聡訳、森北出版、２０２０年）とか、本当に限られた文献しかない。ここが分厚くならないと何を取りこぼしているのかがわからない。たまたまここにスポットライトが当たっているだけだという全体像がつかめないのです。そこがないとやはり、どこが次に来るか考えることが難しいのではないかなと思います。例えば競馬でいうと、パドックに入っている馬が何頭いるかさえわかっていないみたいな、そんな状況なのではないのかなと思います。

清田：ライブラリーとして整備されているということの重要性がなかなか認識されていないところはあるのかなと思います。長尾先生が90年代から中心にしていたテーマは電子図書館だったのですが、その必要性も認識されていた、という感じがしています。今回、杉本先生のお話を聞いて、その重要性を改めて実感しています。

杉本：アーカイブは重要ですが、場所や継続的な資金の問題がありますし、難しい部分があります。ただ、人は都合の悪いことは忘れますし、やはり自分に都合の良いようにものをいうので、そういう意味では人の記憶に頼るのではなく、当時の資料が残っていると非常に参考になります。

あとは、失敗や、うまくいかなかった話を残すというのが、私はすごく大事なことだと思っています。研究している当事者としては失敗は辛いことなので、なかなか残らないのが難しいところだとは思いますが。特に、人工知能ははるかなる目標に向かっていろいろな手段でがんばってきた分野です。おそらく失敗がいっぱいあると思います。しかし、やはり本などに書き残されているのは「これで成功しました」という話になる。この人はこれを用いてこれに成功したということばかりが残りがちなんですよね。でも、それはおそらく私が想像するに、ほとんどの研究者の方が実感している実際の研究活動とは異なるはずです。ここがうまくいかないとか、そういったことのほうがきっと多いはずです。それは、１９４０年代の手稿を見てもそうです。ですので、成功の歴史だけではなくて、うまくいかなかった歴史みたいなものも手に入れることができる状態で整理されると、若い方にはいろいろな意味で参考になったりすることがあるかなと思います。同じ失敗を繰り返すということもあり得ると思いますし。

松原：当たり前だけど成功した例しか書かないから、論文ではうまくいったことしかわからない。道具として利用するには論文を読めばよいけれど、本当に解きたかった目標は何で、どこまでしか行けなかったということは論文には書かないじゃないですか。だから、残ってないのですよね。それこそ年寄りの頭の中にだけ残っている。それが消えてしまうのは大きな損失だなと思いますね。

今思い出した話でいうと、例えば人工知能学会の学会名を変えようとした事態がありました。２回目の冬の時代に。もちろん非公式な動きで、表の記録には残っていないけれど。人工知能では科研費も通らない。もうぺんぺん草も生えないといわれていた時代、もう名前を変えようと。偉い先生に説得されたけれど、反対派の僕は説得されなかった。だから学会名が残っているんですよ（笑）。年代でいうと、90年代から2000年代にかかっていたかもしれないな。国の予算で人工知能という言葉を出すと、それは失敗した学問ですからと門前払いをくらうといわれていた時代があって。みんな一生懸命に新しい言葉をでっち上げていましたね。例えば「知能情報処理」とか。でも、それを我々はＡＩ、人工知能といっていたのではなかったのか、と。なぜ、今さら知能情報処理とかいうわけ、と、そういう時代があったわけです。でも、それも単なる過去の話ではない。この第三次ブームがどう終わるかわからないけれど、場合によっては人工知能という言葉がかなり辛くなる可能性は、これまでの歴史から見てあるわけです。

単なるネーミングだとは思いますが、一度覚悟を決めてそう呼んだら、よほどのことがないとやめてはいけないとは思いますけどね。

三宅：確かに。日本の大学を見ても、人工知能という言葉を冠した学科とか専攻は、ここ最近になって増えましたけれど、昔は確かに知能情報とか、何とか知能とか、特に国公立大学は多かったですね。

松原：僕は東京大学の理学部情報科学科出身といいましたが、物理と数学から講座をもらってできた学科で、当時は理学部ですごく肩身が狭かった。コンピュータって道具の使い方だろ、こんなの科学じゃないよ、と。それに対して反論がしにくい。情報系全体がそうだけど、反論しにくい情報系の最もフロンティアでしょ、ＡＩは。それがＡＩの強みだとは思うけど。

情報処理の分野からすると、何というか、やんちゃなＡＩがかき回して何か新しいディシプリンもどきをつくって、情報処理のほうはそれを冷静に受け止めて固くするという。ＡＩは何か思いつくことをバンバンいって、思いつきを実現しようみたいな。たぶんそういう役割を背負っていて、それは今も変わらないだろうとは思いますね。

清田：そこはおそらく、科学と学問の違いということかもしれません。長尾先生が最晩年の随筆『楽天知命―気楽なよしなしごと』（アスパラ、２０１９年）に書かれていたことですが、科学者と工学者が学術会議などの場で議論になると、工学者は議論に負けてしまうみたいな話がありました。しかし、よくよく考えてみると純粋科学の研究のほぼ大部分も、研究の目的を達成するための部分課題、つまり工学的課題を解決するための研究をしているのだから、実はあまり変わらないと。だから工学者はもっと自信をもってよいということをおっしゃっていました。「〇〇科学」という分野名をつけると、厳密な、あたかも高尚なものに聞こえるというマジックがありますが、でも実はそこには全然本質はなくて、たぶんもう少しフォーカスを広げて「〇〇学」という学問も同時に考えていかないと、本当に意味のあるものにはならないということだと思います。

杉本：人工知能という分野が科学か工学か、という問題はけっこう難しく、かつ重要なポイントですよね。科学は必ずしも使えるものをつくれなくてもよい一方で原理や理論を大切にしますが、工学は基本的に原理はどうあれ使えればよいみたいなところがある。つまり、工学的アプローチですよね。人工知能の分野ではそれらがわりと同居しているところがあるのではないかと思います。世間的にはやはり「使えてなんぼ」なので、工学的アプローチで実になったものが評価されますが、でも伝統的にずっとやっている人達の中には理論の部分を科学的アプローチで探究している人も多い。そういった分野としての多様性みたいなところが、人工知能という分野に対するいろいろなイメージのギャップの一因になっているのかなという気がします。

よく人工知能分野は期待になかなか応えられなくて「冬」になるみたいな話がありますが、時間がかかるというのは科学では珍しくありません。100年前の予測がいま証明されましたといったようなことは、天文学だったら平気で存在するわけで、人工知能分野も科学であるならそういうことは重々あり得るし、実際にそういうことも長いスパンでは起こりつつあるわけですよね。人工知能分野は、科学的アプローチもあれば工学的アプローチも許すというように範囲が広い。そういうところが人工知能分野への理解のギャップになっているのかなと思ったりします。

おそらく、人工知能分野の中での相互理解についてもそうで、例えばずっと工学的アプローチでやっている人は、科学的アプローチによる探究は意味がよくわからないと思うことがあるかもしれません。一方、ずっと科学的アプローチでやってきた人には、あれは実用になったから人工知能じゃないよねと思うことがあったりするはずです。分野内外での理解の在り方にも、そういった範囲の広さが関わっているのかなという気もしますよね。

松原：ここまで出てきていないAIの関連分野で、認知科学の成立というのもたぶん同じ頃ですね。認知科学の成立もダートマス会議だという人もいるから。ニューウェル、サイモンと、認知系の人も何人か出ているので。AIと認知科学のどこが同じでどこが違うのか、というのも微妙ですが。AIの科学的側面というのはかなり認知科学と近い。AIの科学的側面は認知科学だという人もいるくらいなので。

杉本：そうですね、非常に微妙だと思います。

清田：けっこう研究者もかぶっています。

松原：日本では認知科学会が83年と、人工知能学会よりちょっと早くできた。３年の違いではあるけど。僕の記憶だと、83年に認知科学会とロボット学会ができた。人工知能学会だけ遅れたのですよね。

ＡＩだけでもよくわからないのに、認知科学やロボットとは、密接に関係するところ、重なるところもあるけれどどこか違う。ソサエティからして違うところがあるという。それが近づいたり、離れたり。ロボットとＡＩはときどきハネムーンみたいになって、また離れたり。今回は、ディープラーニングを使ったロボットがあるように、結構くっついていますけれど。これも冬の時代じゃないですが、やはり独立してやったほうが実が多いよねという時代もあって。ＡＩだけでもよくわからないのに、周りの分野との関係も相対的なので。それが面白いところだと僕は思うのだけど、はっきりしろよという立場の人からすると、わけわかんないということになるのだろうな。

杉本：認知科学は難しいですよね。それこそ心の哲学とか、心理学、神経生理学と関連があったりして、いろいろなところとつながっている分野ですし。どうなんでしょう、認知科学では何かをつくろうとしているのですか？　つくろうとしているかどうか、ということは大きいような気がします。

松原：つくろうとはしていないのではないですか。認知機能の解明ですかね。

杉本：間違っていたら教えてほしいのですが、何かをつくろうとしない人工知能の研究者というのをあまり見たことがない気がします。つくるといっても、数学的なモデルをつくるとかそういうことも含めて、ということですが。

松原：英語だとコンストラクティブですけど、構成的な理解という言い方をします。科学的な思考のAI研究者にしても、何かモデル、プログラミングでなくてもよいのですが、数学的なモデルでもよい、何かをつくって、その仕組みで思っていたような機能を実現できるかを実証する、それによって知能の仕組みを探求するという方法論を採ります。これは比較的コンセンサスが取れているのではないかと思います。人工知能をいろいろ説明するときに、僕は「構成的に知能を理解することを目指す学問です」という言い方をします。構成的という表現をするかどうかは別として、プログラムを書くことや、モデルをつくることによって何かをわかろうとする、何かを実現しようとするというのは、人工知能領域のコンセンサスではないですかね。つくらないと哲学と一緒。いや、哲学が悪いということではないけれど。

杉本：そうですね、思索するだけだったら哲学になりますからね。

松原：昔、AIUEOで、我々がやっているのはもしかしたら実験哲学なのではないか、という話をしていました。頭の中で考えるだけではなくて実験だと。それがモデルをつくるとかプログラムを書いて動かすということですけれど、そういう言い方をしていたことはあります。当時の知り合いの哲学者数人にはあまり評判が良くなかったですけど。

杉本：私は科学史の講座を学部から博士課程まで出たわけですが、そもそも自然科学の長い歴史を見たとき、古代のアリストテレスの自然学の時代から中世においては、例えば天体の観測などは、基本的には「世界に関しては思索をもってアプローチする」ものでした。つまりは、自然哲学です。よく「17世紀科学革命」といったいい方をしますが、コペルニクスからガリレオ、ニュートンの時代に、実験をして確かめたり、あるいは数学的道具立てを使って世界の記述をしたりというふうに研究のやり方が大きく変わりました。それをもって自然科学の成立だということもあります。

そういう意味では、松原先生がおっしゃったことはまさしく、自然科学の方法を実践しているといえなくもないのではないかという気がします。仮説というものをどう捉えるか、予測をどうするのか、中のメカニズムをどういうふうに理解するのか、と細かいことをいい出したらおそらく物理学との違いなど、いろいろな哲学的難問が生じるとは思いますが。すごくざっくりとした理解では、なるほどそれは哲学と哲学ではないものの違い、科学的アプローチを用いるかどうかの違いなのではないかという印象をもちますね。つくらないなら哲学、ということについては、哲学者は別に気を悪くする必要は全くないと思います。思索は、古代ギリシャ以来の伝統的なアプローチですので。

松原：ＡＩＵＥＯをやっていたとき、「寺子屋」という哲学者も交えた勉強会が東京で数年間あったことがありました。土屋俊先生以下、うるさい哲学者達たくさんと。当時は、2回目のブームの最中だったので、まだＡＩのレベルが全然低かった。だから大したことができていないという弱みがＡＩ研究者側にあるのと、やはり哲学者は口が達者で、この人達と議論していてもとても勝てないなと。この人達を説得するには動くものをつくって示すしか方法はないなと思い至りました。

杉本：哲学者、特に分析的なことをやっている人にとって、工学的アプローチ、つまりブラックボックスであってもいい、何でもいいから動けばいいんだというのは、おそらく理解しづらいのではないかと思います。そこの相性の悪さみたいなものもありますよね。

清田：今後、フロンティアを切り開いていこうとするならば、おそらく異なる方法論をもった人どうしがコラボレーションしないといけない。そうしないと解けない問題だけが、今残っているという感じがしています。では、どうやって建設的な関係を築くか、コミュニティとして建設的な場を成立させていくのかというのが一番大きな問題になっているのかなと思います。

田口茂先生に北大CHAINのお話をしていただきました（問い2の「世界と知能と身体」）が、やはり学際研究ということ自体が非常に難しいとおっしゃっていました。異なる方法論をもった人どうしで、具体的なフィールドや、どうしても解決したい課題を共有して、一緒に取り組んでいく。そういう関係性の中で初めてお互いの異なるアプローチへのリスペクトが生まれたり、そこを受け入れる土壌ができたりしていく、というお話をされていました。たぶんそういう場をどのように成り立たせていくかが、フロンティアを切り開いていくうえでの重要なポイントになるのかなと思います。サイバネティクスもなかなか成立しなかったという話を杉本先生も本に書かれていましたが、認識のギャップが非常に大きい中で、そういうコラボレーションの必要性をきちんとステークホルダに対してどのように伝えていったらよいかということについて、お二人のお考えをお聞きしたいのですが。

松原：人工的な知能を構成的に実現するという目標だけは一致しているけれどその方法論はまだ試行錯誤の最中であるということからすると、例えば今のブームにしても、ディープラーニングで突き進むというのは暫定的なものだというメタな意識が必要なのだと思う。

2回目のブームでもそうでしたが、ブームになると、自分達がAIの中だけで純粋にやっていけるという錯覚をしがちです。日本だけではなくて、そういう錯覚があったと思う。研究方法論も確立したかのような錯覚に陥る。でも、今のブームの中の暫定的なものという意識、今はこれを仮説として進めているという立場で進めるのが重要なのです。2回目のブームのときはルールベースにいきすぎてしまった。だから、ルールベースだけではうまくいかないとなったときに一気にシュリンクしてしまったわけです。そういう意味で歴史からきちんと学んで、第三次ブームの次に備えることが大事かなと思います。

例えば、ディープラーニングがどこまでいくかというのを突き詰めようとしているという立場でディープラーニングをやる人はやる。一方で、一部の人はディープラーニングに代わるほかのものをやる。人工知能分野全体として、メイン以外の何か新しいことの割合をもっておく。8：2ではメインが大きすぎると思うので、僕は5：5くらいでいいと思いますけど。

何か新しいこと、あるいは過去のものでもいい。清田さんがいったように、他の領域、例えば対象領域でもいい。ただ、対象領域にアプローチするとき、どうも人工知能研究者は道具があると、自分がもっている道具を何とかうまく使って、悪くいうと押し付けようとする。理科系の研究者ってだいたいそうですが。「これは私が開発した良い道具だからこれをうまく使ってこの問題を解こう」と。それはよくいわれるように発想が逆で、解くべき問題が先にあって、それが解きやすいのかどうか、これを解くために今もっている道具でいけるのか、いけないのであれば何が足りないのか、そこを足すのか、それは捨てて他の道具をもってきたほうがよいのかを考える。

まあ、そういうことをするようなAIの研究者達が一定数いること、それがこのAIという領域が健全に進んでいくうえで大事なバランスなのかなと思います。みんながみんな、それをやってしまうとなかなか前に進まないので。先ほど、杉本先生が選択と集中はあまり進め過ぎてはだめだとおっしゃっていましたが、要はバランスですよね。

清田：いま松原先生がおっしゃっていたように、コミュニティ全体としてのバランス、健全性をどうやって突き詰めていくのかというテーマは大事ですね。あとは、違うアプローチをとる分野の人達がうまく協力して問題を解いていく、そういう関係性をどうやって築いていくかということでしょうか。社会に対してどうやってその重要性をきちんと伝えていくのか。そこは杉本先生がご著書の最後のところで書かれていたことだと思いますが。

杉本：人工知能分野は分野としてははるかな地平を見ているのだと思います。このことについて、研究している人にも、それを横から見ている人にも「目指すのははるか先だということをまず了解してもらう」こと、この分野はそういう分野なんだとみんなにわかってもらうことがまず大事なのかなという気がします。また、ブームになったときに初めて人が集まって、終わったら解散、またブームで人が集まる、の繰返しだとやはり継続性がないと思うので、どう継続していくのか、議論の歴史をいかに共有していくかというのも大事だと思います。

また、田口茂先生、谷淳先生の対談（問い2の「世界と知能と身体」）で哲学者との対話によってヒントやインスピレーションを得るという話があったと思いますが、サイバネティクスの時代にも哲学など他分野から研究者達はインスピレーションをいろいろと得ていました。ただインスピレーションはあくまでもインスピレーションなので、理解が不正確だったりします。でも役に立てばよい。それが自分のクリエイティビティにつながるならば「インスピレーション、どんとこい」だと、私は思います。ですが、インスピレーションとはそういうものだという理解もおそらく必要で、インスピレーションレベルのことと、その哲学に深く入っていくことはちょっと違うとは思います。

では、哲学などを何も勉強していない人がそういう哲学的な背景から自由にやっているのかというと、全然そういうことはないのですよね。私は本の中で「思考の檻」と書きましたが、実はみんなが、方法論や考え方とかいろいろなところでがんじがらめになっている。人間の思考、考え方とはそういう不自由なもので、その不自由さの自覚が大事なのかなと思ったりします。人工知能研究においても、技術面とか計算量によるものではない、思想的なブレークスルーみたいなものはあり得るので、自分が何にバインドされているかがわかれば、そうではないものを取り入れてみようと思うかもしれません。

昔の人の考えていたことを読んだりして、そういうきっかけみたいなことを積極的に探していったりするのもよいのではという気がします。人工知能研究者が原論文を読まないという話がありましたが、その気持ちはわかります。読みにくいし、そもそも暇じゃないのにそんなに読んでいられないですよね。でも、読みやすいものから読んでみるとよいのかなと。読む人によって発見の場所が違うというのが、そういう哲学的論考だったり、過去の論考の面白い部分だと思います。いろいろな人が読むと、それだけ得るもの、出てくるものも増えるかもしれません。

清田：私達の思考は思っている以上に不自由だなというのは、分野や属性の違う方々と話すと感じます。研究者とだけではなく、全く異なる業界の方とお話しするだけでもやはり全然違うアプローチだなと思うことが多々あります。そこからいろいろなインスピレーションがあったりします。

今、三宅さんと一緒にＡＩ哲学マップというのをつくろうとしていますが、そこに時間軸の観点を入れるのが重要かなという感じがしました。なぜこういうことをやっておかないといけないのかということを説得するうえで、以前こういう背景があって現状につながっているんだと。分野の多様性を確保しておくのが重要なのだということは、図でわかりやすく可視化するくらいしないと、おそらく社会には伝わらない。少なくともそういう努力はしないといけないと思いました。

［初出：人工知能学会誌 Vol.36, No.6］

対談をふり返って

ＡＩの歴史は、単なる技術進化の記録ではありません。それは人間の知性と創造力が織りなす壮大な物語というべきものです。杉本先生と松原先生のお二人が語られているコンピューティング史には、さまざまな驚くべき発見があります。現代のＡＩ技術の礎は、はるか昔、20世紀半ばの思想家達の夢想の中に既に存在していたのです。

例えば、チューリングやシャノンといった先駆者達は、今日のディープラーニングの萌芽ともいえる概念を、70年以上前に議論していました。彼らの大胆な発想が、時を超えて現代の技術革新につながっている事実は、歴史のもつ力強さを感じさせます。

しかし、ＡＩの歴史を追うことの意義はそれだけではありません。それは「ＡＩとは何か」という本質的な問いに向き合うことでもあるのです。本対談で議論される「ＡＩは科学か、それとも工学か」という問いは、その好例です。

ＡＩは、人間の知能を理解しようとする科学的探求と、実用的な問題解決を目指す工学的アプローチの、絶妙なバランスの上に成り立っています。この二面性こそが、ＡＩ研究の独自性であり、同時に難しさでもあります。科学的厳密さを追求しつつ、現実世界の課題に応えていく。この緊張関係の中で、ＡＩは進化を続けています。

ＡＩの歴史を学ぶことは、過去の偉人達のビジョンを追体験し、現在の技術の本質を理解し、そして未来への展望を得ることにつながります。それは単なる懐古趣味ではなく、ＡＩの未来を創造するための重要な営みなのです。

本書を通じて、読者の皆さんにもこの知的冒険の旅に参加していただければ幸いです。ＡＩの歴史と本質を知ることで、技術の奥深さと人間の創造力の素晴らしさを、新たな視点から感じ取っていただけるはずです。（清田）

変容する社会と科学、そしてAI技術

村上陽一郎（東京大学名誉教授）×辻井潤一（産業技術総合研究所）×金田伊代（京都大学大学院）

科学史家・科学哲学者の村上陽一郎氏、自然言語処理・計算言語学の研究者の辻井潤一氏、京都大学大学院にて「神道のホスピス」の研究に取り組む金田伊代氏の鼎談では、人工知能と哲学、宗教の関わりをメインにしながら、今起きている社会の変化から新たな科学と技術、AI研究の未来にまで、多岐にわたる議論が展開された。［2022年３月３日収録］

フェーズ0

清田：このレクチャーシリーズを始める一つのきっかけとなったのは、２０１９年に長尾真先生が出された『情報学は哲学の最前線』というテキストです。そのあとがきで長尾先生はこういうことを書かれています。

科学の追及は果てしなく、「それは何か、どうしてか」という問いは永久に続けられるだろう。月から火星、水星……、さらには銀河系外にまで探求がなされ、人類が到達しようというあくなき欲望がある。地球上では餓死してゆく人たちが大勢いるというのに。人間はいがみ合い、戦争に明け暮れしているが、人間には悟り、あるいは欲望の制御ということはあり得ないのだろうか。善や倫理の問題を理性脳の範囲で議論するだけでなく、ブッダの考え方、禅の無の思想、道徳や宗教などに目を向けて情報社会のこれからに役立つような議論を深め実践に結び付けてゆく努力が求められると考える。

長尾先生は過去にも、東洋的な考え方を投げかけられています。１９９４年の人工知能学会誌（Vol.6, No.4, pp. 530-536）に寄稿された「ＡＩマップ─自然言語へのアプローチ」では、言語というのは本質的に曖昧なものであって、その研究の方法も曖昧なものを扱える枠組みである必要があるのではないかということを書かれています。鋭すぎるナイフでは紙は切れないというような言い方もされていて、そこで西洋医学に対する東洋医学を考えていただきたいとも書かれています。辻井先生もよくご存じのように、長尾先生の大きな業績の一つが事例ベース機械翻訳（Example-based Machine Translation：EBMT）ですが、その考え方の背後にはもしかしたら、そういう長尾先生の視点があったのかもしれないと思ったりしています。長尾先生がもともと神職の家のお生まれということもあると思いますが。

もちろん西洋的な考え方がパワフルであるということは皆様も共有されていると思います。一方で、東洋的なものの見方が次へ向かう方向性を示してくれるのではないかと、私自身も感じるところです。このレクチャーシリーズの各対談の中でも、何度か東洋的な考え方についての言及がありました。ただ、これには二つの立場があります。一つは西洋的な考え方に対して東洋的な考え方をあえて対立するものとして捉えることで新しいものの見方を探るという立場、もう一つは西洋と東洋を対立して扱うことにためらいがあるという立場、これはどちらが正解というわけではなく、そういう二つのものの見方があること自体に何か大きな一つのヒントがあるのではないかなと思っております。

お三方とも長尾先生とご縁が深いという意味では共通点も多いのではないかと思います。辻井先生には事前に、若い頃にはよく哲学のお話をされていたが最近はあえて避けているというお話もいただいておりまして、そのあたりのお考えもぜひお聞きしたいです。あるいは長尾先生と村上先生が立ち上げられた「互恵と寛容の世界を構築するプロジェクト」[*1]でどういうお話がされていたか、ということについてもお聞きしたいと思っています。この会には金田さんも関わっていらっしゃいます。もちろん、これに限らず自由な議論を展開していければと考えています。

三宅：それでは、読者の方に向けての自己紹介、清田先生から提起されたテーマについて思うところなどありましたら、お話しいただければと思います。まずは村上先生、よろしくお願いいたします。

村上：専門が科学史・科学哲学・科学社会学なものですから、科学哲学の一部としての論理の問題、数理論理学ないしは数学基礎論は一応カバーしなければならない範囲の中に入っておりました。そういう意味では、数学の基礎ないしは論理に対する関心は私の中にあり続けているわけですが、ここでお話が

＊1 https://nagaomurakami.org/

できる素地があるかどうかというのはよくわかりません。情報理論に関して、大学の頃にヤグロム[*2]というロシアの研究者の大変初歩的な教科書『情報理論入門』（１９５７年、邦訳：井関清志、西田俊夫訳、みすず書房、１９５８年）で少し立ち入った経験はありますが、特に実務的な面に関しては本当に遅れている――辛うじてコンピュータで作業はするけれどスマートフォンも持っておりません――ことを自覚している人間として、どうぞお手柔らかにお願いしたいと思います。

先ほどの話の中で一つだけ言及しておきたいのは、東洋への視線ということについて。ある程度以上の年齢の方ならよくご存じだと思いますが、60年代末から70年代にかけて、世界的にルックイーストという動きがありました。特に、自然科学の領域ではニューエイジサイエンスと呼ばれ、フリッチョフ・カプラ[*3]の『タオ自然学―現代物理学の先端から「東洋の世紀」がはじまる』（１９７５年、邦訳：吉福伸逸、田中三彦、島田裕巳、中山直子訳、工作舎、１９７９年）が日本でもベストセラーになりました。あるいはライアル・ワトソン[*4]が『生命潮流―来たるべきものの予感』（１９７９年、邦訳：木幡和枝訳、工作舎、

＊2　アキヴァ・ヤグロム（Akiva Yaglom, 1921 - 2007）、イサク・ヤグロム（Isaak Yaglom, 1921 - 1988）は双子で、アキヴァは物理学者、数学者、統計学者、気象学者、イサクは数学者としてロシアで活躍した。『情報理論入門』は彼らが共著で執筆した本の一つ。

＊3　フリッチョフ・カプラ（Fritjof Capra, 1939 - ）、アメリカの物理学者。『タオ自然学』で現代物理学と東洋思想との類似性を指摘した。

＊4　ライアル・ワトソン（Lyall Watson, 1939 - 2008）、イギリスの植物学者、動物学者、生物学者、動物行動学者。『スーパーネイチュア』（牧野賢治訳、蒼樹書房、１９７４年）ほか、ニューサイエンス（ニューエイジサイエンス）に類する数多くの書籍がある。

1981年）という本を書いたりしています。先ほども話がありましたが、これは東洋的なものと西洋的なものを対立させる立場です。つまり、ヨーロッパ近代科学の限界が見えたと、これからはそれに代わるべき東洋的な発想を考えようというわけです。ただ、ニューエイジサイエンスは徒花であったように思います。こう言うと怒る方がいらっしゃるかもしれないけれど、今、その影響を本気で引き受けて立つという自然科学の人はほとんどいないのではないでしょうか。

もう一つだけ付け加えさせていただくと、長尾先生もそうですが、京都は西田哲学[*5]を含む、いわば東洋思想的な伝統が非常に色濃くある土地だということ。長尾先生のお立場だった神道も西日本で始まったものですから、そういう点で言うと、主として東京とは別の空気がやはり京都にはあるように思います。その辺のところがどんなふうに響いて来るのかというのは大変面白く拝聴しているという側面がありますので、これからの話の中でもそういうところも見えてくるとうれしいなと思っております。

三宅：ありがとうございます。それでは辻井先生、よろしくお願いいたします。

辻井：私は、京都大学時代に長尾先生とともに機械翻訳の研究に取り組みまして、そのあとマンチェスター大学、東京大学、マイクロソフトで研究を進めてきました。その過程で感じるのは、いわゆる科学というものと技術との乖離が顕著になってきたということです。

例えば機械翻訳という技術の研究では、言語というものを総体として捉える立場を取らざるを得な

＊5

西田哲学は、京都学派の創始者である西田幾多郎（1870 - 1945）が打ち立てた哲学体系。『善の研究』（1911年）では東洋思想の視座から西洋的思考の枠組みを考察した。

い。現実に使われている言語そのものを取り扱う技術からするとそうなるわけですね。しかし、科学は現実に現れる現象の背後にある、ある種の規則性をきれいに取り出すことを目指します。科学は、技術が密着せざるを得ない現実の現象〝そのもの〟ではなく、背後にある何かに向かっていくのだと思います。

人工知能と同時期に盛んになった認知科学も同じ経緯をたどったと思いますが、科学としての言語学も物理学を典型的な科学のモデルだと考えて、言語現象の背後にある規則性を計算という数学的な枠組みで捉えようとした。言語学も物理学のような科学になろうと。ノーム・チョムスキー*6の理論言語学は、今、村上先生が言われた数学基礎論とか計算の理論とか、そういう話につながるのですが、認知主義の立場から言語の統語に関する人間の能力を計算の数学理論とつなげて、統語的な側面だけを切り取って理論化しようということをやったと思うのです。

一方で、僕らが機械翻訳の研究をやっていたときに一つ大きな影響を受けた立場に、リチャード・モンテギュー*7のモンテギュー文法があります。彼の立場は、言語がコーディングしている意味を論理で捉えるという立場で、統語論ではなく意味論に焦点があり、また、人間の言語能力という認知主義とも対極的な立場をとっていて、人間の言語に限らず、言語的なもの一般についての意味論を目指していま

＊6　ノーム・チョムスキー（Noam Chomsky, 1928 –）、アメリカの哲学者、言語学者。

＊7　リチャード・モンテギュー（Richard Montague, 1930 – 1971）、アメリカの数学者、論理学者、言語哲学者。

した。有限の記号（単語）を使って無限の意味の世界を記述する枠組みはどういうものなのかを議論しています。いわゆる意味の構成論的な取扱い（Compositional Semantics）で形式意味論の端緒を築きました。この議論が、機械翻訳では、構成論的な翻訳という立場になります。チョムスキーの統語論とモンテギューの構成論的意味論、この二つが私の時代の機械翻訳の理論的な基盤になっていたわけです。*8

　ただ、この二つの、いわば科学的理論に基づく機械翻訳はうまく機能しませんでした。言語現象は、統語と意味以外にもプラグマティクス（語用）、背景知識と理解、言語と行為との関係とか、いくつもの要因の総体として現れていて、統語とか意味とかという側面だけを切り取った理論だけを中核にして捉えるという方法論で技術を開発してもあまりうまくいかなかったというわけです。

　長尾先生の「例による翻訳」は、現実にある言語使用をそのままに使っていくことで、ある意味では現象に密着することで、言語学という科学から技術を切り離す方向へ向かったのだと思います。現象から距離をとってその背後にある規則性を捉えようとする科学、そういう科学から技術を切り離す方向性があったと思います。

　別の言い方をすると、現象の背後にある規則を見いだそうとする、分析的な西洋の合理主義から、現象全体をそのまま捉えるという、いわば、東洋的な指向性があったのだと思います。ただ、個人的には、長尾先生の考えに近い現在のニューラル翻訳も西洋的な風土から出てきたものなので、ことさら、

＊8　言語処理における科学と技術の関係は、ACL・LTA記念論文で詳しく議論した（辻井）。Natural Language Processing and Computational Linguistics (Computational Linguistics, Vol. 47, No. 4, pp. 707–727, 2021) https://direct.mit.edu/coli/article/47/4/707/107177/

西洋と東洋という見方をすることには反対ですけれど。むしろ、今のＡＩに見られるのは、人間が対象を理解する手段としての科学と技術との乖離ではないか、と思っています。

三宅：辻井先生は世界を舞台に活躍されてきて、時間的にも70年代から今に至る幅でいろいろな変化を体験されてきたと思います。おっしゃるようなパラダイムというのは、人工知能だけではなくて科学全般、学問全体のパラダイムが変わろうとしているということなのでしょうか？

辻井：私はそういう感じを強くもっています。例えば、私のセンターでも研究していますが、最近DeepMind[*9]が物性予測の問題を深層学習で解こうとしていますよね。科学の理論と観測データをないまぜにして、わかっていないことを理解していく過程に人工知能の技術が使われるようになっていま す。また、気象予測の研究についてもムーンショットのプロジェクトのリーダの方の話を聞く機会があったのですが、彼らもやはり、原理的なものを理解して再現するという科学的な手法（シミュレーション）の予測と、観測データをそれに絡めるデータ同化の手法を拡張した混合系で予測精度を上げていくのだそうです。

要は科学の分析的、演繹的な手法では抽象化の時点で現実からの情報をかなり落としてしまうので、どんどん現実から乖離していく。それを観察データに合わせていくことで予測モデルをつくっていくと。彼は、演繹と帰納とを融合した新しい科学方法論に向かっている、ということを言っていました。

＊9　DeepMind（Google DeepMind Technologies Limited）は、AlphaGoを開発したベンチャー企業。２０１４年にGoogleに買収され、現在はAlphabet傘下の子会社。

人工知能の分野でも、例えばAlphaFold[*10] 2が分子生物学の知見を取り込んだニューラルアーキテクチャを設計したように、ニューラルアーキテクチャの設計時に科学の知見を取り込んでいく、あるいはニューラルネットワークの内部で起こっていることに科学的な解釈をする工程を組み込むことでニューラルネットの透明性を上げていく。ニューラルネットでの計算過程に科学的な意味付けをする、そういう新たな科学のパラダイムが期待できると思うのですよね。それが今までの科学的方法論でうまく解明できなかった問題の解決につながるのではないか。理想的には、膨大な現象の観察・データからの帰納的なものと科学的な理解、演繹的なものを融合させた計算モデルを構築していくことで、新たな科学や技術のパラダイムが出てこないかなと考えています。

三宅：ありがとうございます。この鼎談の目的の一つは今の人工知能の先を見つけるというところにありますので、今のご指摘は大変重要かと思います。それでは、金田さん、よろしくお願いいたします。

金田：金田伊代と申します。私は現在、京都大学大学院人間・環境学研究科で「神道とターミナルケア（看取り）」をテーマに研究しています。人間・環境学研究科は理系から文系まで幅広い分野で学際的な研究をしているところで、私自身、神道学や宗教学、医療福祉、民俗学、医療人類学などの分野を

＊10　AlphaFoldは、DeepMindによるタンパク質の構造予測プログラム。AlphaFold 1は２０１８年に、その２年後、２０２０年にはAlphaFold 2が発表され、GDT（グローバル距離テスト、タンパク質の構造予測の結果をX線結晶構造解析による測定結果と比較するテスト）で大きな成果を示した。２０２４年、DeepMindのデミス・ハサビス、ジョン・ジャンパーがノーベル化学賞を受賞した。

図１　鼎談風景（上段左から清田、金田、村上、下段左から辻井、三宅）

またいで手探りで研究しているような状況です。「ホスピス」という末期がんの方が入る看取りの施設がありますが、もともと西洋から日本に入ってきたもので、キリスト教が母体になっています。それに代わる日本的な看取りの施設が必要ではないかということで、仏教の立場から「ビハーラ」という施設ができましたが、日本の伝統宗教である神道からはまだそういう施設が生まれていません。そもそも神道と医療福祉に関わる研究もほとんどなされておらず、日本人の死生観に合った看取りの方法について研究をしています。今回の鼎談は、直接は私の研究に関係しないところなのかもしれませんが、「なぜ人が生きているのか」、「なぜ死んでいくのか」、「世の中がどうなっているのか」といったことに関心がありまして、広い意味では共通しているのではないかと思います。また、私自身神社の神職でもありますが、神道は西洋の一神教由来の「絶対」という観念とは異なる世界観をもっています。神道から見る世界というところで、今日のお話に加われたらと思っています。

長尾先生との交流は、長尾先生が国際高等研究所の所長をされていたときに、私が神道を研究しているということでお声がけいただいたのが最初です。長尾先生は2018年に比叡山で行われた「こころの時代：科学と宗教の対話」というご講演を控えていらして、その原稿を読ませていただいたり、お手紙やメールでやり取りさせていただいたりするようになりました。その講演会がきっかけで、長尾先生と村上先生が中心になって始まった研究会「互恵と寛容の世界を構築するプロジェクト」にも参加しております。この研究会は、キリスト教、仏教、イスラム教、神道と、宗教の専門家が集まる、6から7名のコアな勉強会で、長尾先生とは、先生がお倒れになる直前まで交流させていただきました。今日は長尾先生の教え子の先生方にお目にかかれるということで、とても楽しみにしておりました。よろしくお願いいたします。

フェーズ1　「東洋と西洋」をどう捉えるか

三宅：それでは議論に入りたいと思います。辻井先生がおっしゃったように、世界を隙間なく拾う土台として科学というものがあったけれど、しかし今、これまでの科学のアプローチでは足りないというところが出てきている。そんな中、今、東西という対立軸で語るべきなのか。辻井先生は海外にも行かれていましたが、東西の対立などについてどうお考えでしょうか？

辻井：私は、東洋と西洋という問題の立て方はあまり好きではないほうです。長尾先生と一緒に研究していた頃、こういう面白い本が出ていますよと教えていただいた中に井筒俊彦さんの『意識と本質―精神的東洋を索めて』（岩波書店、1991年）があります。これは西洋哲学の枠組みの中で東洋の哲学を読み替えていくという著作でした。確かに西洋といわゆる東洋との間にある種の肌触りの差のようなものはあるなとは思いました。ですが、この二つの極には連続性もあるという気はします。

私の感じたところでは、東洋のほうには言語不信がある。言語的なものが世界を見るときにかなり偏ったフィルタをかけている、だから言語的影響をなるべく排除して、世界をそのままで理解したいという感じです。

言語というのは、対象の分節化を伴いますから、分析的なアプローチの端緒になるものですよね。そういう意味では、西洋には分析的な態度、要素還元主義的な傾向が強い。言語なり、数式なりの記号の世界を設定して、そこで理論を組み立てていく。しかし、分析を拒否する方法論、分析を核とする方法論のどちらの方法論にも限界がある。西洋のほうでも言語的なものの、さらにその下にある基盤的なものに向かおうという動きは常にあります。いわゆる東洋の問題意識といわれるものに近いものがあるわけですよね。そういう意味では、西洋と東洋という二律背反で考えてもしようがないかなと思っています。

三宅：逆に「連続性」というのは新しいキーワードかなと思います。対立的な捉え方はこれまでもあったと思いますが。村上先生、いかがでしょうか？

村上：辻井先生がおっしゃるように、東洋と西洋を対立させたい人達は確かに明確にその差を言い立てますね。岡倉天心[*11]も『東洋の理想』（講談社学術文庫、1986年）を「内からの勝利か、それとも外からの強大な死か」という、東洋の中にあるものを本格的に取り上げてそれを実践することにおいて初めて新しい生がそこにもたらされるというアジテーションで終えているわけです。あるいは、鈴木大拙[*12]をはじめ、禅の人達はたいていそうです。禅の言葉に「不立文字（ふりゅうもんじ）」があります。言葉による真理「依言真如（えごんしんにょ）」、言葉を離れた真理「離言真如（りごんしんにょ）」という言葉もあります。それから、西田に言わせれば、矛盾の中にこそ真理があると。もちろん、矛盾の中に真理があるということはヘーゲルだって言ったではないかということにもなりますが、東西をいろいろと比較して本質的に違うところがあるということを言おうとした。それにヨーロッパの人達、あるいはアメリカの人達が非常に感銘を受けたという状況があります。今でも日本の禅寺にはかなりの欧米人がおりますし、大拙はアメリカでは今でも大変なビッグネームです。そういう点でいえば、欧米人の中にも「東洋的な」と称されるものに非常に強く惹かれている人達が多くいるということもまた否定できないわけです。

ただ、先ほどからお話を伺っていて、東西の対立もさることながらＡＩという視点の基本に立ち返った議論が必要なのではないかと思うところです。これは私のＡＩに対する理解なのですが、ＡＩは問題を解決することを知能の能力として、もっぱら問題を解決する手段をさまざまな形で追求している。問

＊11　岡倉天心（1863－1913）、日本の思想家、文人。幕末から大正にかけて、日本美術の立ち上げに大きく寄与した。

＊12　鈴木大拙（1870－1966）、日本の仏教学者。禅について英語で本を執筆し、日本の禅文化を海外に広く伝えた。

題を見つけて解決の道筋を立てて、いわば解決までもっていくということが人間の能力だと、ＡＩはその能力を求めているわけだけれど、人間の「知」というのはそれだけに収まるのだろうか。もちろん問題を解決する能力はとても大事ですし、解決するためには理解することが必要です。ですので、ＡＩの中には当然、理解も含まれていると思いますが。そこも一部は東と西の話を含んでいるかもしれませんし、その辺の議論になるのかもしれないと、そういうような思いがいたしました。

三宅：お二人に共通するのは西と東を短絡的に分けて捉えるのではなく、地続きであるという連続性、あるいはお互い補完する存在であるといったように、対立構造も一部取り出せるところがあるけれどそれだけではないという視点ですね。非常に示唆に富んだご指摘だと思います。金田さんは、神道という立場からどのように見えていますでしょうか？

金田：難しいご質問ですが、東洋といったときに、まず東洋という言葉が何を指すのかを明確にしたほうが議論が進むと思います。日本の立場としても広い意味では東洋ですが、やはり中国や朝鮮とは違った文化をもっていたり、思想も違っていたりします。東洋と西洋という議論の際にその辺りをどういうふうに考えるのか、もう少し厳密に定義したほうがよいと思います。そもそも東洋西洋と二分法で分けて考えること自体が西洋的に見えますよね。

村上：今、金田さんがおっしゃった点はまさにそうですね。鈴木大拙は「東洋的見方」という晩年の講演録で、西洋は二つに分ける、それから出発すると書いているのですが、大拙自身、東洋はそうはないといっているときには、二つに分けているのですよね。大拙はその点について何もエクスキューズは書いていないので面白いなと思います。

三宅：ここから議論を絞っていきたいのですが、やはりテーマとなるのは「何かを理解するとは何か」ということだと思います。西洋の科学では、人間にわかりやすいモデルがあると理解したというつもりになれる。それが辻井先生もおっしゃったように、最近の深層学習は何かわからないけれど予測ができてしまう。モデルはどうなっているのかと聞いても、ニューラルネットワークなのでよくわからないということになります。つまり、今、「理解する」こと、その土台自体が揺らいでいるのではないかと思います。村上先生は理解するということが、現在どういう局面に来ていると思われますでしょうか？

村上：言語学、心理学も含めて19世紀末から20世紀初頭にかけての立場で理解ということを考えたときには、やはり言語を土台に据えるのが常套手段ということになっていました。実際に私達が世界を認識する前に、いわば刺激を受け取るというポイントがありますが、刺激を受け取っただけでは認識にはならないわけです。そうすると、刺激を受け取っているときに人間は何をしているのかという問題が生じます。そこで人間が何をしてるかというとき、言葉がなかったら何もできないでしょうという姿勢を取るのが、20世紀全般の哲学の絶対的な前提になっていますね。

これは私がよく出す例ですが、アメリカの西海岸の人達はアーチ状のものがあったら虹を描くのですよね。私が学生の頃で半世紀も前の話ですが、車で走っていてトンネルの入口に虹が描いてあったので「七色に塗ってあるね」と言ったら「そうかい？」と返された。[*13] 後でアメリカの子供達に聞いたら

＊13　日本では虹は七色（赤橙黄緑青藍紫）とされるが、虹を何色に見分けるかは国や地域、文化（教育）により異なる。

「藍」、「インディゴ」という言葉を彼らは知らないのです。一つの独立した色として認めない。つまり、我々は言葉があるからそこに藍色という、あの見事な色を藍色として捕まえることができる。そこに初めて認識が成り立つわけです。例えばイヌイットの人達は雪の降り方について何種類もの言葉をもっていて、今はこの雪だからもうまもなく止むよとか、今はこの雪だから積もるとか、それぞれの言葉によって状況を理解したり、未来を予測することができる。刺激を今、捕まえるだけではなくて、捕まえた結果として、未来あるいは過去の時間の中でのその在り方に対して一つ認識が成り立つというわけです。一つの言葉で診断までやっている、予後までやっているわけです。

そういう意味で、人間にとって言語が理解の本質であるということになったときに、じゃあその言語は何者なのかということになります。そこで、先ほど辻井先生がおっしゃったような言語に関するさまざまな研究が生まれてきて、そこに一つの世界がつくり上げられたというのは確かですね。チョムスキーもその一人でしょうし、ウィトゲンシュタインもその一人です。でも、それが十分だったのかということが、まさに今、ＡＩに問われているのだなというのが、先ほどからのお話で私が受け取ったメッセージです。

三宅：今、言語から外れたところに人工知能がすごい力をもち始めていて、人間が言語化できないところを深層学習が触っているというような状況になっているのだと思います。例えばAlphaGoがどういうふうに囲碁の局面を見ているかはなかなかわからないという形になっていて、そこで理解というものが変わってきたのではないかと思うのですが、辻井先生はこの理解という面で何かを知るということがこれからどうなっていくと思われますか？

辻井：村上先生の話の連続でいうと、「これである」と「これではない」というカテゴリーに対象を分節化していく過程で記号的なものが出てくるわけですよね。そして、分節化していったときに言葉の基本単位、語彙が出てきて、その組合せによって、ある種の複合的な命題や理論の体系がつくられていく。また、この言葉とそれがつくり出す体系があることで、個人の思考や理解が外化され他者に伝えられていく。そういう意味では、科学なり技術なりが個人から離れて集団に引き継がれていくには、そのためのコミュニケーション手段が必要だということになります。それが我々の使っている言葉であったり、あるいは科学の言葉として記号で表される規則、論理式、あるいは数式といったものになるのでしょう。こういうことで、科学がつくられてきたわけですよね。

つまり、何かわからないものがあったときにそれを理解するために言語的なものをつくっていく。しかし、いくつも要因が複雑に絡み合った現実そのものを取り扱うとすると、現実を分節化して捉えて構造化するというアプローチには限界がある、非常に多くの要因、その一つひとつを取り出して科学化することはできるが、そういういくつもの要因が密に絡んで現実の現象が生まれている。要は、言語がもつ規則性を捉えるためにチョムスキーやモンテギューがそれぞれの一面を切り取って、それぞれの理論をつくることで、我々が理解できる科学をつくってきたわけですが、技術のほうがそういう要因が総体としてつくり出している言葉そのものを処理するシステムをつくろうとするとき、人間がわかるための理論的枠組みではうまく捉えられないものやそれらの要因間の絡み合いが実は山ほどあるわけですね。

科学は、個々の現象そのものからはいったん距離をおいて、ある側面から現象を切り分けて理解していく要素還元主義的なアプローチをとるわけですが、このアプローチの根本的な限界が、やはりそこにあったのだ思います。

深層学習が、いわば個々の現象を大量に集めてその中に潜む計算関係を学習していく過程は、現象を規定している要因を、人間にわかる明示的な形ではないですが、それを何か捉えていて、それを計算の枠組みに乗せているということだと思います。ただ、この大量に集めた個々の現象の集合から、そこに潜む計算関係を人間の理解とは独立に捉えていくというアプローチにも大きな限界があることも確かだと思います。我々は対象を明示的に理解する科学によって、対象を我々の意図に従って操作したり、大きく変化した環境に置いたときにも何が起こるかを予測できる、外挿性の高い手法を手にしてきたわけです。これがある意味で科学がもっている演繹性だと思います。これに対して、個々の現象の膨大な集積から計算関係を自ら学習するアプローチは、集められた個別の現象の集積に強く依存することでこの外挿性や演繹性がかなり低くなってしまっている。また、深層学習のブラックボックス性のために、技術の操作可能性がきわめて低くなっていますよね。システムを意図に合うように操作するためには、そのためのデータを大量に与えるという間接的な操作性になっている。

ブラックボックスをオープンにして、中で何が起こっているかを我々らが理解していくプロセスが次の人工知能研究の大きなターゲットになっているゆえんかと思います。深層学習システムがなぜ動くか、何を見て判断しているのかを部分的にでも説明できることができれば、我々が現象を理解する科学にも貢献し、また、技術としても操作可能性の高い技術をつくることができるのだと思う。アメリカを中心とした「説明できるＡＩ」の研究が「説明」という言葉にこだわりすぎて矮小化されてしまったのが残念ですが、もう少し高い見地から新たな科学的方法論や技術論にもっていったほうがよいのではないかなという気はしています。

村上先生がおっしゃったような記号的なもの、言語的なものが僕らの認識の根本のところにあるというのはそのとおりだと思います。ただ、分析的、要素還元的なアプローチが、言語をさらに抽象化して科学の体系としての言語や数学的な系を生み出してきたという部分もあるわけですよね。人工知能の研究が、この図式そのものを揺らすことで、次の科学の方法論が出てくるのではないかなという気がしていますね。

三宅：おっしゃるとおり、深層学習は工学としてあって、サイエンスとして、なぜそれが理解できるのか、何を解釈しているかというのはこれから探求しなければならない部分ですね。うまく捉えたと思っても、どこか矮小化したものであって、すべてを解釈しているわけではないという。

辻井：しかも、何かを捉えられてはいるけれど、それが対象を「正しく」捉えられているかどうかはわからないわけですよね。与えられたデータの中にたまたま入っていた特徴にリアクトして一見正しい結果を出しているけれど、より広い文脈・環境の中でも「正しい」という意味で、合理的な理解という観点から見ると、実はそれは使ってはいけない特徴なのかもしれないわけですよね。そういう意味では、かなり不完全な技術であることは確かだという気がします。

三宅：どちらかというと、モデルというより現象に貼り付いているというほうが正しいのかなと思います。

辻井：村上先生の科学論では、現象にピタッと貼り付いてしまうと科学にならないわけですよね。だから科学というのは一歩退いて、現象の中にある規則性みたいなものを捉えるという立場を取るのだけれど。一方、技術のほうはどうしても現象に密着して現実の現象そのものを取り扱う必要がある。その本質的な方向の差が出てきているのかなという感じはしますね。

三宅：次に金田さんにお聞きしたいのですが、神道にもやはり独自の世界の捉え方というものがあるのだと思うのですが、よろしければ教えていただけますか？

金田：先生方のお話をお聞きしながら、「理解する」というところで考えていたのは、西洋は「はじめに言葉ありき」ではないですけれども、言葉をきちんと話せることが理性的であるということの証明であったり、言葉がすごく大事な文化であるということ。それに対して、東洋というか神道的な考えでは、そもそも「御霊（みたま）」が宿る時点で人間として存在する。言葉が話せるとか理性的という次元とは違うところに人間存在の前提があります。

伊藤亜紗先生が登場された回（問い1の「人とAIのコミュニケーション」）でも身体性の話が出ていましたが、例えば、神道では「言挙げせず」と、あえて言葉にしないことを大事にしているところがあります。神社界の人はいろいろと説明するよりも、まずは神社に来て感じてくださいと言いますし。実際に、人種や民族を問わず伊勢の神宮などの神社を訪れた多くの人が畏敬の念みたいなものを感じられるということがあります。そういう、言葉ではない「理解する」要素も人間はもっているのではないでしょうか。

清田：もしかすると、今、私達が「ビッグデータ」と呼んでいるものは、まだまだ私達が捉えている世界からすると全然スモールなのかもしれないという感じはしますね。例えば伊勢神宮に私達が行って感じる世界を表現しようと思えば、今の技術で取れるビッグデータでは全く足りなくて、もっともっとリッチなデータが必要かもしれないなと。現在の技術で表現できるのは非常に貧困な情報世界でしかなくて、その限界は確かにあるだろうなと思います。

村上：言葉に頼らないところがあるという点について、これはあまり極端に主張してしまうと先ほどの東西二分論に逆戻りしてしまうということになるのですが、あえて申し上げれば、例えば古事記の最初の部分で「……ミコト」といろいろな名前が出てきますよね。最初の何柱かの神々は隠れてしまうわけだけれど、自然現象を表現していると思われるような名前がたくさん出てきます。これは論語のほうでいえば名を正すという、「正名（しょうみょう）」という言葉で表現されるものとも通じるわけで、やはり名前をつけるということは私達の中にはきちっと存在している。世界を分節化して捉えるというだけではない。これはまさに先ほどから議論になっているところですが。ただ、分節化して捉えるということの大切さ自体は神道の中にもあるでしょうし、仏教の中にもあるのではないかなと私は思います。

金田：確かに先生のおっしゃるとおりですね。神道では「言挙げせず」と言葉にしないことを大切にする一方で、「言霊」といって言葉を大切にする思想もあります。神様の名前については、特別に働きをもっているものという意味で神様の名前になっています。この場合は、「山川草木悉皆成仏（さんせんそうもくしっかいじょうぶつ）」のように、世の中にあるものがすべて神性をもつかというとそうではない。神が宿っている石は神社に祀られたりしますが、神が宿っていない石はただの石です。一方、仏教が言う、すべてに仏性が宿るという意味では、国土は神が生み出した子供であり、すべてに神性が宿るという捉え方もできます。

村上：もっとも、山川草木悉皆成仏という言い方は日本に入ってきてからの話だという解釈もありますね。唐代の仏教にそういう考え方があったかどうか。小乗と大乗でも違うでしょうし、必ずしもこの言葉が仏教の本質かどうかはわからないかもしれないですね。

辻井：神道にもある種の認識論みたいなものはあるのですか？　西洋のほうでは認識論として、我々が世界をどういうふうに捉えているかとか、村上先生が言われたようにほとんど意味付けのない信号から言語的なものにつながることで世界が分節化されて捉えられて、我々の思考や操作の対象になっていく、そのプロセスの中で認識に何が作用しているのか、例えば、価値といったものが関与しているのか、そういった議論をするのですが。

金田：歴史的に、神道は仏教や儒教と習合しながら発展してきましたが、江戸時代に本居宣長[*14]などの国学者によって、本来の日本の在り方や神道を見直そうという動きが起こります。そのあたりから研究の流れはあって、戦後になって神道を学問的に捉えようと「神道神学」という学問分野ができました。ですが、神道は歴史研究が多く、体系だって現代にどう使っていこうというような研究はあまりされていません。その後、神道神学もあまり発展していない状況です。

辻井：それは、神道の根本的なところでそういう理論化の過程を経た途端に真理から離れてしまう、嘘になるというか、そういう理論化への拒否の感覚があるのですか？　言語化した途端に真理が抜け落ちてしまう、とか。

＊14　本居宣長（1730 - 1801）、江戸時代の国学者。『古事記』の研究に取り組み全44巻の『古事記伝』を著すなど、国学の発展に大きく貢献した。

金田：一つは、過去を重んじているというところが影響しているのではないかと思います。未来をどうしようかと考えるより、過去、自分達の歴史がどうであったかというところが大事だという意識があるように感じます。神様を言語化するのは畏れ多いというような意識もあるとは思いますが。

三宅：先ほど「言挙げせず」という言葉を使われましたが、何か教条としてあるということなのでしょうか？

金田：そうですね、神道には教義や経典がないので、明確な規定はないのですが、万葉集の和歌にも出てくるように、言葉にしないほうがよいという考え方はありますね。あえて、わざわざ神様に関するようなことを人にこうだと宣伝したりしない。布教みたいなこともしたがらないですね。私の研究の話でいうと、なぜ神道が医療福祉にあまり関わってこなかったかというと、それも一つの原因なのではないかと思います。あえて布教とか、神様がどうだとか、神社にどういう意義がある、といったことを言葉にしないのが当たり前というところがありますね。

辻井：そういう体系化やコミュニケーションを否定する立場に立ったとき、神道というものがどうやって後の世代につながっていくのですか？　科学の場合は言語化して理論化して、それで広がっていくわけですが。コミュニケートすることで科学という集団的な営みというものができて、知が蓄積されていって、それが次の世代につながっていく。そういう理論化を経ない形で神道的なものがずっとつながっていくというのはどういうメカニズムなのかなと気になりました。

金田：そうですね。神道が言葉を全く使わなかったかというとそんなことはなくて、古事記や日本書紀といった書物、祝詞などもあります。京都大学に国語学、国文学を専門にされている佐野宏先生という方がいらっしゃるのですが、佐野先生がおっしゃるには古事記は非常にロジカルにできているそうです。イギリス小説並みに巧妙に伏線が張られていて、それが全部回収されていると。そういう意味では、言語化とか論理が全くなかったわけではないといえます。

なぜ続いてきたかという点でいうと、やはり神道は民族宗教というところが大きいのではないかと思います。地域の氏神様にお参りするのと自分の祖先をお参りすることは構造的には同じだと。自分をつくってくれた祖先であったり、自然であったり、それに手を合わせるのと同じだといわれていますね。

清田：今までのお話を伺っていると、神道にも当然言葉はあるし、メタ言語というか、ある種のコミュニケーション様式というか、そうしたもので受け継がれて来たところはあるのかなと感じますね。

フェーズ2　AI研究の未来像

辻井：人工知能研究の基本の部分に心身二元論がある、特に計算論的なＡＩは「心の独立性」をかなり言ってきました。心の働きは計算で捉えられ、計算という数学的な過程は物理的なものから切り離された形で議論できるとされた。この「思考は計算である」ということから、記号論的な人工知能が構想されたという意味で、思考における言語的なものが非常に強く出ていたのだと思います。

しかし、人間を全体として見たとき、やはり心身を分けて考えるという限界が出てくるわけですよね。身体の問題とか生理的な機能の問題、感情を扱おうとすると計算を支える計算機構そのものが感情や物理的状態によって変わってしまうかもしれない。やはり、僕らの心は抽象的な計算機械ではない。抑うつ的になっているときは思考が進まないとか、ハイになっているときは冷静な判断が難しいとか、身体が心に影響を与えることが思った以上にあります。そういう意味では、身体的なものと知能的なものを切り離すというＡＩの限界が来ていることは確かだと思います。物理的なものからは独立しているということを前提としていたのが、実際にやってみると生物的なある種のアーキテクチャを考える必要が強くあると。そういう系統発生論的につくられてきた人間という生物的基盤を無視して構成論的知能論を構想するというのは間違いではないかなと、個人的には思っています。

もう一つ感じていることとしては、人工知能と哲学についての議論には、一つはＡＩというものの出現がもたらす哲学的な問題、倫理的な問題を考える必要があるということと、他方で人間とは何か、人間の知能を支えている認識とは何かといった哲学的な課題に人工知能のほうから何か新しいものが出てくるのではないかという、この二つの側面があると思います。

人工知能の出現によってもたらされる哲学的な課題という前者は、今、考えるべき課題だと思います。後者の「人間の知能と人工知能をひきつけて議論する」というやり方は、以前のＡＩブームのときに盛んに行われたのですが、結局迷路に入ってしまったと思っています。フレーム問題とか、中国語の部屋とか、あまり議論しても生産的でない擬似問題になってしまったと思っています。私が哲学の話をあまりしたくなくなったのは、そういう問題を真剣に議論しても仕方ないというか、哲学的な話を議論しすぎると技術研究としてのＡＩが変な迷路に入り込んでしまうだけだと思うようになったからなのです。

人間の知能との対比をするとか、人間の知能を考えるために人工知能を研究するというのは、もう今の人工知能の現状を反映していないのではないか。むしろ、現在のＡＩは、これまでの科学的方法論や技術が取り扱うことができなかった分野に新しい方法論をもち込むという可能性があると感じています。今、私が興味があるのはそこですね。人工知能という技術が科学の方法を変える可能性があるのではないかと。物理学をモデルにするような科学が取り扱えない分野は、実は山ほどあったわけですよね。人間の知能もそうだし、経済学もそう。製造業で熟練した人がもつ技術を捉える枠組み、そういうものを対象として理解して操作の対象にしていく枠組みを人工知能がつくっていくというイメージですね。

観察からのデータが本当に理論フリーなものとして存在するのかということは、以前から村上先生がよくおっしゃっていましたが、データから少し距離をおいてその背後にある規則性を求めていくという従来の科学的なやり方で取り扱うことが難しい対象がある。データと理論の間に距離をおくやり方では取扱いが難しい対象があるのでは、と思います。データと理論をもうちょっと近づけて考えないと次の科学が出てこないのではないか、という感じがしています。データ駆動である種の計算モデルをつくっていくというような方法、これを深層学習がやり出したわけですが、データから要因間の計算関係を把握する。それが今の深層学習ではブラックボックスになっているから問題なのだけれど、そこを見ていくことで観察から背後の理論的なものに至るという、一種のリバースエンジニアリング的な科学が系統的にできる可能性があるわけです。

また、一方では、科学的な理論の構築が科学者個人の営みから集団的なものに変わってきているという側面もあります。物理学が巨大科学になったというのとはちょっと違う意味で、生物科学だとか、人間に関する科学だとか、社会学や経済学といったものが、一人の科学者では解けないような膨大なデータと多様な理論を融合していく形での巨大科学になってきているという感じがしています。そのような研究分野では、その分野に関連する知見の集合、大量の論文（テキスト）の中に散在している知見の集合といったものと膨大な観察データとを突き合わせていく作業を系統的にやっていく必要がある。このような方向からも、いったん乖離していた科学的方法論と技術というのを融合していくようなことを考えていくのが、知を対象とする人工知能の次のステップとしてあるのでは、という気がしています。

ただ、これは村上先生の受け売りみたいになってしまいますが、やはりデータというのは何を見たいかということに影響される。ある理論的な前提が背後にあって、ここを見たらいいよということでデータ化されることになっているわけですよね。データの中にはある種の理論バイアスがどうしてもある。また、観測できたデータが現実に起こっていることの総体を捉えているかというと、そうではないということにもなるわけですよね。データというのは、やはりそういう意味ではかなり微妙な存在ではあると思います。

村上：今、辻井先生がおっしゃったことに一種のフットノートをつけるとすると、ファクトとデータは区別されるという考え方があります。「ファクト（fact）」という言葉は「ファキオ（facio）」というラテン語の動詞から来ています。これはほとんど英語のｄｏと同じです。人間がする。ファクトはその過去分詞形が変化したものだといわれていて「人間がなしたこと」という意味をもっているそうです。それに対して「データ（data）」は何かというと、これは与えるという「ダート（dato）」の過去分詞形から来ています。つまり、データのほうは人間が外から与えられて別に加工もしていませんよと。ファクトとデータのこの明確な区別は英語をネイティブに使う人達の前提となっています。ですから、科学者はファクトという言葉は論文の中ではほとんど使いません。データを使って、こちらのほうが客観的だというわけですね。

ただ、いったんデータはデータとして裸のままで置いておくとすると一体それはどういうことになるのか。データなるもの、我々の感覚に与えられた刺激というものを言葉を使わずにどうやって蓄積したりコミュニケートに使ったりできるのかというと、やはりそこにはどうしても言葉が介入して来ざるを得ない。しかし、言葉が介入した瞬間に、もうそれはデータではなくなってしまうわけですね。論理実証主義の人達は、感覚に与えられたものと私達が言葉を使って表現している概念とは基本的に身分が違うのだと「センスデータ」という言い方をします。そうすると、概念（コンセプト）というのはコンシーヴ（はらむ）から来ている言葉ですから、中心があるもののその周辺にぼやっとした広がりをもっているものであるわけですが、一応の分節化でもって抱え込んだ瞬間に「であるもの」と「でないもの」との区別になってしまう。その孕みの部分が、言葉の働きの中でどう処理できるのかということが大問題として残ってしまう。これは繰り返し繰り返し、いろいろな人が議論をしていますが、明確な回答はまだありません。ただ、分節化した結果として、我々は言葉を使って新しく文章をつくったりします。最初はセンスデータに近いものを表現しようとしていた言葉をつまみ上げて他のものとくっつけたり、否定形をつけたり、いろいろな工夫をしてコンセプトをつくり上げていくことができるという側面もあるわけで、言葉のもっている自由度を我々は最終的にどこまでコントロールできるのか、という点はやはり残ってしまうのではないでしょうかね。

辻井：ちょっと話がずれるかもしれませんが、今、情報技術が極端に肥大化してしまって、ある意味、言語が情報空間（サイバー空間）の中に跳び回っているわけですよね。コンテクストから抜き取られて、別のコンテクストの中で繰り返し引用されたり、加工されたり、サイバー空間の中で膨大な言語による情報の塊みたいなものが出来上がっている。言語というか、情報の塊みたいなものですがね。それが現実から切り離され、しかも発話の状況から切り離されて文脈の異なるところでも繰り返し伝達されて、巨大な虚偽の空間をつくり出している。

個人の頭の中で起こっていることが寄り集まった巨大な思考の断片の無秩序な融合体というのか、変な世界が生まれている。もともと言葉というのは虚偽性のある媒体だと思うのですが、それが掛け算で増殖していっている。やはり、今の情報技術なりＡＩ技術がもたらした影響で社会が大きく変わりだしているという感じがあって、そこで、一個の人間にとっての価値とは何かとか、長尾先生のいう神道だとか禅とか、そういうものを求めるという話が出てくるのかもしれません。そういう危機感みたいなものがＡＩのコミュニティの中には出始めているのではないかという気はしていますね。とてつもない虚の空間をつくり出されているという感じがします。

村上：辻井先生が今おっしゃったことを、ちょうどプラスのほうにひっくり返してみると、まさにそういう人為的な虚偽の空間というのがクリエイティブな世界かもしれません。もしかすると宗教の世界もそうかもしれない。

辻井：そうですね。そういう新しいものをつくり出していくという肯定的な面と、今サイバー空間で起こっている混乱とを整理して、もう一度、体系を組み直さないといけないという感じはしますね。そういう意味では神道もそうだし、心の問題、価値の問題、個人の問題を考え直さないといけない。

清田：日比野愛子先生と江間有沙先生のお話（問い４の「『実社会の中のＡＩ』という視点」）にも出てきたことですが、ＡＩとその応用分野の発展は、これまでの経緯を踏まえると産業応用に牽引されてきたといえます。産業応用は間違いなくＡＩを発展させる強大なパワーだったと思うのですが、一方で大きな弊害も出てしまっている。サイバー空間の中で非常に大きな経済システムが動いていて、そこにもいろいろなひずみが出ているということでもあるのかなと思うところはありますね。

辻井：フランスの哲学者ジャン＝ガブリエル・ガナシアが言っていましたが、巨大ＩＴ企業が政府のような公権力よりも大きくなっていて、ＡＩが非常に商業化してしまったわけですよね。必ずしもＩＴ企業が悪いわけではないのですし、我々が意図したわけではないですが、社会の構造そのものが大きく変わってしまったことは確かです。サイバー空間の中に利益追求型の巨大な産業が無秩序にできてしまっているわけで、これはもう一度考え直さないと変になるのではないか。江間さんもそういう感じに思っておられるのかもしれませんけれど。

商業主義というのは消費者全体を捉えて行動するところがあって、「最大多数の最大幸福」を目指すという功利主義の極端なところに行ってしまう可能性がある。人間は一人ひとり違うのだという、個人の尊厳といったところを捉えきれていないことが問題かなという気はします。要は、今のＡＩは社会をどう設計していったらよいかをマスで捉えてしまう傾向があって、一人ひとりをコマのように扱ってしまう危険性があると思う。それをもう一度個人のほうに引き戻さないといけないのかなという感じはしています。

村上：従来、社会の権力機構は政治だったわけですけれど、今やサイバー空間のほうが権力機構になって、政治さえそちらに引っ張られているところが非常に多い。だとしたら、サイバー空間の中でどのように社会を動かすか、個人のウェルビーイングをどう実現するのか、その知恵をいかにつくるのかということが我々の課題なのではないでしょうか。

辻井：そういう意味では、金田さんが従事されているターミナルケアとかそういう話が表面に出て、解かなければならない人間個人の問題は何かということから出発して、技術を組み直していく必要がある。利益追求型だけでやっているとマーケットに引きずられてしまう危険性がありますね。

清田：例えば、三宅さんが携わっておられるゲームの世界にも、産業的な側面は間違いなくあるわけですが、一方で、プレイヤーどうしの交流や、ゲーム世界なりの豊かな文化の形成がある。経済が回らないと物事が動かないという面はあるにしても、そこに乗ってくる経済以外の側面にも目を向けてみることが重要なのかもしれません。それはすごく豊かなことだし、私達の次のテーマとして、そういうところにフォーカスしていけたらと思うところです。

金田：そうですね。今日、いろいろお話を伺っていて、先生方が学問分野の枠を超えたところでいろいろなことを考えていらっしゃって、共感する部分やわかる部分がたくさんあって、非常に良い機会をいただいたなと思っております。最晩年の長尾先生は、要素還元的な科学主義の時代から21世紀は互恵と寛容の精神に基づく心の時代になるというところで宗教に注目されていました。最後に出された『心の時代と神道』（アスパラ、2020年）もこれで革命を起こしたいというくらい、最後の最後まで情熱をもって世の中を変えていきたいということを言われていたので、それは私自身もちゃんと引き継いでいかないといけないと思っています。

村上：一人ひとりが何らかの形で自分達の考え方を反映させていくのが民主主義だとすれば、そういう社会構造自体が今少し変わりつつあるわけで、むしろサイバー空間をつくり上げているところの空気が政治をもコントロールしかねない。そのような状況において、じゃあ何をやらなければいけないのか。つまり、新しい権力機構であるサイバー空間というものに対して、私達は繰り返しそこへ自分達の意見をフィードバックして、何らかの形で権力機構のもつある種の暴力性というものを緩めて、弱めていく努力を重ねなければならない。それも新しい民主主義社会の一つの姿なのかなと思います。

辻井：いろいろな課題が出るわけですが、その課題を解くのはやはり技術や科学だと思います。むやみにシンギュラリティが来る、超知能が出現すると言っていてもしかたないですよね。どういう技術をつくっていったら課題が解決できるのか、新たな知の出現を人間社会に取り込んでいけるのかを考えることが重要であって。技術がつくり出した課題はやはり新しい技術で解決していくという形しかないのではないか。もちろん、新しい時代の倫理とは何か、個人の尊厳とか、自由意思といったものをもう一度考え直していかないといけない。そういうことを、技術者と宗教家なり哲学者なり、あるいは社会学をやっているような人達が寄り集まって議論していく時代になってきているのではないかなと思います。

［初出：人工知能学会誌 Vol.37, No.3］

鼎談をふり返って

本鼎談は、とにかく知の射程が長い。人工知能を長い時間と遥かな空間スケールの中で捉えています。人間と世界のつながりに遠く思いを馳せて、徐々に人間の歴史の流れの中で人工知能の現在位置に焦点を合わせて見定めていきます。村上先生と辻井先生という70年代から力強く世界で活躍されてきた二人の巨人に、神道を修められた金田さんが加わって、実りある深みへと議論を導いてくださいました。本鼎談の中心的なテーマは、人間にしろ、人工知能にしろ、「理解するとはどういうことか？」です。

村上陽一郎先生は、私の子供の頃から憧れの先生です。80年代、科学とは何か、真理とは何か、について考え続ける中学生であった私は、村上先生のご本やテレビでのお言葉を通じて「科学史」という分野があることを学びました。村上先生の視点は、常に科学を歴史の中で俯瞰し、同時に科学を包み込む思想の枠を示してくれます。東洋と西洋をあまり対立的に捉えないほうが良い、ということを鼎談の中で先生はおっしゃっています。そのご指摘の上で「理解する」ことは「要素から組み上げる」「全体をまず捉える」という二つの方向があることを指摘されました。先生の知的な誠実さ、鋭い知識の精度を感じられる鼎談となりました。

辻井先生はマンチェスター大学など世界的に活躍される研究者であり、人工知能研究の中心的役割を果たしてこられました。そのような人工知能の発展を見通してきた先生が、これまでの人工知能、これからの人工知能をどのように見ているか、ぜひお聴きしてみたかった。「理解する」ということに関しては「対象との距離を置いた記号主義的・要素還元型の理解がもつ限界」を、そして「深層学習は個々の現象に潜む計算関係を捉えて、それを計算の枠組みに乗せている」と指摘されました。しかし、そのアプローチにも限界があると、ブラックボックスをオープンにし、技術操作性を獲得する新しい方向を示されました。

金田さんは神道について丁寧に説明してくださいました。神道とＡＩはとても遠いように思えます。しかし、本質は通じているのです。金田さんは「言挙げせず」、あえて言葉にしない、という神道における知の在り方について教えてくださいました。また同時に「言霊」として言葉に力が宿る、という双方の知の在り方を指摘されました。さらに「言葉が話せるとか理性的という次元とは違うところに人間存在の前提がある」というお言葉は、言語に限らず人間を多面的に捉え得る示唆を与えています。

本鼎談は、人工知能の中身というよりは、人工知能という流れをはるかな高みから、三賢者が語る、という趣です。その意味では他の対談とは違い、とても冷静に人工知能の行く末を見つめられている。白熱する人工知能ブームの中で、このような鼎談ができたことを、とても誇らしく思います。（三宅）

問い4

人工知能にとって実世界とは何か

「実社会の中のAI」という視点

日比野愛子 × 江間有沙

人工知能と実社会を結ぶインタラクション

奥出直人 × 清田陽司

「実社会の中のＡＩ」という視点

日比野愛子（弘前大学）×江間有沙（東京大学）

人工知能という技術の社会における意義や課題、さらには研究者コミュニティも含めた倫理の在り方をどう議論するべきなのか、科学技術と社会の関係を研究する日比野愛子氏、江間有沙氏が議論を展開した。［2022年1月15日収録］

フェーズ0

三宅：まず、日比野先生から自己紹介をお願いいたします。

日比野：弘前大学の日比野です。本日はよろしくお願いします。専門は社会心理学です。もう一つは科学技術社会論という分野でいろいろやっております。大きくいうと、科学技術と社会の関係性ということになりますが、科学技術の中でも萌芽的な段階にある科学あるいはテクノロジーが社会の中でどういうふうに成立していくかに関心をもっています。私が扱ってきたテーマは主には人工細胞、人工肉などの生命科学の話、それから感染症シミュレーション技術です。実はＡＩは全然詳しくないので、むしろ勉強させていただきたいなと思って参りました。

「社会的に成立する」というときに見るべきポイントが三つあると思っています。社会が新しいテクノロジーに直面するとき、何だかよくわからないものに対して最初はやはり人々が不審を抱く場合があります。そのときにどんなメタファが与えられるのか、どういう人がどういう反応をするかを調べて、意味としての社会的な成立を見るのが一つです。

もう一つは、意味の世界から少し離れて、モノやシステムが新しいテクノロジーによってどう変化するのか、という視点です。社会ではたくさんの他の技術、制度がすでにつながっていて、新しい技術が入るということは必ず何か既存のシステムに埋め込まれるなり、あるいはシステムを置き換えるというように、実体的な部分で変化が起こっているわけですよね。意味にこだわらずに、その実体的な変化を見るのも面白いです。

最後に三つ目ですが、社会的な成立を外から見ているだけではなくて、例えばうまくいかなかったり、まだそれがよくわからない技術であるときにどうやって対話を起こして人を巻き込んでいくかという点も重要だなと考えていまして、こちらは研究だけではなくて実践的に取り組んでいます。実はここが江間さんと関係するところになるのですが、それこそ対話のためのツールをつくったり、個人的に楽しくやっています。

三宅：対話のためのツールというのは具体的にはどういうことでしょうか？

日比野：ゲーミングシミュレーションをつくっています。例えば生活習慣病のことをみんなに知ってもらうときに、「生活習慣病にはこういう問題がある」と、正しい知識をもつ専門家が教えてあげる構造があります。でも、それではどうしても自分のこととして捉えにくかったりします。そうしたときに、お互い話しやすいような形の対話ゲームをつくります。例えば「夜中にラーメンを食べるか」というジレンマ状況を仮想的に設定して、片方のプレーヤがもう片方のプレーヤを誘惑するゲームなのですが、その中で「実際、どれぐらい塩分をとったら危ないか」みたいな疑問や、「やっぱり美味しいよね」といった本音を引き出す、そういうことが対話ツールで可能となります。

三宅：ありがとうございます。社会心理学について、簡単にこの分野の成立などを教えていただけると助かります。

日比野：社会心理学は心理学の中でも特殊な心理学です。心理学は個人の認知過程などに注目することが多いですが、社会心理学は個人の心理や性格といったものにはあまり関心はなくて、人々のいろいろな行動や意識がどういう状況の中で引き起こされるのかという、状況の力のほうを重視します。また、社会の中である観念が生まれるとき、最初はただの観念でしかないわけですが、それをもとに人々がお互いにやり取りしたり行動すると、それが社会の現実になっていくような力に目を向けるのですね。単に意識だけを切り離して考えるのではなく、社会のさまざまなインタラクションの中で何がどのように現実になっていくのかという部分を取り出す、それが特徴です。グループダイナミクスという、より現場の集団の変化に注目する立場もあります。

三宅：グループダイナミクスという言葉は、集団のシミュレーションというように捉えられる場合が多いと思うのですが、どういう定義付けになるのでしょうか？

日比野：グループダイナミクスは、先ほどの三つの区分でいうと3番目に近いですね。例えば集団がこうなっているとか、こんな社会で今こういう問題が起こっていると理解するだけではなくて、どうやったら解決できるのかを考え、集団に自身も飛び込むのがポイントかと思います。もちろん、ただ飛び込むというより、集団の動きを理解することも必要なので、そういう意味で社会心理学とグループダイナミクスは基本は重なっていて、力点の置きどころが異なるといえます。研究者も中に飛び込み、対象化せずに自分もその動きを起こそうとするのがグループダイナミクスの姿勢ですね。

三宅：それでは、江間さんの自己紹介をお願いいたします。

江間：東京大学の江間と申します。人工知能学会では今、編集委員もしていまして、昨年、「ＡＩ原則から実践へ：国際的な活動紹介」（人工知能学会誌 Vol.36, No.2, pp.179-212, 2021）という特集を組ませていただきました。基本的には、ＡＩのガバナンス、ＡＩをどのように舵取りしていけばよいのかという話であったり、国際的な議論の中でＡＩ倫理、いわゆる「AI Ethics」と呼ばれている分野でＡＩがもたらすさまざまな課題に取り組んでいます。

技術的な課題としては、ＡＩのデータバイアス、アルゴリズムバイアスなどをいかに緩和していくかという話、あるいはＡＩがブラックボックス化してしまう中で透明性や説明責任をどのように担保していけばよいのかという話があったりします。一方で公平なＡＩをつくろうとしたとき、そもそも何が公平なのかは技術だけでは決められません。社会的な規範や国際標準などいろいろなことが関わってきますし、説明されたからといって人々が納得するわけではないですよね。そういうところでは、技術者の方、設計する側は医療、交通、軍事などさまざまな場面や文脈に応じて、人々がＡＩに何を期待しているのかを知る必要があり、つまり社会と技術の橋渡しをする必要が出てきます。

また、ＡＩガバナンスに関しては、各国政府や巨大プラットフォーマを含めた多様なステークホルダと共同規制の在り方について議論を始めていますが、既得権益をもっている人がＡＩの倫理を考えること自体が「ＡＩ倫理が罪を隠す煙幕」として使われているとの批判を、先にあげた「ＡＩ原則から実践へ」の中でする方もいらっしゃいました。ＡＩガバナンス、ＡＩ倫理という言葉を、単純に「重要だ、やらなければ」と進めていくだけではなく、ある種批判的に、誰がそれを提唱しているのか、それが逆にただ多様な人の意見を聞くだけで意思決定には反映させないという「参加の搾取」につながっていないのではないかと自省するような視点も必要だと、私自身の反省も踏まえながら考えています。

そのような点からもＡＩガバナンス、ＡＩ倫理を考えていくことは大事だと言っている一方で、それが例えば押し付けになっていないか、ＡＩ倫理と言っていること自体、例えばリソースの少ないスタートアップでは参入障壁になってしまっているのではないかとの産業構造の問題を指摘するなども同時に行っています。私が専門としているＳＴＳ（科学技術社会論）は、自分達の研究や活動が本当に社会のためになっているか今一度見つめ直すとか、自分達自身が逆に権力を振りかざす側になっていないかということにも反省的・再帰的に注目を払いながら議論していく研究領域でもあります。

一方で、ＡＩ研究者の方にとっては、外部からやってくる私のような存在は、倫理だ、法だ、社会が、と言って自分達を批判しに来る、自分達の研究をストップしに来る人なのではないかと警戒されると思います。２０１５年頃だと思いますが、最初に倫理委員会関係で松尾　豊さんにお会いしたときに「あなたは怖い人ですか？」と言われたこともありました（笑）。研究者の方が生み出す技術が誤解されないように、あるいは設計者が全く意図しない悪用を防ぐためにも技術の開発段階から一緒に考えていくことをやりたいのだと言いながら、人工知能学会では倫理委員会にも関わらせていただきましたし、編集委員会でも特集を組ませていただきました。ほかにも、日本ディープラーニング協会など産業側、むしろAI倫理などを考える時間的、人的余裕が少ないようなスタートアップの側の立ち位置も理解しながら、議論できる場をつくろうとする活動もしています。

AIガバナンスや倫理の議論や体制づくりは、今後推進すること自体が研究者や産業側の強みになるものだとも思っています。そういう意味では、私は日比野さんが3番目のところでおっしゃったように、社会が今どうなっているのか、技術における社会との向き合い方に取り組んでいるといえるかと思います。方法論としては、現状把握としてインタビュー調査、アンケート調査などもやりますが、東京大学における研究活動で特に大事にしていることは、技術からスタートするのではなく、私達がどういう社会をつくりたいか、どういう社会を求めているか、ステークホルダを巻き込んでさまざまなビジョンを議論する対話の場をつくっていくことです。それは中立とみなされるアカデミアだからこそできることではないかと考えています。

三宅：江間さんのご活躍は本当に幅広くて、いろいろな研究者がそこから示唆を得ているのではないかと思います。なじみのない方もおられると思いますので、科学技術社会論について改めて、どういう形で成立して、今どんな状態なのかというところを教えていただけますか？　かなり昔からある学問領域なのか、最近の人工知能と相まって急激に発展してきたとか、そのあたりの基本的な知識を教えてください。

江間：海外と日本では背景や文脈が違う部分もあったりして一概にはいえないのですが、特徴の一つとしては、20世紀半ばくらいから、科学技術と社会の界面で生じるさまざまな問題が顕在化する中で、どちらかというと他の学問分野よりも研究と活動を一緒にやっていくというようなスタンスで発展してきた分野といえます。ＳＴＳという略語はScience, Technology and Society（科学・技術・社会）として科学技術と社会の間のコミュニケーションや対話を促進する側面もあれば、Science and Technology Studies（科学技術論／科学技術社会論）として学術として論じていくという側面もあり、どちらの略称とするのかで見え方も変わってくるのかなと思います。また扱われているテーマも多様です。環境問題、原子力発電所の問題、日本であれば水俣の公害問題とか、そういうところは科学技術だけの問題ではなく、社会的な活動も見ていく必要があり、ＳＴＳの研究者が取り組んできました。遺伝子組換え問題、ナノテクノロジー、情報技術、最近になってＡＩというように広がっています。日本の科学技術社会論学会の会員数は現在約５００人ですが、学会に行くと、こちらに遺伝子組換えや生命科学の話をしている人もいれば、あちらではＡＩの話、その向こうでは科学教育の話をする人がいたり、というように、テーマは幅広いです。テーマが多様であれば、アプローチの仕方も多様で、科学技術と社会の間での課題を社会学、人類学、また日比野さんのいらっしゃる社会心理学であったり、あるいは哲学、歴史学というような学問の手法を用いたり、連携しながら考えていこうとする研究分野です。

三宅：ありがとうございます。お二人の研究スタイルについてお聞きしたいのですが、研究のアプローチという点でお二人の相違点などはありますか？

日比野：研究スタイルは悩んだり模索しているので、答えるのがなかなか難しいところですが……。最

図1　対談風景（上段左：清田、上段右：三宅、下段左：日比野、下段右：江間）

近は割り切って二枚看板でいこうとしています。テクノロジーが人々の意識にどんな反応を起こすかを見るという、社会心理学のアプローチをとる場合もありますし、別の文脈で、テクノロジーそのものに踏み込んだ研究をするときには科学技術社会論です、と使い分けています。実践は、個人的には興味があって、あまり論文という形にならないところでやってはいるのですけれど、今はどちらかというと江間さんのいうところの、対象化する活動の比重が大きくなっているのかな。

江間：研究の手法でいうと、論文を書くときであれば文献調査のほかアンケート調査とかインタビュー調査というような手法も使います。一方で、科学コミュニケーション論的な観点では、対話の場をつくること自体のノウハウ、どうしたらさまざまなステークホルダの人達を集めてうまく議論していけるのか、新しい価値を一緒に生み出していけるのか、が重要になってきます。ＡＩでは推進派・反対派のような対立構造はあまりないかもしれませんが、例えばＡＩに対して非常に大きい抵抗感をもつ人と積極的に推進したい人が同じ場で同じ議論をするには工夫が必要になります。ファシリテーション能力みたいなところ、あるいはどういうトピックを選べばよいのかみたいなところも大事ですし、ＳＴＳの重要な研究でもあります。２０１７年に日本科学未来館で一般の人達をお招きしてサイエンスカフェみたいな形でディスカッションをしたのですが、議論のプロセスを残すためということでグラフィックファシリテーションの技術を取り入れたりしました。学生さんにそういう技術を習得してもらってファシリテータとして入ってもらうという形で。いろいろな論点を出していくとき、内容を可視化することも、スタイルというか取り得る手法として大事だと思っています。そういう意味では節操がなくて、役に立つとか、面白そうとなったら首を突っ込むというのがスタイルともいえます。

例えば今、ＪＳＴムーンショットプロジェクトとして、ＶＲ研究者の鳴海拓志さん（東京大学大学院情報理工学系研究科）達と共同研究をしていますが、ＶＲを用いた対話の場の設計も面白いと思います。ヘッドマウントディスプレイを付けて仮想体験をすることで、単なるシミュレーションやシナリオより、もっとリアルに課題認識ができ、共感が得られるのではないか。あるいは、他者の立場に自分を置くということについても、シナリオをもとにしたインタビュー調査よりも効果的な面もあるのではないかとか。そういうところに手を出して、一緒にワークショップをやりましょうという話を進めたりしています。基本的には、今まで培ってきた調査法とか学術体系をさておくというわけではないのですが、新しいものが好きなので飛びついてやってしまうみたいなことも多いですね。一人でやるというよりは、周りの人を巻き込んで、あるいは巻き込まれて、という形も多い気がします。

もう一ついうのであれば、やはりビジョンや概念をつくったり、論点を整理したいなと思っているところです。例えば自動運転の技術はＳＡＥ（Society of Automotive Engineers）[*1]が規格をつくることによって、「レベル３のときはこういう問題が起きるよね、法的にはこんな問題があるよね」というように、共通基盤のもとで議論できるようになりました。そんな感じで、医療ＡＩのタイプ分類の提案もしましたし、現在はスポーツ審判の事例をもとにして、人と機械の協働意思決定のタイプ分けの研究もしています。そういうような概念というか、モデルをつくることによって、それをもとにみんなで議論ができるようなことを提唱していきたいとも思っています。

フェーズ1　AIのバイアス問題から見えてくるもの

三宅：ここからはフリーディスカッションということで、最初にバイアスというテーマから議論を始めたいと思います。まず江間先生のほうからＡＩにおけるバイアスの問題、バイアスという言葉が使われる背景などについてお話しいただけないでしょうか？

江間：バイアスは、ＡＩの倫理とかガバナンスの話をするうえで一つの重要なキーワードです。バイアスという単語自体は統計的な偏りという意味で技術系の研究者や数学の方にとって悪い意味をもつことはないと思いますが、社会的意味からするとバイアスはないほうがよいと思われるものだと思います。

＊1　ＳＡＥ（Society of Automotive Engineers）は、アメリカ自動車技術者協会。

一般的に、ＡＩでいわゆるバイアスといわれているものには、データのバイアス、アルゴリズムのバイアス、社会のバイアスという三つのレイヤがあると思っています。一つ目のデータのバイアスは、そもそもＡＩに読み込ませるデータが偏っているというもの。よく問題になるのは人種や性別ですが、例えば採用ＡＩをつくりたいときに白人のデータだけが読み込まれていたり、あるいは男性ばかりのデータになっていたりすることで、人種の異なる人や女性、ＬＧＢＴＱの立場の人達の評価が低くなってしまう、公平に判断されなくなってしまうという問題があります。これは顔認証でも問題になっています。白人男性の認識率は高いけれど、非白人の女性や、ちょっと特殊な格好をしている人の認識度が低くなってしまう。これはやはりＡＩモデルをつくるときに読み込ませるデータに偏りがあるからだと。もちろん技術的に解決できるところはあります。しかし、それ自体簡単なことではないわけですよね。データ数を増やすといっても、どこからそのデータを集めてくるのか、追加コストは誰が負担するのか、どんなデータでもよいわけではないので、個人情報やプライバシーの問題はどうなるかなど、ＥＬＳＩ（Ethical, Legal, and Social Implications：倫理的・法的・社会的影響）の問題にも発展していきます。企業や研究者は今、技術的、法的に可能かという話と経済的にそのコストが見合うか、そして人々の「何となくいやだ」といった感情に向き合っているかという面で、データバイアスへの向き方を突きつけられているのかなと思います。

そういうバイアスがなぜ起こるのかについて、設計する会社であったりＡＩコミュニティ自体が、社会的・産業構造的に偏っていることが問題としてあげられています。それはもう技術でどうにかできる問題ではなくて、人工知能学会も例えば男性が多かったりしますし、そもそも他の分野に比べて情報系の教授に女性がほとんどいません。もちろんＬＧＢＴＱなんてもってのほか。そうすると、自分達のコミュニティの中では当たり前と思われていることが他の人達の当たり前ではないということに全く気付かない、気付く機会すらないということになってしまいます。

アルゴリズムのバイアスも問題は同じで、例えば何を公平と考えるかにしても、経過なのか結果なのかでも求めるアルゴリズムは変わるわけです。どういう公平性が社会的に求められているのかは、ＡＩシステムや社会、文化によっても変わってきます。まずは社会的に自分達の置かれている状況に偏りがある、是正に至らなくともまずは気付きを得るということが大事なのかなと思います。

三宅：日比野先生は人工知能におけるバイアスの問題をどのように捉えていらっしゃいますか？

日比野：今の江間さんのお話はコミュニティの中の構造の偏りだと思いますが、ＡＩとバイアスというキーワードで私が思い浮かべたのは、むしろ社会の側です。ＡＩの技術、あるいはコミュニティに対して、ある種、社会の側の偏った見方が出てしまう。それがプラスに働くこともあればそうではない部分もあって、そこの問題もあるのかなと思います。どの新興技術も受ける洗礼なのですが、新しい技術が生まれて、まだどうなるか全然わからない段階で期待が高まることがあります。これは熱狂という意味でハイプともいわれますが、先ほど江間さんがおっしゃっていた例でいえば、むしろ科学から少し離れた人にとっては、これで公平な判断ができるのではないかと期待が高まってしまう。これはお金を呼び込むという意味では良いわけですが、後になって、実際そこまでできないよとなったときに、逆に反発を招いてしまうのですよね。そういうダイナミズムはときに問題となるかもしれません。

それとは別に、「そもそもＡＩとは何か」という素朴なメタファとか意味付けみたいなもの、まだぼんやりとしたものが、徐々に形を得てくると侮れない形で技術の内部にも影響を及ぼすことがあると思います。

江間：関連して言うと、研究者の方が一般の人達と話すときは特に、ＡＩを主語にして話すのはやめたほうがよいのではないかなと思うことがあります。「ＡＩが判断をする」とか「ＡＩが予測をする」という言い方をすると、やはり日比野さんが指摘するようにハイプというか、何でもできるんだという期待が高まってしまうと思うのですよね。でも結局、その判断基準や予測基準をつくっているのは人間であって、その人がどういう基準、あるいは考え方でつくっているのかをしっかりと見える形にしておかないと、余計な期待、あるいは逆に余計な不安が出てくるのではないかと思います。

来週、学部生の学生さんと話をするということで事前に質問をもらったのですが、ＡＩにあまりなじみがないと、シンギュラリティとかＡＩが暴走するというようなことに対する懸念が出てくるのですよね。それは、ＡＩが問題を起こすというより、ＡＩを私達がどう使うか、道具として使う人の考え方自体の問題であって、背景をちゃんと見ていかないと思考停止になってしまう。ただ、やはりそう言われても「ＡＩが……」というふうに言ってくる人がいて、それはむしろ期待が高いということの表れなのかもしれませんが、そこに対して研究者がどう向き合うかは非常に重要になってくると思います。気をつけないと、日比野さんがおっしゃったような、余計なハイプによって期待はずれだみたいな状況になってしまう。第二次ＡＩブームと同じ轍を踏まないようにすることも大事なのかなと思いました。

三宅：人工知能の研究者は、第一次ブームも期待させせすぎて失望させた、第二次ブームも期待させせすぎて失望させた、第三次ブームもひょっとしたらそうなるのではないかと、おそらくそう思っている人は多いと思います。こういう現象は人工知能に特有なのかなという思いがあるのですが、日比野先生が取り組まれている人工肉、人工細胞の分野でもそういったことは同じようにあるものなのでしょうか？

日比野：あると思います。データをきちんと取ったわけではありませんが、iPS細胞もそうですよね。今、ようやく臨床治療に使えるという話になってきているわけですが、出始めた頃には過度の期待とその反動があったと思います。最初はわからないので警戒しても、ちょっとすると「夢の医療が可能になるかもしれない」と期待が膨らんでいく。でも、どうも実用化はしばらく難しいらしい、となって沈静化する。人工肉もまさにそうした段階に差し掛かりつつあるのではないでしょうか。

どうすればこうしたハイプを起こさずにうまく出していけるかというのは本当に難しい課題です。出し方の一つとして、まだ途中であっても技術的にこういう状況だという情報をこまめに出して、フィードバックを早めに得るやり方はあるかもしれません。ハイプの防止策があれば聞いてみたいところです。そもそも防止しなくてもよいという話もあるのかもしれませんが。

三宅：江間さんが先ほどおっしゃった人工知能を主語にするというのは、確かにみんな意図的にやっていると思います。講演とか一般の人に向けて話すときは特に。一般的な大きな流れがあって我々はその大事業の一部を知っている、だから「人工知能が発展します」という言い方をしてしまうのですが、そういうことへの牽制が必要なのは、特に人工知能の分野だけなのでしょうか？　それとも他の分野でもそういう危険性があるのでしょうか？

江間：人工知能、あるいはロボティクスもそうだと思いますが、擬人化できますよね。SFやアニメの影響もあって、すごくイメージがしやすいというのは一つあると思います。人工肉が主語になったとしても、それとは受ける印象は違うと思います。

人工知能の発祥自体が人類学、哲学や情報科学の接合点などから生まれてきた歴史があって、人間のような機械、人間の思考みたいなものを機械でどう実現するかといった考え方は、第一次ブームの頃からずっと連綿としてあるわけですよね。日本の研究者はむしろそういうDNAを非常に濃く受け継いでいるのではないかと思います。一方で、AIをビジネスのツールとして見ている人達、第三次ブームから入ってきた人達のほうはむしろ割り切っている感じがします。今、人工知能学会でときめいている人達は、どちらかというと人間に興味があって、人工知能を通して人間を知りたいというところが強いからこそ擬人化が起きてしまうのではないでしょうか。

日比野：擬人化の話題は興味深いですよね。ただ一般の人といったときに、一般の人はそれで擬人化しやすいのだというふうに一面的に捉えてしまうのもあまり良くなくて、実は社会心理学でも人工知能の主体性をどう見るのかについてのテーマは最近関心が集まっているところです。つまり、人工知能に主体性をもたせて擬人化しやすい人もいれば、そうではないという人もいるというように、人々の中にも多様性があります。さらに、責任をどこに帰属させるかについても、それほどステレオタイプなものの見方を全員がしているわけではないという話も聞いています。

江間：そうですね。研究者として擬人化したがる人もいれば、本当にツールですよと言い切る人もいる、そういうバリエーションが多いのはある意味、人工知能分野の特徴であるというふうにいえるのかもしれません。だからこそ丁寧に対話していかないと、どうも話がかみ合わないということになりがちなのかなという気はしました。どういう前提でこの人はAIを捉えているのだろうかという文脈によって話をしていかないと、産業で期待していることと、政策で期待していることでもまた違うし、日比野さんがおっしゃったように、一般の人達の中でもイメージは多様なので、話がうまくかみ合わなくなる。対話の場をつくるときに押し付けではなく、「今回はこういう前提で、こういう問題意識があって、ここについて議論したい」ということを丁寧に説明する、合意形成していくということを、もしかしたら他の分野よりも丁寧にやっていかないといけないのかもしれないですね。

三宅：大変、感銘を受けますね。一般の人々の中に人工知能が今どういうふうに表れているかというのはテーマとしてあまり取り上げてきませんでした。その点、人々の中にある人工知能のイメージを調べて分類したものはあるのでしょうか？

江間：分類とは違いますが、青山学院大学の河島茂生先生が新聞記事を通して人工知能およびロボットの表象の変遷を調査されています。人工知能学会誌にも掲載されていますが[*2]、新聞記事に見られる人工知能への人々の期待が第二次ブームと第三次ブームでそんなに差がなかったということ、そこで議論されている内容もほとんど変わらなかったということ自体が衝撃でした。そう考えると、人々がAIをどういうふうに認識して、どう考えているのかということ自体、下手したら1980年代からずっとアップデートされていない可能性があるわけですよね。

でも、そういう状況だからこそ、人工知能学会でも大澤博隆さんや宮本道人さん達が進めている

＊2　河島茂生「新聞記事に見る人工知能やロボットの言説の変化」（人工知能学会誌 Vol.32, No.6, pp.935 - 942, 2017）

「ＡＩ×ＳＦプロジェクト」のような、ＳＦを使ってＡＩをアップデートしようというプロジェクトに期待が集まるところでもあるのではないかと思います。一般を対象とした映画やアニメでは、いまだにＡＩというと、『２００１年宇宙の旅』（スタンリー・キューブリック、１９６８年）や『攻殻機動隊』（士郎正宗、１９８９年〜）という作品のイメージが繰り返し使われます。既視感のある、新しいけれど古いというような人工知能像をいかにアップデートするか、ある種、そこが課題になっているのかもしれません。

そういう課題がある一方、ちょっと話がずれるかもしれないですけれど、個人的に気になっているのは擬人化されるＡＩではないほう、ですね。今のＡＩは、スマートフォンのアプリなどをはじめとして、知らないうちに私達の社会に入り込んできてしまっています。自分達の判断、意思決定、行動に影響を及ぼすものが、マイクロターゲティングのようにそうとはわからないように見えない形で入り込んできている、影響を及ぼしていることに対して、もう少し意識を向けたほうがよいのではないかと思います。そこに対してのリテラシーを深めていくことも大事だと思います。「ＡＩ像」というのはおそらくそのくらい多様です。形がないものもあれば、分身として動くアバターのようなもの、身体性を得ているものとか、何がＡＩというふうにいわれているのか、技術系ではない一般の人からすると混乱してしまうというようなこともあるのではないかなとも思います。

清田：このレクチャーシリーズでも、伊藤亜紗先生が身体性についてされたお話が非常に印象深くて、特に、哲学ではどうしても白人男性から見たときの一般性みたいなところが議論され、出産などの重要なテーマが手つかずになっていると（問い１の「人とＡＩのコミュニケーション」）。そういうところもアップデートが全然されていないということなのかなと、江間さんの話を聞いて思いました。

三宅：江間さんがおっしゃったような映画やアニメ、小説に描かれたイメージから来るものもあると思いますが、人工知能の一般的なイメージの形成には他にどういう要因があるのでしょうか？　日本とヨーロッパ、そしてアメリカなど、それぞれの文化で異なる形成がされているのかなと、何となくは感じているのですが。そのあたりは日比野先生、いかがでしょうか？

日比野：まさにそうだと思います。もちろん共通の部分、例えば人間はどういうものを生物だと思いやすいかとか、そういったタイプの研究もありますが、むしろこういう話は比較文化学的なアプローチで見ると非常に面白いですね。フィクションに出てくるようなロボットと、身体性を伴わないインフラ的なＡＩを並べてみたときに、日本は前者を親和的なものとして描いてきた可能性がありますし、海外で描かれるフィクションの中でいわゆる悪玉として出てくるロボットと人間との関係性を見ると、日本とはかなり違うのかなという印象です。

さらに私が関心をもっているのは、人工知能という分野が構成的な学問だという点です。技術側の特性について関心をもっておりまして、というのは海外の研究者と日本の技術の話をするときにこの「構成的」という内容がうまく伝わらないのです。もちろん人工知能の研究者どうしであれば、そういうギャップはないのかもしれません。ですが、社会科学的に見ている者どうしで話すときに、構成的な、「つくってみて考える」というのは海外の研究者に何か引っ掛かりをもたらすようです。技術面での根っこにある考え方の特性とその社会がもっている物語が緩やかに連携している可能性について探求を深めたいところです。倫理問題を考えようとする際も、欧米からの輸入になりがちですが、おそらくある程度、文化や地域に根ざした形でその場所なりのルールをつくる必要があるのではないでしょうか。今後、文化的背景まで見ていく研究や実践も進むだろうと期待します。

清田：長尾真先生が『楽天知命』（アスパラ、２０１９年）という本の中で、一時期、人文系の学問でも社会科学や教育科学など、「科学」をつけるのが流行ったが、それには違和感を覚えたという話を書かれていました。学問は科学的に研究されるべきものだという強固なパラダイムが存在しますが、一方で、科学は研究のアプローチとして有力な道具ではあるものの唯一のアプローチではなく、もっと全体的に捉えていく必要があるのではないかとおっしゃっています。京都大学で情報学研究科という大学院が設立されたとき、多くの先生方は名称を「情報科学研究科」にするべきだと主張されたのですが、長尾先生は情報自体を学問として研究するのだから「情報学」のほうがよいとして、皆を説得されたそうです。その裏側には、もしかすると東洋的な考え方があったのかもしれないなと、今になって思います。東洋的な考え方には体系的なものがあまりないような気もしますが、仏教には哲学的な側面が間違いなくありますし、物事を全体として捉えるような見方というものが確かにある。構成的な、という話も実はそういうところから来ているのかなという感じがします。仏教とか東洋哲学に造詣が深い方と議論しないと確証はもてないところではありますが。

フェーズ2　社会における存在としてのAIと倫理

三宅：ちょっと乱暴な議論ですが、日本人が思っている人工知能と欧米の人達が思っている人工知能はひょっとしたら全然違うものなのではないかと、ときどき思うことがあります。倫理の問題にしてもバイアスの問題にしても、焦点にするところが違うのも、そもそも人工知能というものの捉え方が根本的に違っているからではないかなと。存在と捉えるのか情報と捉えるのか、ツールと捉えるのか実在と捉えるのか、そのあたりが日本の人工知能倫理と海外の倫理のギャップになっているのかなと思うのですよね。お二人には、AI ELSIの問題はどういうふうに映っていますか？

江間：私自身は、一概に東洋と西洋で割り切ることはあまりしたくない派ではあるのですが、あえて言うと、やはりヨーロッパ的な考えからすると、ロボットやＡＩは情報技術というか「物」であって、人間によって管理されるべきと捉えられているのだと思います。２０１６年頃にフランスに行ったときに『そろそろ、人工知能の真実を話そう』（邦訳：伊藤直子、小林重裕訳、早川書房、２０１７年）の著者であるジャン＝ガブリエル・ガナシアさんといろいろ話をさせていただいたのですが、彼がすごく不思議そうに「日本人はなぜロボットと人間の境界をなくそうとするのか」と聞いてきたんです。彼の念頭にあったのは石黒浩さんのジェミノイドや、先ほど論点として出てきたＡＩを擬人化しようとする点だと思います。欧米では子供は保護するべき対象であり、一人で留守番もさせてはいけない、自由にさせていいものではない。ロボットやＡＩも扱いとしてはそれと同レベル、あるいはそれ以下であって、人間というか大人が管理するべき位置にあると考えられているのではないでしょうか。だから人とロボットは対等ではないのですよね。キリスト教的な考え方で、神の代理人としての人間が、地球環境や社会に関して管理人としての役割を果たす責務があるという考え方です。

環境問題に関しても、スチュワードシップという言葉が最近よく使われますけれど、人間が責任をもって管理するべきであると考えるのだと思います。一方で、日本は地球環境の話にしても、場合によっては「天災」といったり人知の及ばないものだと捉えたりする考え方もあります。自分（人間）にはどうしようもないというか。そう考えるので日本人は地球の環境問題に対しての関心が薄いのではないかと言っている人もいたりします。

こういう二項対立的な考え方について、あまりにもステレオタイプ化しすぎてしまうのもどうかと思いながらも、人工知能に対するというより、「物」に対する、あるいは人間の、地球上というか世界における位置付けに対する考え方の違いはもしかしたらあるのかもしれないと、海外の人と話しながら考えることはありますね。もちろん、ヨーロッパでもＡＩやロボットに法人格のような人格権を与えるべきだという人もいたり、ロボットの恋人がいるというフランス人がいたりもするので、全員が全員、そういう考え方ではないというところはあるのですが。

三宅：本当に複雑なファクタがいろいろ絡み合っていると思います。人工知能の社会における位置付けと倫理の問題は関連しているのではないかという、その点につきまして日比野先生はどうお考えでしょうか？

日比野：西洋と東洋という区別にしなくても、仮にある社会で非常に知能のヒエラルキーがしっかりしているものの見方があるときに、そこで問われる倫理とはその区分を超えないのか、超えそうなものが出てきたときにどう位置付けるのかという議論になると思います。一方で、どちらかというと区分がそこまでは明確でない、有象無象で連続的であったり、お互い関係し合う見方がより強いときにはそもそも倫理という問題が出にくいのでは。タブーが現れにくくなると、区分側から見ると怪しい社会になってしまう。それがもしかしたら、「つくってみて考える、使ってみて考える」社会で倫理を考えることの難しさにつながるのかもしれません。

これは全くの思いつきですが、むしろつくったものそのものを大事にする観点から倫理に関わる枠組みがつくれないかとも思います。外から見るとよくわからないにしても、やりすぎをとどめて、良い方向に技術社会が発展していくために、存在するものとのつながりを大事にする視点は一つ、土台になり得るのかなと思います。

江間：今、日比野さんがおっしゃったような、つくったものに対する関係性を大事にする、ものに向き合う態度をもう少し考えていくことが大事だという話は名古屋大学の上出寛子先生や森政弘先生が、ロボットの哲学やロボットと仏教という文脈で議論されていた内容とも近いのかなとも思います。それは日本が、ヨーロッパが、ということではなく。

その他にも、例えば、ボストンダイナミクスの四足歩行型のロボットを蹴ったりするYouTube動画に対して「かわいそうだ」という声もありましたよね。頑丈性を示すためにあえてそういうことをやっているのですが、それを見てロボットを虐待してはいけない、ロボット愛護法みたいなものをつくるべきだみたいな急進的なことを言い出したりしています。日本でもロボットの「wakamaru」が産業廃棄物のゴミ捨て場に置かれている写真がTwitterに投稿されて、あんな扱いをしてよいのかと話題になりました。単に「物」として扱うのではなく礼儀や作法をもって扱いましょうねという感覚は、それこそ擬人化とその外見の表現の問題も合わさって簡単に言えるようなことではないのですが、人と機械の関係性を考えるうえで興味深いなと、日比野さんの話を聞いていて思い出しました。

三宅：僕はディジタルゲームをつくっていますけれど、ゲームの中のＡＩキャラクターは40年前からプレーヤに倒され続けているのに誰も文句を言わない。いくら人間ぽくなっても、です。ところが物質という身体をもった途端、それがシンプルなロボットでさえ、社会的な問題の中で捉えられるというのがすごく面白いですね。

江間：一方で、最近はジェンダー問題関連で、表現に関するところが話題になりますよね。アバターに対するセクハラだとか。逆に言うと、どういう外見をつくるのかというところに非常にセンシティブになってきているところはあるのではないでしょうか。

三宅：おっしゃるとおり、ディジタルキャラクターがいろいろな場所に出ていったときにジェンダーの問題、表現の問題が社会的なこととして大きく取り上げられる場合が多くなってきました。それは、存在としてそこにＡＩがあることが社会的な意義をもつということでもあると思うのですが、日比野先生、その点についてお話しいただけますか？

日比野：今、身体性の話が出てきていますが、社会において人が何に動かされやすいかというと、「そこに実際にある身体」の影響は強いと思います。それは良い面だけではなくて、物事の達成に際し、単に機能とか生産の値ではなく、パフォーマンスが効きすぎてしまう問題もあります。つまり、内実が伴わない社会になってしまうわけで、身体が影響を与えるのはなぜかという背景を絡めて考える必要があるのかなというのが一つです。

もう一つ、先ほど江間さんがおっしゃっていた、見えないところで入り込んでいるアルゴリズムについての議論、こちらは、やはり議論が全然足りていない課題だと捉えています。データを整えるときに実はバイアスが紛れ込んでいる、こういう手法で選別をされている、という問題に加えて、インフラとしてどこからどのようなデータを集約してきて、それをどうオープンにするかという可視化が、ＡＩ技術の倫理のもう一つの課題ではないでしょうか。

三宅：ここまで、社会の中の人工知能について話をしてきましたが、最後に、人工知能研究者を含めて「人工知能を考える場」をどうつくるかという、場づくりについてお二人にお聞きできればと思います。例えば、普段アルゴリズムをつくっている研究室の中で場をつくっていくということが重要になってくるのでしょうか？　考える場を研究者自身はどういうふうにもっていくべきなのかというところを教えていただけないでしょうか？

江間：誰がどう考えていくべきかというのは、本当にいろいろなレイヤ、つまり目的と文脈によって変わってくると思います。私も関わっているのですが、「ＧＰＡＩ（Global Partnership on AI）」のような、国際的な社会でいろいろな議論を集約して現状を把握していこうとしている活動の分科会で「雇用の未来」の議論をしたりしますが、ＡＩが浸透した社会で働き方はどう変わるかは非常に大きな関心事になっています。そういう場面では、マルチステークホルダディスカッションということで、産学官民だけではなく、ＮＰＯ団体や労働組合、ソーシャルパートナといわれているような人達を巻き込んで議論していくということの重要性も指摘されています。声を上げられない人、声を上げにくい人達をいかに掘り出してきて、その人達に焦点を当てるかというところも大事なのかなと思います。これは人工知能に限らず科学コミュニケーション全般にいえることですが、議論の場に来る人はもう議論ができる人というか、問題意識がある人、議論したい人なのですよね。でも本当に議論するべきは、もしかしたらあまり関心をもっていない人、自分達の生活がＡＩに影響を受けるとは全く思っていない、けれどすごく影響を受けてしまっている人、あるいは、もしかしたらそれによって差別的な立場に置かれかねない人、当事者となりかねない人。そういう「自分は関係ない」と思っている人達に、いかに自分事として考えてもらえるか、そこがおそらくコミュニケーションの場づくりをする人の腕の見せどころだと思います。

そこに研究者がどういうふうに関わっていくかという話になると、やはり研究者は自分がつくっているものがどう受け止められているのかというフィードバックをもっと受けるべきで、そういう場があることが研究にとっても良いとは個人的には思います。特に人工知能は社会のインフラになっています。私達の生活により浸透していくものなので、ユーザはどういうことを考えているのか、どういう問題を抱えているのか、人工知能に対してどういう懸念をもっているのか、それを知ることでより社会と齟齬のない、違和感のないものがつくれるようになるはずです。こういうインセンティブはおそらくもちやすいと思います。

むしろ今、問題なのは研究者がそういう場に行けなくなっていることだと思います。そこに重点が置かれていないというか、「アウトリーチすればいいんでしょ」みたいな空気にアカデミアのコミュニティ全体がなってしまっているところはあるのかなと思います。今、人工知能研究界隈はみんな忙しい。もうちょっと地に足をつけてじっくりと考えるような場をつくって、そこで改めて社会との関係とか人間とは何かみたいなことをじっくり考える、何か意識付けをすることも大事なのではないかなと。この企画もそういうところを狙っているのかなと思います。

清田：今のお話を聞くと、研究者としてどう評価されるのかというところにも関わってくる感じがします。編集委員会で査読論文の審議をしていますが、なかなか定量的に価値を可視化しづらいところをいかに掘り起こしていくか、光を当てていくかが大事なのだと思います。どうしても論文数で評価されるという辛さもある中で、そうでないところで多面的な評価軸を大事にしていかないと本当に苦しくなってくるなと感じています。

日比野：コミュニケーション自体は非常に面白いですし、いろいろな考えの基礎となるので重要だと思います。ただ、枠外といったら変ですけれど、趣味の範囲でできる位置付けにするのがよいのでは。それを可能とするためには、研究者コミュニティの多忙さという課題を取り除いたうえで、やりたい人が好きなようにやるという形にする。これがいわゆる草の根的に議論が生まれ育っていく場になると思います。制度化して、多様なステークホルダを巻き込むとなったとき、個別の研究室や研究者個人、そこに来る一般の人に負荷をかけすぎるのもあまり良くないと私は思っています。そういった意味で、場所や組織を新しくつくるというよりは、すでにあるネットワークやできつつある場に接続するのも場づくりの一つでしょう。例えば、大学や地域、若者主催の団体など、関心と継続性がある場にインフラとなる話が伝わっていくという可能性もあるのではないしょうか。

［初出：人工知能学会誌 Vol.37, No.2］

対談をふり返って

私達の社会に静かに、しかし確実に浸透しつつあるＡＩ。その影響力は日々拡大していますが、同時に新たな課題も浮き彫りになってきています。

ＡＩのバイアスは、データ、アルゴリズム、そして社会という三つの層で生じます。日比野先生が指摘されるように、これらのバイアスは単なる技術的な問題ではなく、社会の中で技術がどのように位置付けられ、意味づけられるかという問題とも深く関わっています。

一方、江間先生は、バイアスへの取組みがＡＩの健全な発展を加速させる可能性を示唆されています。例えば、顔認識ＡＩの精度向上を目指す中で、多様な人種や年齢層のデータを収集・分析することで、人間の顔の多様性に関する新たな知見が得られる可能性があります。これは、ＡＩの精度向上だけでなく、人間の多様性に対する理解を深めるという、より大きな社会的イノベーションにつながる可能性を秘めています。

また、採用ＡＩのバイアス是正に取り組む過程で、従来の採用プロセスに潜んでいた無意識の偏見が明らかになり、より公平な採用システムの構築につながった事例もあります。このように、ＡＩのバイアス問題に取り組むことは、私達人間社会の偏見や不平等にも光を当て、社会全体をより良い方向に導く可能性を秘めているのです。

では、私達一人ひとりに何ができるでしょうか。日々のオンラインサービスの選択において、そのサービスがどのような価値観や倫理観に基づいて開発されているかを意識してみるのも一つの方法です。より公平で透明性の高いＡＩの開発に取り組む企業のサービスを選ぶことで、私達は「賢明な消費者」として、ＡＩの健全な発展を後押しすることができます。

また、友人や家族との何気ない会話の中で、「ＡＩと共存する未来の社会」について語り合ってみるのはどうでしょうか。そうした対話が、ＡＩと社会の関係性についての新たな視点を生み出し、より良い未来の構築につながるかもしれません。ＡＩの発展に、あなたの声を届けてください。それが、より公平で、より人間的なＡＩの創造につながるのではないでしょうか。（清田）

人工知能と実社会を結ぶインタラクション

奥出直人（慶應義塾大学）×清田陽司（LIFULL）

レクチャーシリーズ「AI哲学マップ」対談のラストとして、奥出直人氏を迎え、人工知能と哲学、人工知能におけるインタラクションの役割をひも解いていく。さらに清田陽司氏が対談者として、不動産、介護、メタバースなどをキーワードに、実社会とAIの接続が抱える課題やその可能性を探る。［2022年9月11日収録］

フェーズ0

三宅：このレクチャーシリーズの対談は今回で最後ということで、普段はスーパーバイザの清田先生に人工知能研究者側の登壇者として登場していただきます。まずは、奥出先生の自己紹介からお願いいたします。留学時代のことも、ぜひ深掘りしてお話していただけたらと思います。

奥出：僕は１９５４年生まれで、１９８１年、26歳のときに米国に行きました。専門はアメリカンホームの文化史で、ジョージ・ワシントン大学の博士課程に入るのですが、４年ほどいて博士号を取って帰ってきます。

アメリカンホームの文化史ということで実際の住宅や図面を分析するわけで、当時、マテリアルカルチャーの保存とか研究ができるのはスミソニアン博物館だけだったのですよね。その素材を使って研究できるということでジョージ・ワシントン大学に行ったという流れになります。

スミソニアン博物館の資料で基礎的な調査を終えた後、ニューオリンズにフィールドワークに行って、そこで自分でアーカイブした資料を整理して、ルールから空間が生成されるという空間生成文法をテーマに博士論文を書きました。これは、チョムスキーの生成文法理論を用いています。生成文法は、ルールをノードとして、最後まで降りていくとセンテンスになるというツリー構造を採ります。言語がこの生成文法で分析できるかどうかわからないところはありますが、それ以外のものは割とよく分析できるので。

ニューオリンズというのは文化融合が起きた土地で、カリブ海文化とアングロサクソン、あるいはフレンチの文化がニューオリンズで一緒になっています。プライバシーを維持する形で通路を挟んで棟がつながっているような住宅と、長屋的につながっているような住宅の二つの様式が混じっている。ジャズもさまざまな音楽が混じっていますが、大工も混じる、混じった空間ができてくるわけです。例えば、「システム1：イングランド風」「システム2：カリビアン風」というのがあって、その二つが混じり合ったものが生成できる、というような感じですね。

セマンティックというよりはもっとベタなチョムスキーが最初にやったような世界観で、僕はシンタックス分割だけでいけるのではないかと思って文法を書きました。今でもこの分野では細々と引用され続けている論文です。その後、日本に帰ってから、博士論文を書くために勉強したアメリカの住宅の間取りと文化、そしてその関係について、『アメリカン・ホームの文化史』として、一般書を書きました。

しばらく日本にいた後、米国に呼ばれてグルネル大学で教えるのですが、帰ってきたあたりで、評論家とかデザイン理論家という職業を捨てて、インターネットやディジタルコンテンツの研究者になったという形です。

三宅：ありがとうございます。奥出先生は、80年代の人工知能のブームにも直に接しておられたわけですよね。

奥出：昔話的に言うと、米国に行く直前が、８ビットパソコンが出るか出ないかというときで、米国に行ってしばらくしてApple IIを購入しました。博士論文を書くときにツール系の科目を取る必要があって、そのときに興味もあって工学部のコンピュータ科目を取ったのです。まだミニコンの時代で、いわゆるストラクチャプログラミングが始まった頃です。goto文はなるべく使わないようにして、論理式でプログラミングを書きましょうという。実は、慶應義塾大学の文学部では記号論理学の基礎が半分必修なので、課題が簡単に解けるわけです。それで大学のメインフレームにアクセスするようになったり、Apple IIを購入して『Info World』（InfoWorld Media Group, Inc.）とか『BYTE』という雑誌を定期購読したりして、ハマっていました。16ビットのＩＢＭ ＰＣでリレーショナルデータベースが動かせると聞いて、それにデータを入れて分析して博士論文を書いたという感じです。

それで、日本に帰ってきて『Bug News』（河出書房新社）という雑誌にコンピュータのことを書き始めるわけです。それが面白いというので『現代思想』（青土社）で連載を始めて、当時の第一次ＡＩブームやCGに関して書いたりして、それを本にまとめたのが『思考のエンジン』（青土社、1991年）です。それからいろいろなところで呼ばれたりするようになって、同年代の人から哲学者の先生までいろいろな人に会いました。でも、みんな、コンピュータは使っていない。哲学者もいろいろなことを言っていましたが、実際に使っている人はほとんどいなかったですね。僕はプログラムを動かしてコンピュータを使って、それで書いていたので、編集者が「自分で動かして書いているのは奥出さんだけですね」と言っていたのを覚えています。

慶應義塾大学SFCができて、僕は社会学とデザイン理論で人文系だったのですが、配置の関係で環境情報学部に配置されます。そのときはコンピュータを見ていてふーんって感じだったのですが、ちょうど米国のグルネル大学で教えることになって、BITNET[*1]にインターネットから入ると、向こうの大学とシラバスのやり取りから全部できる、これはすごいな、と。米国に行くと、回線の速いネットが敷かれている恵まれたキャンパスで、非常に楽しかったですね。その頃、ヴィントン・サーフ[*2]が米政府に働きかけたりしていて、これはインターネットを勉強しておかないといけないと思って、日本に帰っ

＊1　BITNETは、アメリカを中心とした大学間で運用されていた広域ネットワーク。1981年7月にニューヨーク市立大学とエール大学のメインフレームを専用線で接続したのが始まりとされる。

＊2　ヴィントン・サーフ（Vinton Cerf, 1943 - ）、アメリカの計算機科学者。アメリカ国防総省国防高等研究計画局（DARPA）のプログラムマネージャとして、TCP/IP関連技術の開発に出資するなど、インターネットおよびTCP/IPの開発を牽引した。

てきてゼロからエンジニアリングの勉強を始めました。

それでＮＴＴ研究所のリサーチプロフェッサーとして呼ばれ、３年ほど仕事をします。その後、研究所が解体になり、ＮＴＴドコモの研究所に転籍した方から相談を受けました。その頃スチュワート・ラッセルとピーター・ノーヴィグが書いた『エージェントアプローチ 人工知能』の邦訳（古川康一監訳、共立出版、１９９７年）が出て、可能性の計算にエージェントを使うと面白くなるという話を一生懸命書いているわけですよね。当時はもう人工知能は冬の時代で誰も相手にしないという時期でしたが、これは面白いと。ＮＴＴドコモの研究所のメンバと、勉強をして基礎的なところを一通りつくりました。

ところが、つくり始めるとインタラクションデザインの重要性に気付くわけです。そこで、ヒューバート・ドレイファスの影響でマルティン・ハイデガーのインタラクションの考え方を勉強して、そこからテリー・ウィノグラード[*3]とフェルナンド・フローレス[*4]の『コンピュータと認知を理解する―人工知能の限界と新しい設計理念』（平賀譲訳、産業図書、１９８９年）を読み、そこで、ウィノグラードの方

＊3　テリー・ウィノグラード（Terry Winograd, 1946－）、アメリカの計算機科学者。60年代後半から70年代、SHRDLUというシステムを使って自然言語理解について研究を進めるが、本文で触れているようにやがて人工知能研究から離れる。１９９０年代初期には、哲学者フェルナンド・フローレスと現象学に基づいた新しい設計思想を構築。現在、ウィノグラードの研究は主にソフトウェアデザイン領域に位置付けられている。

＊4　フェルナンド・フローレス（Fernando Flores, 1943－）、チリの哲学者。ジョン・サールの研究を発展させ、言葉、身体言語、言葉や身体言語に伴う感情など六つの基本的な言語行為を定義した。

法を、ウィノグラードがしたよりもハイデガー寄りにしてメソッドをつくって、「インタラクションデザイン設計論」としてまとめました。これを教本にして学生にインタラクションデザインを教えることになって、すると、学生がだんだん力を付けてSIGGRAPH[*5]とかCHI[*6]という国際学会でも作品や論文が入賞するようになって、優秀賞も受賞するくらいまで来ました。

ところが、ハイデガーというかドレイファスの哲学では、例えばiPhoneのインタフェースはつくれるけれど、インテリジェンスの部分はつくれない。無理なわけです。そこでドレイファスの残された仕事の中の「メルロ＝ポンティの解題」に入るわけです。当時のメルロ＝ポンティの本はアメリカでは英訳が出ているけれど、これがちょっと使いものにならない。そこで、ドレイファスがカリフォルニア大学でやった講義をビデオで見ているときに、アンディ・クラーク[*7]に出会うわけです。

アンディ・クラークはいろいろ書いていますが、彼はハイデガーの影響を受けつつも、ポストハイデガーで、明らかにメルロ＝ポンティの身体論を下敷きにして認識の話をしています。特に衝撃を受けた

＊5　SIGGRAPH（Special Interest Group on Computer GRAPHics）は、アメリカコンピュータ学会におけるCGを扱うSIG（分科会）。また、同分科会が主催する国際会議・展覧会「International Conference and Exhibition on Computer Graphics and Interactive Techniques」の通称でもある。

＊6　CHI（The ACM Conference on Human Factors in Computing Systems）は、HCI（Human Computer Interaction）分野の国際会議。

＊7　アンディ・クラーク（Andy Clark, 1957－）、イギリスの哲学者。専門は認知科学および心の哲学。身体性認知科学の第一人者。

のが『Natural-Born Cyborgs』（Oxford University Press, 2003）[*8]です。今、身体に機械をつけてコンピュータとつなぐような実験がたくさんされていますが、アンディ・クラークはそれを否定します。人間は本来、環境にビルトインした存在だと。環境とインタラクションをして、身体と知性をつくる、だからナチュラルボーン、生まれついてのサイボーグなのだというわけです。つまり、外界とのインタラクションの中で自分が生まれてくるということを言っていて、これは非常に面白いなと思いました。

その後、ようやくメルロ＝ポンティ研究としてまともな英訳が出て、今エンジニアも読める状態になってきています。そこで、身体論的な立場から人工知能、特に確率統計から人工知能を考えたらどうなるんだろうなということに興味が移ったのが7年前です。ただ、難しくて困っているときに、MITの授業の動画で「SLAM」[*9]を知って取り組み始めました。高等専門学校から大学院に来た学生と進めていますが、やっとSLAMのロボットが動くようになって、それをVisual SLAMにもっていくというところです。ディープラーニングを使うのですが、ここで大きな壁にぶつかりました。工場とか倉庫で50台から100台を導入したいとなると、今の人工知能、ディープラーニングでは追いつかないのですよね。

そういう話をしていたら、三宅さんから、ゲームでは空間側に知性をもたせてインタラクションをしているという話を聞いて、今それに夢中になっています。同時に、人間とロボットと環境がインタラク

＊8　邦訳『生まれながらのサイボーグ：心・テクノロジー・知能の未来』（呉羽真、久木田水生、西尾香苗訳、春秋社、2015年）

＊9　SLAM（Simultaneous Localization and Mapping）とは、位置特定と地図作成を同時に行う技術のこと。

ションをしながら知性をつくっていく、その方向に振りながら、空間型AIと自律型ロボットと人間が織りなす世界がどうにか実現できないかなと考えて、いろいろとやっているところです。

知性というのは、仏教を見てもそうだし、いろいろな哲学を見てもそうですが、人間単独で知性を考えるというのは認識論の中では異端です。どちらかというと、自然の中で考えるとか、人と対話をして考えるとか、必ずインタラクションを伴って考えるものなので。西洋型の認識論とは別のところで仕事をしています。

三宅：ハイデガーとインタラクションの話が出てきましたが、もう少し説明していただけますか？

奥出：ハイデガーの道具論が斬新なのは、何よりそのアプローチです。どういうことかというと、僕らは普段道具を使っているときは道具の存在を意識していない。道具は身体の延長としてあって、スキルを学ぶことに意識を向けている。ところが、ひとたび道具が壊れると、ここが折れちゃったなとか道具を手元にして考えたりする。このときの存在と使っているときの存在は違うということを言ったわけです。ハイデガーの難解な分析をドレイファスは英語でシンプルにこう解釈するわけです。

このドレイファスの本が出たときに、京都大学のハイデガー研究の先生達は、こんなものハイデガーではない、道具の分析しかできないじゃないかとボロクソに言いました。確かにそうですが、道具の分析はできるわけです。『世界内存在—『存在と時間』における日常性の解釈学』という邦訳（門脇俊介監訳、榊原哲也、貫成人、森一郎、轟孝夫訳、産業図書、2000年）が出ています。この本はハイデガーの『存在と時間』を解釈したとされていますが、この中でドレイファスが扱ったのはハイデガーのほんの一部、道具論のところだけです。

これがどういうインパクトを与えたかというと、それまでの人工知能研究では、質問をすると人間のように答えてくれるものが人工知能、ＡＩだと考えられていました。人間のように答える人工知能をつくることがＡＩ研究者の目標だと。ところが、テリー・ウィノグラードというスタンフォード大学の教授がいて、彼こそが人間のように語る人工知能をつくるであろうといわれていた俊英ですが、彼があるとき、つくっても意味がないと人工知能研究から離れてしまいます。「人間がコンピュータとインタラクションをして何かを得る」というところにフォーカスを当てるべきだ、と。これは、マウスとか、そういうインタフェースの発明につながっていくという大変な宣言だったわけです。

つまり、ドレイファスのハイデガー解釈が基本となって、ウィノグラードから今に至るエージェントアプローチの流れにつながっている。道具としてのコンピュータの概念、インタラクションという道具を使って人間が介在しているところを考えるべきだと。今では当たり前のことですが、その理論ですべてが変わったわけです。アップルやIDEOなど、そこから大きなインスピレーションを受けて、優れたプロダクトを生んでいます。一つの達成地点として、これは15年くらい前までバイブルでした。

三宅：ところが、ハイデガーやドレイファスの哲学ではインテリジェンスの部分が難しいと。そこで、メルロ＝ポンティへと進んでいくわけですね？

奥出：ハイデガーでは足りないということです。結局、道具と人間の関係なので、人間のインタラクションのところ、大工の技とか古いアフォーダンス系みたいな話になってしまう。それではどこまでいっても、使いやすいマウス、便利なグラフィックスユーザインタフェースしかつくれないわけです。このインタフェース理論をもとにロボット的な端末をつくろうとして、初期のものはたいてい失敗していますが、便利に動かせてもダメだという話なのです。

そういう意味でハイデガー的インタフェース理論では足りないぞといわれてきて、メルロ＝ポンティ的な身体論だという流れになります。身体論といっても、そこまで難しい話ではなくて、例えば大工がどうやって木を削れるようになるか、そこに親方がどう関係しているか、といったことです。知人に真野明日人君という仏像を彫る職人がいるのですが、彼は仏像を彫るまでに10年ぐらいかかっているそうです。技を覚えるだけなら3年もかからない。けれど、寺への納品から始まって、こういうときにはどうするというのまで全部を師匠に聞きながらやっていくと、10年はかかると。

今、その世界に来ていて、そうなるとメルロ＝ポンティですね。メルロ＝ポンティはハイデガーの影響をすごく受けていますが、ハイデガーと同じ問題を動く身体の中で考えています。例えば、メルロ＝ポンティ研究で著名な鷲田清一[*10]先生のあげる例で僕がすごく好きなのは、鏡文字を書く子供に「の」を書けるように教えると、おしりでも「の」が書けたりするという話です。これは身体で覚えているからですよね。

ハイデガー的には、「の」を書いている手の動きを研究して、どうサポートしたら「の」がきれいに書けるかと考えるわけですが、メルロ＝ポンティの見方は、よくわからないけれど、手で「の」が書けるようにするとおしりでも「の」が書ける、ということになります。

＊10　鷲田清一（1949－）、日本の哲学者。専門は臨床哲学、倫理学。フッサールやメルロ＝ポンティらの身体論の視点から、規範や制度などを論じる。

三宅：環境というのは、また仏像の話でいう社会みたいなものも含めて、ということなのでしょうか？

奥出：そうですね。社会のほうに飛び出していった研究には非常に良いものがあります。ルーシー・サッチマン[*11]とか。ラーニング・イン・コンテキストといわれている修行の研究があって、これは社会のほうに向かっている研究です。非常に良い研究ですが、人間のプロセスばかり研究していて、人工知能とかロボティクスの研究はあまりやっていないようですね。

一方で、アンディ・クラークはイギリス経験論という流れにいる哲学者です。早い時期から『現れる存在　脳と身体と世界の再統合』（池上高志、森本元太郎監訳、ＮＴＴ出版、２０１２年）とか難しい本を書いていて、これは池上高志先生の訳で日本でも出ていますね。

イギリス経験論は懐疑主義というデイヴィッド・ヒューム[*12]から始まる考え方です。ニュートン的な世界は本当か、デカルト的な言い方は本当かということを懐疑して突き詰めていく。懐疑論というと異議を申し立てるだけのように思われるかもしれませんが、懐疑する方法を練り上げる学問でもあるわけ

＊11　ルーシー・サッチマン（Lucy Suchman）、アメリカの文化人類学者。80年代から90年代にかけて、ゼロックスPARCでの研究（エスノグラフィの手法を商品開発プロセスに取り入れる手法）でも知られている。

＊12　デイヴィッド・ヒューム（David Hume, 1711-1776）、スコットランドの哲学者。経験論・懐疑論・自然主義哲学に影響を及ぼした。

ですよ。ゴットロープ・フレーゲ[*13]やバートランド・ラッセル[*14]という哲学者が出てきて、シンボリックロジックが登場した後にアメリカではそこだけを突き詰めた記号論理学[*15]が発達します。その後、後期のウィトゲンシュタインに始まって、G・E・M・アンスコム[*16]、ギルバート・ライル[*17]が出てくる。つまり、その理論を懐疑したわけです。アンディ・クラークはその系列にいる人です。

僕は、後期ウィトゲンシュタインからアンスコム、ライル、この流れがこれからの人工知能に一番重要になると思っています。今、例えばチューリングをこの流れに呼び戻そうという動きもあります。この辺がsituated cognition[*18]といわれる領域で、アンディ・クラークはそこをやっている哲学者です。

＊13 ゴットロープ・フレーゲ（Gottlob Frege, 1848-1925）、ドイツの哲学者、論理学者、数学者。現代の数理論理学、分析哲学の祖とされる。

＊14 バートランド・ラッセル（Bertrand Russell, 1872 - 1970）、イギリスの哲学者、論理学者、数学者。

＊15 記号論理学は、命題を数学の記号に類する記号によって表現することで、推論の規則を記号操作の規則として定式化する論理学。従来の古典論理学に対し、現代論理学とも呼ぶ。

＊16 エリザベス・アンスコム（Elizabeth Anscombe, 1919 - 2001）、イギリスの哲学者。ウィトゲンシュタインに学び、後に『哲学探究』などの著作を英訳。著作『インテンション』（1957年）で示された行為の分析は現代の行為の哲学に大きな影響を与えた。

＊17 ギルバート・ライル（Gilbert Ryle, 1900 - 1976）、イギリスの哲学者。日常言語学派。デカルトの心身二元論を「機械の中に幽霊がいるという教義」だと批判した。

＊18 situated cognitionとは、すべての知識は社会的、文化的、物理的な文脈に結び付いた活動の中に位置付けられているとする考え方。

彼は哲学者なので、イギリス経験論的に「こういうふうには言えないのではないか」というのを積み上げていくことで、存在の現れとか存在の仕方とか、現れの仕方というところを考えていきます。2003年に『Natural-Born Cyborgs』という画期的な本を出します。この本で彼は、サイボーグ研究とかロボット研究というけれど、機械と人間とか、人間に機械を入れるとか、そういうことは必要ないのだといいます。すでに人間は外界に手を伸ばして、外界を引き込んで自分の身体、意識の一部にするというすごい能力を生得的にもっているのだから、と。そういうふうにハイデガー的な技の世界を読み替えていくと、当然、それをする身体というものが出てくるわけです。そこで、ハイデガー的世界を身体と道具と環境に読み替えて、『Natural-Born Cyborgs』を出したのです。

それをどうやって体現するかを考えたときに、ベイズ理論による不確定性を処理するメカニズムでそれが可能なのではないかということで、2016年に『Surfing Uncertainty: Prediction, Action, and the Embodied Mind』（Oxford University Press, 2015）という名著を出します。ロボット設計というところで、僕はアンディ・クラークを僕のリファレンスにしています。アンディ・クラークは、ハイデガーの限界と次に出てきたメルロ＝ポンティの身体意識の流れを反芻しながらロボット評論とか技術評論をやっているという、まあ、大変な人ですね。

三宅：ありがとうございます。それでは、清田先生、お願いいたします。

清田：奥出先生の80年代のご体験のお話を非常に興味深く拝聴いたしました。私は1975年生まれなので、PCが世に出てきた80年代、幼稚園から小学校の頃でした。ちょうど第二次AIブームの頃ですので、そのときに子供向けの科学雑誌などに書かれた記事を読んで非常に興味をもったことを覚えてい

図１　対談風景（上段左：清田、上段右：奥出、下段：三宅）

ます。家にPCがあるわけではなかったのですが、クラスの中に一人か二人はお父さんが趣味でPCを使っているという友人がいたので、遊びに行ってときどき触らせてもらっていました。NEC PC-6001の時代ですね。

コンピュータを使ったコミュニケーションの世界に触れるようになったのは、中学生の頃です。インターネット前夜で、中学生がパソコン通信で電話回線を使ってつなぐというわけにもいかなかったので、いろいろ調べて、アマチュア無線の免許を取ってBBSにつないだりとかしていました。

京都大学に入ったのが1994年で、研究室配属のときに長尾真先生の研究室に。そこで自然言語処理という分野に入りました。長尾先生はその年に京都大学総長になられたので、ご指導いただいたのは1年だけでしたが。そこからは黒橋禎夫先生にご指導をいただいて、黒橋研究室で博士論文を書きました。

当時、黒橋研では京都大学の学術情報メディアセンターのヘルプシステムなど、自然言語による対話システムをつくっていました。その延長として、共同研究プロジェクトで利用可能だった日本マイクロソフト株式会社のナレッジベースの膨大なデータを使って、何かインタラクティブな、インテリジェントなガイダンスができないかというのが博士論文のテーマでした。

最初の1年間は、まずナレッジベースをルールベースで使えるようにするために正規表現などを使って解析するといった研究以前のところをやって、それがある程度できてから、次に、どういうニーズがあるかという分析に入りました。マイクロソフトのQ＆Aのデータベースを解析したり、さまざまなニーズに対しどう答えるのかいろいろ試行錯誤したりしました。ＦＡＱ的な対話カードをつくって、それにマッチしたらWindowsのバージョンを聞くとか、どういう状況で発生したのかを選択肢付きで聞くといったトップダウン的な方法と、ナレッジベースの中から選択するときに一番重要なキーセンテンスを抽出して、それを選択して提示するというボトムアップの方法を組み合わせて、何とかシステムとしてつくり上げ、マイクロソフトのサイト上での実証実験を行って論文を書きました。

その頃、自然言語処理技術はまだ未成熟で、対話研究も分野としては存在していましたが、今と違って、学会でも対話関連セッションにはそれほど人が集まらないという頃でした。誰も大規模テキストを用いた対話システムの研究をやっていない時代で、非常に苦しんだ研究テーマではあったのですが、博士論文を書くときにさまざまなサーベイを行って、先ほどお話に出てきたルーシー・サッチマンのこともそのときに知りました。あとロバート・テイラーという図書館情報学の研究者が行った図書館利用者の情報検索行動の分析の研究なども参照し、自分がやった仕事を何とか説明できるようにして博士論文としました。

その後、東京大学の情報基盤センターで教員採用をしていただいたのですが、たまたま配属されたのが図書館電子化研究部門だったので、そこで図書館をフィールドにした研究をまずやってみようということで、ライブラリアンのリファレンス業務をオートマチックにするためにどうすればよいかということをフィールドワーク的に調べ始めました。

当時、Wikipediaがかなり言語リソースとして使えるようになってきたので、日本十進分類法（Nippon Decimal Classification：ＮＤＣ）や米国議会図書館分類表（Library of Congress Classification：ＬＣＣ）などの図書分類体系と、基本件名標目表（Basic Subject Headings：ＢＳＨ）や米国議会図書館件名標目表（Library of Congress Subject Headings：ＬＣＳＨ）のような語彙集と組み合わせることで、情報要求に対して何かガイドすることができるのではないかというアイディアが出てきました。Wikipediaにあるキーワードから、ＮＤＣのような分類を導き出す技術を研究し、その技術を元にリッテルという会社をつくりました。東大発のスタートアップとして、２００７年に創業した会社です。

その技術は国立国会図書館のリサーチ・ナビというサービスに採用していただいたりしました。また、当時Hadoopなどのビッグデータ処理技術が使えるようになってきたこともあって、広告代理店などに取引先を広げる形で、何とかビジネスとして成り立たせていました。４年間いろいろと試行錯誤し、ビッグデータの処理などに関してノウハウが蓄積できたこととともに、たまたまLIFULL（当時はネクスト）の井上高志社長とご縁ができて、一緒にやりましょうという話になり、２０１１年にLIFULLにバイアウトされました。

まだ第三次ＡＩブームが始まる前でしたが、LIFULLには不動産領域で物件データや利用者の検索行動のデータなど、それなりの量のビッグデータがありました。そこで、ある種のレコメンデーションとか、そういうものをつくっていくというミッションを与えられていました。ただ、2年くらい研究に取り組むことで、これは非常に難しい課題だということがわかってきました。一般的なレコメンデーションは、Amazonなどで使われているような協調フィルタリング、要するに「これを買った人はこういうものにも興味をもっている」というものです。しかし、住まい探しとなると、全然そういう話ではないわけです。そもそも、物件は唯一無二のものです。同じ建物の中でも、日当たりなどの条件を含めて考えると、全部違います。また、住まいを探す人は物件検索のプロではありません。すると、どういう検索行動になるかというと、最初は「駅チカで広いほうが良い」「家賃は安いほうが良い」と、当然、全部は成り立たないところから入ります。どこかで妥協しないといけないわけで、検索条件を試行錯誤したり、現地で内見をしたりする中で、落ち着くべきところに落ち着くというプロセスになっています。その中で、ある種の妥協を行って、ここは絶対に譲れないとか、ここは諦めるとか、優先順位を付けていきます。

不動産会社の営業担当者にとっては、そういうプロセスを経てお客さん自身に決断させることが重要になります。最初はあえて選ばないと思われる物件も提示することで、自分の中での優先順位を自分で指定させる、次に、それを満たすようなものを提示していくというプロセスを繰り返していくことで、じゃあこれにしようかと納得できるところを見つけていきます。つまり、そういうプロセス抜きにコンピュータが最適なものを出しても、受け手のほうは全然納得感が得られないわけです。

これは非常に難しい課題で、社内のリソースだけでは取り組むのが厳しいことから、国立情報学研究所（ＮＩＩ）の情報学研究データリポジトリ（ＩＤＲ）を通じて研究者向けにデータセット（物件データ、間取り図の画像データなど）をまとめて提供するという取組みを始めました。２０１５年にデータ提供を開始し、そこからたくさんの研究者の方に使っていただいたことで、さまざまな議論ができるようになりました。

ある種の不動産テック的な研究コミュニティを日本でもつくれないかと漠然と考えていたのですが、こういうデータセットを出したことがきっかけとなって、人工知能学会の中でもコミュニティをつくることができています。例えば、国内で流通しているほとんどの物件情報に付与されている間取り図画像を解析して、３Ｄ ＶＲのコンテンツをつくりたいというニーズが社内にありました。当時、多様なフォーマットの間取り図画像を解析する技術は、世界のどこにも存在しませんでした。しかし、この取組みを通じてコンピュータビジョンの研究者の方々が面白がって間取り図画像データを使ってくれることで、間取り図画像を解析する技術が研究コミュニティ内で確立し、利用できるようになったのです。２０２１年10月には、「３Ｄ間取り」というサービスをリリースしています（図2）。

これは間取り図を３Ｄの空間に変換して、部屋の中をウォークスルーできるようにしています。もちろん高さなど精密なデータはないので、決め打ちで描画しています。それでも、ざっくりした生活動線を把握するには十分です。

その他、介護施設のマッチングサービスの研究にも取り組みました。九州工業大学の井上創造先生の研究室との共同研究として、介護施設を探す人達の行動分析を行いました。コールセンタの応答記録データを解析して、そもそも最適な介護施設を紹介するサービスはどうつくるべきかという観点で研究

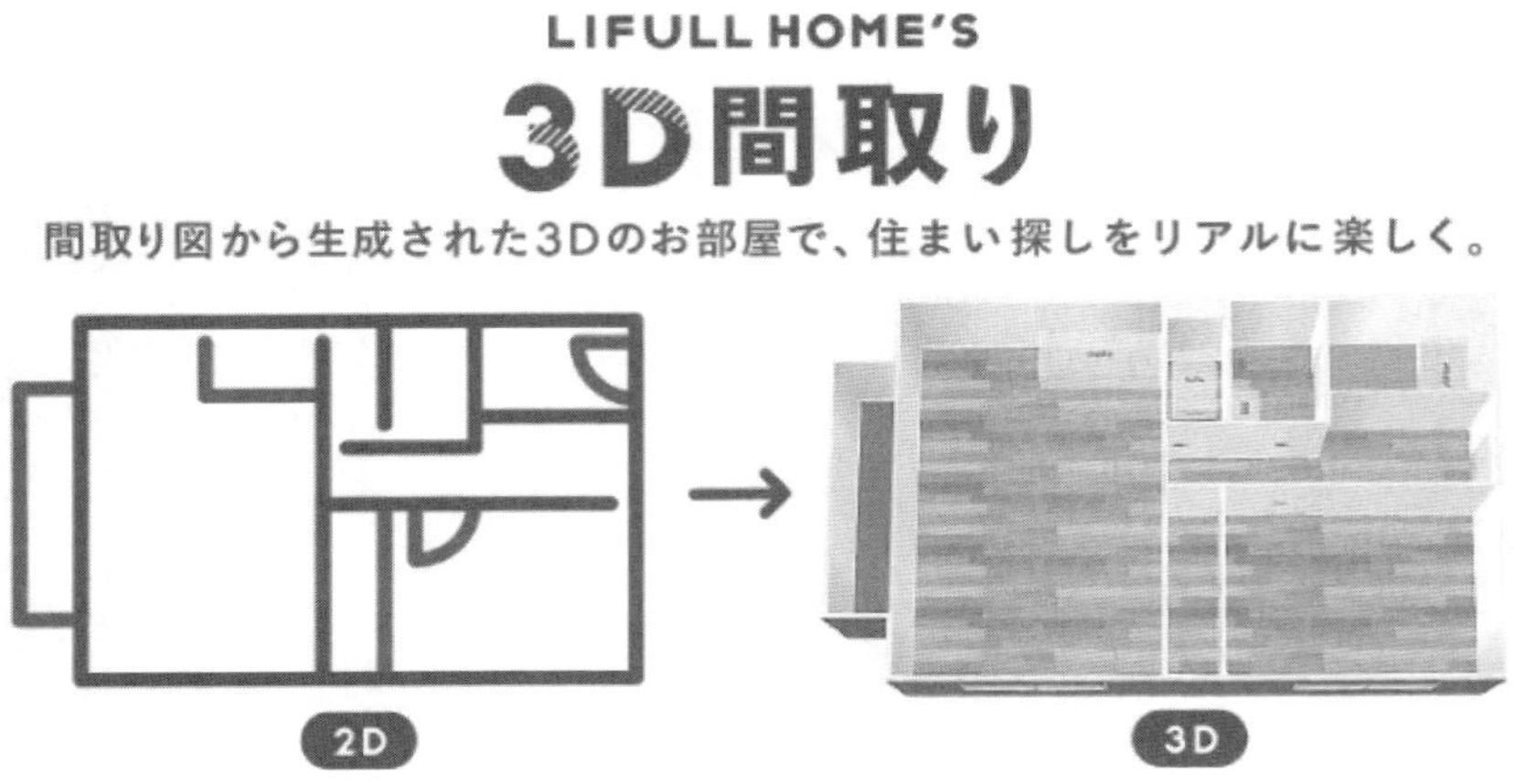

図2　LIFULL HOME'S 3D 間取り

を進めました。ランダムフォレストなどの手法を使って介護施設を探す方々のニーズ分析をしたのですが、それ以前の話として、介護サービスをめぐる大きな課題が見え隠れしてきました。

当然、お金の問題、受けられる医療サービスの問題があります。そもそも施設を探しているのは、たいていの場合、当事者ではありません。誰がお金を出すのか、誰が面倒を見るのかということも含めて、当事者どうしで揉めるケースが多いです。また、介護施設に入居するためにはまとまった資金が必要となりますが、当事者の方がお住まいの住居のリセールバリューが低く、十分な資金が捻出できないということも頻繁に起きています。そういう生々しい部分が見えてきて、ビジネス領域だけで解決するのはなかなか難しい、業界横断的な問題を感じているところです。

介護業界としては、限られたリソースの中で最善のサービスが提供されていると思います。ただ、物件のリセールバリューといった話は不動産業界の課題でもあります。資産形成の問題は金融業界の課題ですし、受けられる医療サービスは医療業界の課題になります。このような複数の業界にまたがった課題というのは、誰も扱いたがらない。取りこぼしていることがたくさんあるなと、課題に向き合う中で感じているところです。

実は、不動産業界が抱えている課題の中にも同じような話はたくさんあります。今、社会的に空き家の問題が非常に大きくなっています。どうやって空き家を市場に出す形にしていけるかというのは、非常に複合的な問題です。そもそも価格が数百万円の物件は不動産会社にとっては全然うまみがないので、取り扱いにくかったりします。例えば、リノベーションをするなど、空き家をニーズがある形にできる人材が地域に不足していたりもします。不動産業界には宅地建物取引業法という法律がありますが、少子高齢化が進行する中で、既存の法律の枠組みが合わなくなってきている面もあります。まずは、そういうことを議論する場が必要だと感じています。不動産テックのコミュニティでもこうしたさまざまな問題を定期的に議論をしています。

奥出先生のように哲学についてそれほど造詣が深いわけではなく、むしろ地べたの課題にずっと取り組んできたのですが、ただ横断的に物事を見ていく中で、何か具体的な問題に対していろいろな分野の研究者が集まって議論をする、そこに新たなビジネスのヒントが出てくることもあるのでは、と感じています。それが新しい研究フィールドとして認知されるようにもなるのではないかということも考えています。私は基本的には企業側の研究者ですが、アカデミアの活動としてそういう働きかけをさせていただいているところです。

フェーズ1　エンジニアリングにおける〝ノモス〟の必要性

三宅：僕から見てお二人の共通点は、実社会において人工知能を応用していこうとされている、そのバックグラウンドとして哲学が基盤としてあるところ、ではないかと思います。実社会の中で哲学的なビジョンが発揮されるというのは、実は、中島秀之先生、堤富士雄先生の対談でテーマになった話（問い3の「人工知能と哲学の〝これまで〟と〝これから〟」）でもあります。哲学というのが学問のための学問ではなくて、そういった実社会の中ですごく実用的に役立つという、そういう面に関してどのようにお考えでしょうか？

奥出：僕は哲学とAIの問題は、むしろ哲学者に対してAIのほうから認識論的な問いかけをしている状態だと思っています。その問いかけに対して適切に応えられる哲学が、今求められているのだと思います。

ただ、これは逆もいえていて、ゴールがないとできないとか、ユースケースが見えないとできないとか、エンジニアは言いがちですが、もっと認識論的な立場から哲学的な問題を問いかける必要があるのですよね。どうやって哲学とエンジニアリングがクロスする認識論を立ち上げるかというところを解決すると非常に面白いと思います。

Semantic Scholar[19]という検索サービスがあって、僕は、勉強のときによく使っているのですが、これは学問の出発点としての論文検索というところで貢献しようとしています。社会とエンジニアリングが交差して文献探索というサービスを成立させているというところが強くあるわけですよ。最近、これがかなり発達してきています。また、オープンで学会を立ち上げられる組織があって、結構良い論文が出るようになってきています。つまり、良い論文が次々と出てきて瞬時に検索ができる世界になってきているわけです。すると、学術雑誌の格付けとかそういう差別もなくなるわけです。こういうアプローチは具体的で、まさに認識論的な問題としてエンジニアリングと社会、思想を変えるなと、これは面白いなと思っています。

もう少し哲学的な言い方をすると、これは「ノモス」と「テシス」の話です。ヒュームとかフリードリヒ・ハイエク[20]とか、いわゆる保守派の人達が言うわけです。人間には何か長老から伝えられたような、言葉にできないけれど「こんなものだよね」というものがあると。それをノモスといいます。例えば、言語の場合で考えると、話すという言語感覚はノモス、一方で、文法とか規則的なものがテシスです。

つまり、法体系も社会体系もノモスとテシスに分けるべきだとします。要するに、テシス的に事務作業を行うとすごく効率が良いわけです。でも、どういうテシスが良いかを考える人が必要です。法律だ

＊19 https://www.semanticscholar.org/

＊20 フリードリヒ・ハイエク（Friedrich Hayek, 1899 - 1992）、オーストリアの経済学者、哲学者。

とそれは裁判官の役割で、言語化できない経験に基づいて法律をつくっているわけです。

そういうふうに哲学との接点のトライアルということで言うと、「××哲学では何を考えているか」ということ以上に、ノモスとか、ノモスで表されるコスモス（自生的秩序）を感じることについて考えたほうがよいと思うのですよね。

エンジニアはテシスの専門家だけれど、おそらくエンジニアリングでもノモスを感じられるようなテシスをつくることが必要になってくる。先ほどの介護施設の例でいえば、介護の現場をコスモスにして感じるからテシスが扱えてくるということです。

今、福岡県糸島市のあるプロジェクトの会議に参加しています。誰も住んでいない住宅の流通化という問題が基本にあって、市の人とか九州大学とかいろいろな人に会うのですが、エンジニアリングというところでテシスばかりになっているのですよね。ノモスを感じるエンジニアが必要なのに。社会全体を見ていくと、認知がまず社会の中を開いて、その中の自動化できるところ、エンジニアリングできるところをテシスとしてエンジニアが受けもつということになります。このとき、コードを書く側にはコモン、あるいはコスモスを感じることが必要なのです。

エドウィン・ハッチンズという天才がいるのですが、彼はコンピュータがどうして身体を失っていったのかというところを突き詰めつつ、船乗りがどうやって船を操縦するのかのエスノグラフィを書いています。[*21] これが、非常に説得力があるわけです。そういう形でエンジニアリングのテシス的なものと、

*21　Edwin Hutchins: Cognition in the Wild, The MIT Press（1996）

ノモスとかコスモスのすり合わせが必要なのです。そこが人工知能学会のこれからの大きなミッションだと思います。

清田：私も漠然と感じているところを、かなり明確に言語化していただいたように思います。アカデミアとビジネスサイドを両方渡り歩いて来たので、エンジニアリングにノモス的なものが足りないというところなどは深く共感します。そこがやはり非常に必要とされているということも。

よく研究のアプローチとして、シーズ指向の研究アプローチとニーズ指向の研究アプローチの二通りがあるといわれます。本来、両方の研究アプローチが必要とされている中で、例えばニーズ指向の研究をされている方が国内の学会で発表すると、本質からずれたシーズ観点での枝葉末節の質問ばかり受けて徒労感があるということが起こります。ニーズ指向はニーズ指向のコンテキストで議論したいのに、そういう議論が成り立たないということにフラストレーションを感じる、という。

国によっても違うのかもしれませんが、日本の研究コミュニティの中では特にその分断が激しいのかなという感じはしています。他の各国、あるいはグローバルな研究コミュニティの中でも同じような問題があるのでしょうか？

奥出：英語圏の大学、および博士論文を英語で行っている大学ではＰｈＤ教育というものがあって、コンピュータサイエンスでも、ノモスとテシスを学んで、その試験にパスしないとＰｈＤ論文を出せません。ＰｈＤ論文は、たまたまエンジニアリングになっているという形を取るわけです。だから、ＰｈＤでコンピュータサイエンスのエンジニアというと、たいていの人はノモス的な部分を含めた議論ができるようになります。ところが、日本は工学博士という形を採るので、エンジニアリングのところしか見ません。

エンジニアリング教育においてＰｈＤ教育が行われていないということは相当な問題で、要するに、学術博士というコースをしっかり整備してＰｈＤが最初の論文になってもよいという形で、ＰｈＤをやり直さないと難しいというのが一つあります。

じゃあ、実務家はどうか。実務家はもっと悪くて、どういう価値をもって、どういうことができるのかという問いかけをもたないまま技術が先行してしまっているので、もう時代遅れになっても馬車馬は止まらないという状況です。特に、大手コンサルティング会社にいるような人達が職業訓練しかされていないとなると、もはやノモスは難しいということになります。

世界ではどうかというと、ドイツやフランスはやはり博士のレベルが結構低くて、最近必死になってＰｈＤにしてリカバリしようとしています。イギリスはもうしっかりＰｈＤ教育がされていますが、新しい大学がよく攻め込んでいますね。米国もそうです。アジアはどうかというと、シンガポールで新しい研究所をつくるというので、僕も10年それに携わりましたが、適当に集めて論文を出していたのが、今結構良い論文を出すようになっています。

エンジニアがエンジニアで、ＰｈＤが工学博士というのは、これはどうにかしないことには世界に追いついていかない。少なくとも、一部ではノモス教育まで含めて博士号を出すということをやっていくようにしないといけないと思います。そうやって、英語で論文を書いて勝負していくような、面白いやつがたくさんいるという世の中になるよう、そういう設えをつくっていく必要があります。

清田：私もそうですね。長尾研にいたとき、つたない発表に長尾先生から鋭いコメントが来たことをよく覚えています。ノモスの観点での教育をかなり意識されていたんだろうなと思います。

三宅：博士という極めて狭い専門分野に先鋭化するのと同時に、ノモスということで、世間、他の人とつながる土壌を同時に獲得しないと孤立してしまうということでもあるのかもしれませんね。

先ほど清田先生が言及されていたレコメンドの話ですが、人工知能がレコメンドしていく順番とか、やはりその先に見ているのは人間なわけですよね。対人間に対して直接訴えかける技術という意味では、人工知能にとって、インタラクションのところがむしろ一番重要だといえるわけですよね。人間に直面している、本当に人間探求、哲学的なものに向き合うということで。

奥出：人工知能のデータを使って人間の行為に介入していくというのはすごいことです。それまで数式を理解しないと介入できなかったのが、インタラクションのレベルで介入できる。例えば論文検索にしても、かなりのところをやってもらえるおかげで、異質なものを集めてインスピレーションを得るという本質の部分に特化できます。

例えば介護の問題にしても、今は簡単に整理できるところと整理できないところが混在しているわけです。ノモスのところだけをむき出しにする、そこを処理する回路のエキスパートが経験を積んでいくことによっていろいろなことができるようになるはずです。住宅にしてもそうです。住み方とか、生き方とか、論理的に処理できることと大事なことが混在しているので、解くのが難しい。その見分けができて初めて、本当に大事な問題が出てくるのです。

清田：例えば街の雰囲気をどう感じているかというのはそれぞれで違っていて、違うということは認識されていますが、どう違うかは言語化できていません。一方で、街の感じ方の地図をつくる「100人でつくる京都地図」というプロジェクト[*22]を、奈良先端科学技術大学院大学の荒牧英治さんを中心とする研究グループがやっていました。

　そういった街の価値の伝え方というのが、今の不動産業界ではあまりできていない。よくある住みたい街ランキングみたいなものに終始しています。『吉祥寺だけが住みたい街ですか？』（マキヒロチ、講談社、2015年）というドラマ化された漫画作品がありますが、これは吉祥寺で不動産仲介業を営む姉妹が、吉祥寺に憧れて物件を探しにきた人を、例えば蒲田などの街に連れて行くという物語です。その人の生活スタイルや興味から、よりふさわしい街にその人を連れて行くという、そういうコンテキストに合わせた情報提供ができないと、これからの不動産業界は厳しいのではないかなと感じています。技術的にはマッチングすればよい話なので、そう難しくないはずで、要は、ノモスの部分なのだと思います。

奥出：それはすごく大事なポイントですね。ダイナミズムという観点で考えてみると、例えば吉祥寺のどこがよいのか、というようなことを集めていくと、みんながよいと思う街はこんな街ですね、という空間構造が出てきます。すると、その空間構造をどのようにプロモーションしていけばよいかということもわかります。

　そういうことがやりやすい街だと住みやすい街になるし、昔は街をつくるときにはそういうことがわかる気の利いた人がいたわけです。ところが、不動産の回収率とか資本投下率といった数式を使うようになった途端に、街づくりがそうではなくなった。容積率で計算してつくるようになったのですね。

＊22　https://www.100ninmap.com/kyoto/

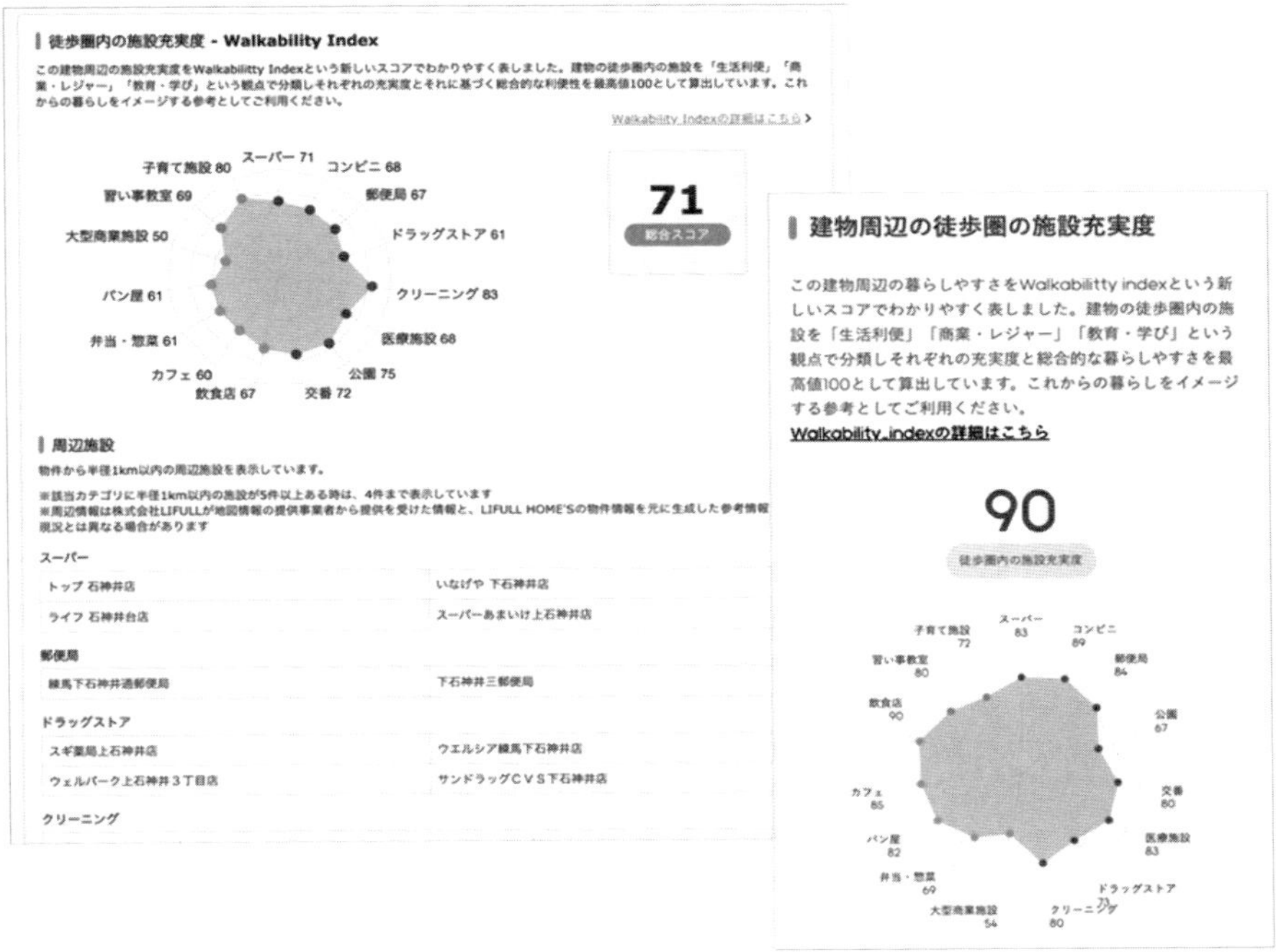

図3　Walkability Index

実は、不動産のところでかなりのことができるというのがあります。街づくりの条件というのを地図と建物でやりつつ、どういうふうな街になればみんなが楽しく過ごせるかを見て、それに対して不動産を提供する人達が反応していけばよいわけですよ。基本は歩きですよね。歩くところをどうつくるか。だいたい古い街並みはそんなに悪いところはないので、実際の空間経験と街をプロデュースする人達とかが組んでやっていくというようにするとか、そこにデベロッパーが手を出さないとすると、逆にデータサービスで買い手のほうに知恵をつけるほうがよいと思います。実は、住む人が街を変えるみたいなことにもなるわけですよね。

清田：私達も、一橋大学・麗澤大学の清水千弘先生のグループと、不動産価格指数や、暮らしやすさの観点から徒歩圏内の施設充実度を評価する「Walkability Index」という指標を新たに開発する取組みを行ってきています。Walkability Indexは、生活利便施設、商業・レジャー施設、教育施設などの都市のアメニティに関するビッグデータを用いて、ユーザの属性に応じて「生活のしやすさ」をスコアで定量化しようというものです。まだまだ利用できているデータは限られていますが、LIFULL HOME'Sの不動産アーカイブサイトなどで公開されています（図3）。

奥出：せっかく人工知能が使えるなら、僕なら、賑わっている街角とか、蒲田の沖縄料理屋とか、そういうところの空間としての情報、どこにどう住宅が供給されてどうなっているのか、など具体的に世界にデータを取りにいくかな。それができれば変わると思います。

今、ディジタルツインとか大手設計事務所がやっていたりしますが、そうではなくて、みんなが写真を持ち寄って、こんな感じ、あんな感じとコラージュするように、街をどうやってつくっていくのかを考えることが大事なのです。それを集めたら、人工知能を使って住みたい街を自動生成してみるということもできるのではないかと思います。

まさにハイエクも、アリはアリ塚をつくろうと思ってはいない、ただアリどうしで行動することでアリ塚が残る、都市もそうであるべきで、人間どうしが行動する、暮らすことで自然に良い街ができるということを言っています。

人間が都市でつくるのです。僕は、ビッグデータはそのためにこそ使われるべきだと思いますね。3Dでみんなのイメージマップを集めたらストリートが出来上がりましたとか、これくらいの値段でこうやって住んでいくとこういうふうな街になるから、みんながんばってここを借りて住もうねとか、いろいろなアプローチが考えられると思います。そういうことこそ人工知能を使ったサービスにすべきで、インデックスみたいなものでは、全然住まいの感覚を知ることにはならないし、空間の切り方もわからないままではないかなと思いますね。

清田：そうですね、一つのフィールドにどれだけデータを持ち寄って集められるかというところがやはり重要になると考えています。各ベンダがそれぞれデータを囲い込む傾向が強い中で、お互いデータを出せるような理屈付けをどうやって設えるかということが課題になります。私達もLIFULLでデータセットを研究者向けに提供するという枠組みを始めるとき、どのようなシナリオでステークホルダを説得するかというのはかなり悩みながら設計しました。このときは、不動産領域に関心をもつ研究者が集まるコミュニティをつくることは結局会社のビジネスにとってもプラスになるというような説明をしました。このように、みんなを納得させるようなことを語ることも必要なのだと思います。

フェーズ2　フィールドをベースにした街づくり

三宅：データの話が出てきたので、スマートシティの話もしていきたいのですが、スマートシティも情報を集めて街を良くしていこうというところが最初の出発点になっていると思います。ただ、情報を集めるまではよいのですが、それをうまく活用するというところで結構頓挫している印象があります。お二人から見て、こうすればうまくいくみたいな、ビジョンみたいなものを語っていただきたいのですが。

清田：人工知能学会としても、学会誌2022年7月号で特集「スマートシティとＡＩの新展開」（Vol. 37, No.4, pp.401-452）を企画したところです。特に印象的だったのは「Project PLATEAU」で、これは日本全国の３Ｄ都市モデルを作成・公開しようという国土交通省主導のプロジェクトです。ディレクションを手掛けたパノラマティクスの齋藤精一さんにいろいろ話をお聞きしたのですが、そういう動きをどうやって継続していくか、サスティナビリティをもってどう進めていくのか、というのが次の大きなテーマになるという話をされていました。

スマートシティという領域でも、特に日本ではやはり各ベンダ、デベロッパーの囲い込みの傾向がすごく強いように感じています。ＢＩＭ（Building Information Modeling）[*23]のシステムにしても、各ベンダがそれぞれ規格をつくっていて、相互利用が難しいという形ですよね。これは他の分野でも起きていることではありますが、どうやって標準化を進めていくのかというところが重要になると思います。ただ、標準化のためのネゴシエーションなど、大局的な視点から仕組みをつくっていくということは日本人は苦手なのかもしれません。

奥出：スマートシティのプレゼンを見ていても、どうやって都市をつくるか、あるいは街並みをどうつ

＊23　ＢＩＭは、設計から施工、維持管理といった建物のライフサイクル全体をマネジメントし、業務効率化や生産性の向上を図ろうとする考え方、ワークフロー。多くの場合、ＢＩＭツールはリアルタイム３Ｄモデリング、オブジェクト情報をもつパーツの活用・共有などの機能を備え、ワークフロー上での修正はすべてのプロセスに自動反映され、設計から施工まで手戻りに費やす時間を圧倒的に削減できるようになっている。

くるかといったところを経験していないなという感じがします。それがある一方で、『フォートナイト』（エピックゲームズ、2022年）、『あつまれ どうぶつの森』（任天堂、2020年。以下、『どうぶつの森』）とか、その手のゲームの世界を見ると、みんなが楽しそうに集まって、みんなでつくっている。都市のつくり方、人の集まり方を知っているのは参加者、ユーザです。ユーザは、会議をするわけでもなく勝手につくっているだけ、勝手に遊んでいるだけです。それでも、ある程度の時間が経つと、そこは場所として結構良いものになるし、悪いものは淘汰されていくわけです。これは前に述べたノモスで、自然に生まれてくる自生的秩序です。ここがないスマートシティやスマートタウンが多い。

そもそもが、何度も失敗している近代都市計画のつくり方でディベートしていること自体が間違いだと僕は思っています。もっとゆるく、どこかの場所を前提としたメタバースをつくって、その中でみんなで勝手に街をつくっていけばよい。どこに道路を置くか、どこにどういうサービスを置くかというインフラは、何か条件を決めないといけないわけですが、あとは放っておく。すると、自然に場所や街が出来上がります。この自然に出来上がったものをリアルに展開したほうが面白いですよね。ガバナンスの問題をどうするのかという話はありますが、ある程度出来上がってきたら、リアルワールドに移して展開しながら、そこでガバナンスの問題を考えればよいと思います。僕が糸島でやろうとしているのはそこで、今、その手前のところをフルセットでつくろうとしています。

清田：各地域での街づくりの取組みがなされているフィールドに行ってお話を聞くことがありますが、どちらかといえば辺境と思われているところでそういう動きが出てきていると感じています。糸島もそうですし。私は生まれが福岡県久留米市なのですが、久留米でも注目されている取組みがあります。江戸屋敷という地域に建っている築40年を超える小さな団地の建物をまるごと買い取ってリノベーションを行い、新たな空間デザインを行うことで、周辺住民も巻き込んだ新たなコミュニティが生まれています。

奥出：デベロッパーの手が伸びていない地方で、というのはありですよね。ただ、フィジカルなものをいきなりつくるよりは、学習したほうがよいと思います。例えば、何もないけれど江戸時代に栄えていた街みたいなところがあれば、そこを舞台にバーチャルな街づくりをして、練れてきた段階で自治体がそれをリアルにもっていくとか。あるいは、空き家の売買も重ねて、これをどう使いましょうかとバーチャルでみんなでいろいろやってみるという感じです。

クリストファー・アレグザンダー[*24]がパターンランゲージでやったことの良い面はそういうワークショップの可能性を示したというところで、一方、そうやって出来上がったものをリアルにするところを結局不動産とかデベロッパーに任せてしまったのがもったいなかったともいえるのですが。

そういうことをやらないと、スマートシティといってデータとVRだけ見せても寒々しいだけだと思う。むしろゲームで、『Animal Crossing』（『どうぶつの森』）ではないですが、「Citizen Crossing」としてゲーム会社を巻き込んでつくってしまう。今、iPhoneで3Dデータが簡単にできるでしょ。ユーザが自分が好きな建築を三次元にどんどん入れていく。それで1か月とか半年経って、訪れる人が10人未

＊24　クリストファー・アレグザンダー（Christopher Alexander, 1936 - 2022）、ウィーン出身のアメリカの都市計画家・建築家。都市計画の理論としてパターン・ランゲージを提唱した。パターン・ランゲージとは、街や建物に繰り返し現れる関係性を「パターン」と呼び、それを「ランゲージ」（言語）として共有する方法。

満のところは廃業ね、ということにするとか。そういうふうにして街づくりゲームをすれば、街のラフスタイルを確認できて、その段階で、じゃあ実際にこれをどうしましょうと、どこかの自治体が手をあげたらそこに移すという形にする。そういうふうにしないと、大手建築事務所のCADでは、街はできないと思います。

iPadネイティブ、小学校の低学年とか、今『どうぶつの森』を一生懸命やっている子供達がやがて高校生になるわけで、つくる環境さえ用意したら問題なくやれると思いますよ。今の中学生ぐらいでも、ものすごいものをつくるので。

三宅：『マインクラフト』（モヤン、2011年）とか、今5歳ぐらいから触りますよね。昔はゲームデータといえば、プロのアーティストやゲーム会社がつくるものだったのですが、今は5歳とか6歳からもうつくれてしまうので。レイアウトを決めておいて、みんなにつくってもらうというのは、すごく面白いですね。メタバースを設計のほうに使うというのは極めて新しい考えですね。

奥出：コンセプト設計に使うという。

三宅：仮データでよいので、とりあえずこんな感じというのをオンラインにもってきてもらう。すると、そこに住む人達はやはり自分の街だから、毎日とりあえず1時間は入って過ごしてみようとなって、そうやって、場をつくっていくということですね。

奥出：介護にしてもそうです。介護施設の長期調査はなかなかされていないと思いますが、介護する環境とか人が集まる環境とか、どこをどういうふうにしたら介護しやすくなるかというところを、もっと観察するべきだと思いますね。

［初出：人工知能学会誌 Vol.37, No.6］

対談をふり返って

本対談は街をめぐる議論です。街という人間の営みを人工知能が理解することはできるでしょうか。そして、同時に人間と人工知能の知の形を巡る議論でもあります。

奥出先生とはこの3年ほどよくお話しさせていただく機会がありました。また、研究の相談に乗っていただくこともあります。先生の引き出しはとてつもなく広い。何を質問しても、正確な文献と論旨が返ってきます。そして、最新の人工知能技術をも吸収されて、最前線で活躍されている。奥出先生と話すといつでもメモを取り、たくさんの宿題を受け取ります。それを解決すると、さらに次の課題を見せてくれます。つまり、とても勉強になるのです。驚くべきことに、知らずと指導していただいている、という感じなのです。生来の教師なのだと思います。

清田先生は、本企画の発案者にしてリーダーです。この企画が走っている2年間は、人工知能学会の編集委員長として編集委員会を率いてこられました。本対談は連載企画の最終回ということで対談者として登場されます。清田先生は人工知能学会の中でも「不動産とＡＩ」分野をリードされています。不動産に関わるデータの公開など、アカデミアと産業をつなぐ活躍をされていて、この公開データは広く利用されています。

前半の議論は、奥出先生が提示された「ノモス（そこはかとなく伝わるもの）とテシス（規則など銘文化されるもの）」を巡る議論です。このような言葉がすらりと出てくるところが、奥出先生の卓越した教養のなせる業です。エンジニアリングにおいてもノモス的なもの、テシス的なものがあり、両者のすり合わせが人工知能学会のこれからの大きなミッションと指摘されています。確かに人工知能はテシス的な存在（～であるべき）になりがちで、それが専門性をとがらせる一方で、社会とつながるノモス的チャンネルを失わせてしまいがちです。人工知能の社会的な在り方としてノモス的なものをいかに人工知能にもたらすか、という宿題をいただきました。

後半では「街とＡＩ」をテーマに議論が展開されます。前半のノモスの議論を、街という人間的な場にＡＩが介入していくために必要なものは何かが議論されていきます。一方ではビッグデータからの外的視点のアプローチがあり、一方ではメタバースからの内的視点のアプローチがあります。街という多様体を捉える複数のアプローチが議論されます。「そこに住む」という主観的な体験と、多数の人間の多次元データ。後者は人工知能が得意とするところですが、前者はどうか。人間の体験の中に、ノモスの中に人工知能は入っていけるのか。これは実に魅力的な問いです。いつまでも聴いていたい議論でした。（三宅）

おわりに

本書は実に多様な対談・鼎談を収録した書籍となりました。一つひとつがさまざまに分岐する話題の道をもち、多数の結論をもち、まるで立派な建築を見ながら旅をするかのような楽しみがあります。このように、各対談・鼎談は個々に充実した内容をもち、充実した多様な知見で満ちていますが、ここではいったん本書の締めくくりとして、冒頭で掲げた四つの問いについて考察していきたいと思います。これは私なりの考察ですので、ぜひ皆様、それぞれのお考えのヒントとなりましたら幸いです。

さて、四つの問いとは以下のような問いでした。

人工知能にとってコミュニケーションとは何か
人工知能にとって意識とは何か
人工知能にとって社会とは何か
人工知能にとって実世界とは何か

それぞれ見ていきましょう。

人工知能にとってコミュニケーションとは何か

コミュニケーションでは言葉や情報の意味を伝え合うことが大切ではあるものの、必ずしも、それがコミュニケーションのすべてかといえば違います。例えば、人とのコミュニケーションで記憶に残るのは、会話の内容だけではなく、相手の様子なども含めた情景です。会話をしているうちに喧嘩をしたら、仲が悪くなってしまったことが一番ショックでありましょう。逆に仲が良くないと思っていた相手でも、意気投合して今度一緒に映画に行くことになった、ということもあるでしょう。会話をする前の関係と会話をした後の関係、その変化が一番大切です。

コミュニケーションにはグレゴリー・ベイトソン[*1]のいうように二つの次元があって、言葉の内容で伝えられていることと、言葉の外で表現されていることがあります。あるいは、コミュニケーションは三重、四重の多層的な構造をもっていて、そういった複雑な多層構造がコミュニケーションの本質的構造なのです。その根底にあるのはお互いの存在の確認であり、お互いが立っている共通基盤です。この共通基盤のことを西田先生は「コモングラウンド」（6ページ）と名付けられました。このコモングラウンドは決して変化しないものではなく、むしろ会話を積み重ねることでお互いの中で変化・成長してい

＊1　グレゴリー・ベイトソン（Gregory Bateson, 1904－1980）、アメリカの人類学者。メタメッセージ（本来の意味を超えて、別の意味を伝えるメッセージ）という概念で、生物全般における集団内のコミュニケーションを捉えた。

くものです。そして、相手と自分の間のコモングラウンドがどんな厚みで、どんな形をしているかは、まさに相手と自分の関係そのものとさえいえます。全く前提知識なく人工知能と話し始めるときは、このコモングラウンドがどこにあるかさえわかりません。人間であれば、会話をしながら、他者とのつながりを模索していきます。それは伊藤先生が「情報が増えれば増えるほどその人のことがわかるようになるかというと、そういう単純な話ではおそらくない」（22ページ）とおっしゃるように、情報ではくみ取れないものを通じてもなされるのです。とすると、人間側から人工知能とコミュニケーションするということは、他者を探るというコミュニケーションにおいて、いつも中身のない空っぽの広場にたどり着くことになります。人間であれば、好きだろうと嫌いだろうと、その人の何らかの中身に行き当たります。しかし、人工知能に人間が見出すものは何でしょうか？　大規模言語モデル（LLM）との会話というのはよくできていて、単にLLMが情報提供者として振る舞うことによってこういった問題を回避します。しかし、人がエージェントとしての人工知能、人格をもつ他者としての人工知能を求めるとき、やはり人工知能の中身がコミュニケーションを始める前提となるのです。

人工知能にとって意識とは何か

人工知能が意識をもったら、それはもう「物」でなくなるかもしれません。意識をもつということは、それだけ人間にとって、あるいは世界にとって重要なことです。私もずいぶんと人工知能の意識については研究を続けてきました。もちろん、その裏には人間にとって意識とは何か、という問題があります。しかし意識について思弁することよりも、意識を作り出そうとすることによって意識を探求しようとするのが人工知能研究の立場です。松原先生は人工知能を「何かをつくって、その仕組みで思っていたような機能を実現できるかを実証する、それによって知能の仕組みを探求するという方法論を採る学問である」（263ページ）と述べられています。

しかし、哲学だけからでも、人工知能からだけでも、探求は十分ではありません。両者の協調が、意識という難問には必要なのです。谷口先生が知能について「『生成的に立ち上がる機構』を捉えるというよりは、僕にとっては知能とは理屈上それ以外ない」（116ページ）とおっしゃっているように、生成するシステムとして知能を捉えるということが、知能の多様な性質を導くために最も可能性のあるアプローチかと思います。ざっくりとしたいい方ですが、東洋思想ではそういった発想はむしろ自然なものとして説かれています。田口先生の「自分の意識と他人の意識が重なり合ったような状態、これが我々の意識のデフォルトの状態ではないか」（66ページ）という言葉は、まさに現象学の真髄を突いたものと思います。先入観を排し、まずは我々の目前の体験から出発すること、それが現象学の理念だと私は考えます。意識さえ、その例外ではありません。我々の意識も、誰かといようと一人であろうと、他者からの視線や意識の中で形をもっています。意識が重なり合うという現象を探求することは、意識探求のもう一つの出発点だと思います。谷先生の、「（ご自身のセンサリーモーターの研究が）現象学を『再発見』している」（79ページ）という言葉は、人工知能という工学と、現象学という哲学の間の相関を非常に精緻に見出してきた先生の稀有な研究スタイルを示すものです。谷先生はリカレント型ニューラルネットワークを駆使して、人間とは何か、意識とは何かを解明されようとしています。

「偶然性が入ってくることによって起きた出来事を『引き受ける』というプロセス」（146ページ）という平井先生の言葉があります。これは意識の性質をよく表していると思います。意識、受動的に得たものを主体的に再構成することで、意識は常に世界に対する主体性（エージェンシー）を獲得し続けているのです。その繰り返し再構成される主体性の出発点となるコアがいわば意識というものではないかと思います。大澤先生は「意識というのは何らかのリソースを消費する主体」（176ページ）と表現されています。この消費を消化という言葉で置き換えるとわかりやすいかもしれません。我々が食物を食べて、いわば受け取って、エネルギーに変換して行動を形成するように、意識もまた、世界から受動的に得たものを使用して、意識を形成しているのだと考えられます。単純にタスクだけを考えていても意識は生まれません。鈴木先生は「単純だけれどもある程度自己完結しているようなタイプの自律型ロボットの機能を高めていくという形で人間のような知能に到達するというのが、一番現実的なルートではないか」（194－195ページ）と述べられています。一つの決められたタスクをするだけであれば、意識は要らないかもしれません。それはタスクがいくつ増えても同様かもしれません。しかし世界は多様であり、偶然に満ちています。そんな世界の偶然性に対抗する手段は、柔軟性と反応性、そして受動性の極である意識だけです。杉本先生は「人工知能分野は分野としてはるかな地平を見ている」（267ページ）と説かれています。意識を構築することはまだ先かもしれません。しかし、そこに向かって研究を進めることは多くの実のある成果をもたらすはずです。

人工知能にとって社会とは何か

「人間は社会的動物である」という紀元前4世紀のアリストテレスの言葉から、最近の「人は一人では生きられない……」というポップソングまで、人間の自我も意識も、ジョージ・ミード[*2]のいうように社会からの影響のもとで形成されています。人工知能は一人でも黙々と作業できるではないか、と思われるかもしれません。これは逆に考えると、人工知能は知能としてはまだ未成熟だ、といえるのかもしれません。一人では不安になる、味方を多くしたいなど、そういった本能は世界で個として生き抜くために必要な知能の性質なのですから。

人工知能と社会との関係には主に二つの問題があって、一つは「人工知能が社会を作るのか」、もう一つは「人工知能がいかに人間社会に溶け込むのか」という問題です。前者は、人工知能は社会的動物か、という人工知能の社会性を問うているわけです。人工的なコミュニケーションによって人工的な社会性をもたらすことはマルチエージェントによってなされているところです。しかし、社会的動物とは、「自己の存在そのものに社会性が含まれている」存在です。奥出先生は「エンジニアはテシスの専門家だけれど、おそらくエンジニアリングでもノモスを感じられるようなテシスをつくることが必要」(356ページ)と説かれています。ここでいうテシスは原則的なものであり、これは科学者やエンジニア

*2　ジョージ・ミード（George Mead, 1863－1931）、アメリカの社会心理学者。自我を、社会的行動、コミュニケーション行動の中にある、「I」と「ｍｅ」の両者を含む過程だと捉えた。

が得意とするところのものです。しかしノモスとは、慣習など、何となく社会の空気に含まれているものです。この順応によって、良くも悪くも人間は社会に属しています。人工知能がテシス的な存在として捉えられているということは、ノモスの欠如が最初から前提となっています。ひょっとしたら、例えば京都になじんだりする人工知能が登場する映画があれば面白いかもしれませんが、今のところ、空気を読んだり慣習になじんだりする人工知能は目指されていません。

日々野先生は「技術面での根っこにある考え方の特性とその社会がもっている物語が緩やかに連携している可能性について探求を深めたいところです」（323ページ）と述べられています。人工知能は技術的に定義される面が強すぎて、ノモスの無視――社会がもっている物語から自由であること――が前提とされています。これが人工知能の、人間社会への参加の仕方をむしろ狭めているかもしれません。一方で、江間先生は「彼（ジャン＝ガブリエル・ガナシア）がすごく不思議そうに『日本人はなぜロボットと人間の境界をなくそうとするのか』と聞いてきた」（325ページ）というフランスでの逸話を紹介してくれました。日本という社会では、欧米よりもずっと、人工知能を人間に近い存在として受け入れる物語が準備されています。それは日本がもつ人工知能開発の大きな可能性の土壌です。

人工知能にとって実世界とは何か

20世紀においては言語が知能の基礎であるような思想の展開があったと思います。この傾向は欧米から来て日本が部分的に吸収したものです。欧米における言語を操るものが知性であるという信条はとても強いものに思われます。それは、２０２０年代の大規模言語モデルへの徹底したこだわりからも推し量れます。しかし、その偏重によって、実世界における人工知能研究がむしろ相対的に弱まっているのが現在かと思います。また、日本には欧米ほどの言語へのこだわりはありません。むしろ、言語より大切にしているものがあるからです。辻井先生は「もともと言葉というのは虚偽性のある媒体だと思うのですが、それが掛け算で増殖していっている」（299ページ）と述べられています。人間が積み重ねた虚偽性を大いに吸収したものが大規模言語モデルといえるでしょう。だからこそ、人間にとって大規模言語モデルは親近感があるのです。村上先生は「辻井先生が今おっしゃったことを、ちょうどプラスのほうにひっくり返してみると、まさにそういう人為的な虚偽の空間というのがクリエイティブな世界かもしれません」（299ページ）とおっしゃっています。

人類は言語によって物理的なレイヤーを超えたレイヤーを築いてきました。実世界（物理）レイヤーを基礎として、言語レイヤー、社会レイヤーという階層構造、つまり人間の新しい精神世界を築いてきたのです。それこそが我々が知能や知性と呼んでいる場所です。金田さんは「東洋西洋と二分法で分けて考えること自体が西洋的に見えます」（284ページ）と説かれています。清田先生もまたこのように述べられています。「二つの立場があります。一つは、西洋的な考え方に対して東洋的な考え方をあえて対立するものとして捉えることで新しいものの見方を探るという立場、もう一つは西洋と東洋を対立して扱うことにためらいがあるという立場、これはどちらが正解というわけではなく、そういう二つのものの見方があること自体に何か大きな一つのヒントがあるのではないか」（272－273ページ）。知能の世界、そして人工知能の世界は決して西洋だけのものでも、東洋だけのものではなく、人類全体の築いて来た新しい世界です。

人工知能に与えられているのは、現在、実世界と言語世界です。ただ、それだけでは人間の世界にたどり着くことはできません。人工知能が人間と同じ精神の階梯を登る必要があるのか、それは賛否のあるところかと思いますが、少なくとも人間らしい人工知能を作るには、その道を我々が作らねばなりません。それが、人工知能と人間とが世界を共有する基盤となるはずです。

これからの人工知能、これからの哲学

本書に収められた内容は膨大です。しかし、ここで提示されている内容を熟慮することで、新しい人工知能、新しい哲学への扉が開くことができるでしょう。それは私の課題であり、もちろん読者の皆様にとっても共有される課題でもあります。そして本書を10年後、20年後に振り返ったとき、この時代で考えていたことが、その10年後、20年後の「現代」にどのようにつながっているかを俯瞰することができるでしょう。しかし、この時代にいる研究者はむしろその道を作っていかねばなりません。ここで結論めいたことをいうことはできないので、いくつか、いい残したことを述べて終わりにしたいと思います。

石田先生は人工知能を世界から独立した知能として構築することに警告をされています。「人工知能

の今の技術進化はこういう人間の『世界―内―存在』の一連の進化の現段階なのだというふうに考えれば、すべてはかなりシンプルに説明できると思うのです」（50ページ）。これはとても重要なご指摘だと思います。人工知能を論理的思考の存在であるとする流れは、デカルト―ライプニッツ―フレーゲ―ラッセルという流れの中で形成されてきましたが、フッサール―ハイデッガーという現象学のもう一つの流れが、これからの人工知能研究が乗るべきラインであることを示唆されています。坂本先生は「人工知能の研究者は、人間みたいなものをつくろうという方向と、非常に高性能な計算機、人間ができないところをサポートするようなものをつくろうという方向の二通りに分けられる」（51ページ）と人工知能研究の二つの方向を明確に捉えています。もちろん、人工知能はこれまでもこの二つの方向に発展してきました。つまり、人間の共存在として進化するか、人間とは別個のものとして進化するか、という道です。しかし、人間の知能はバランスを取ります。それぞれの器官が関係をもっていて、調和が促されます。一方で、人工知能においては単機能が極限まで開発され、バランスどころではありません。これは後者の方向が推進されているということです。

中島先生は人工知能と人間の間の問題をこのように指摘されます。「人間どうしにフレーム問題がないのはなぜかというと、お互い生活環境をもうかなり長い時間共有しているからですよね。肉体が同じだし、同じ生活環境にいるから、相手が何を大事だと思っているかは言わなくてもわかる。だけど、身体をもたないAI、生活をしていないAIにそれをどうやって伝えるかというのは、今後、かなり悩まなければいけない」（220ページ）。人間も本当は限られたフレームに縛られて生きています。それをヤーコプ・ユクスキュルは環世界という言葉でいい表しました。しかし、人間の賢いところは「それを知っている」ところです。これはつまり、人間の知能を相対的に捉えることにほかなりません。我々はこの限られたフレームの中で苦しんだり、悩んだりするだけでなく、このフレームを広げること、拡張することで、より高い次元の世界を手に入れることができるはずです。それは学問や探求が成し遂げてきたことでもあります。

また堤先生は「哲学は異分野の人と議論するときの共通の基盤となるもの」（225ページ）とおっしゃっています。今回の対談・鼎談を通して、人工知能という〝やんちゃな学問〟を、哲学はその足元に広がる大地のように受け止めているように思えます。今後も、人工知能と哲学は、お互いを刺激しながら進んでいくはずです。

最後に参考文献を示して終わりたいと思います。この本の元になった連載「ＡＩ哲学マップ」全体を学術的に以下（参考文献［1—3］）の三篇の記事にまとめてあります。［1］は連載全体から現在の人工知能への批判を抽出した論考です。［2］は連載の中で登場してきた哲学者・哲学書をリスト化し、さらに年代別に哲学と人工知能の対応を図示したものです。［3］は哲学の運動と人工知能の発展がどのように動的にリンクするかを七つの領域に分けて図示したものです。また、連載開始にあたっての趣旨説明文、また二年間の連載でしたので間に中間報告をまとめています［4、5］。いずれも自由にお読みいただけますので、ご覧ください。

またいつか、人工知能と哲学の間の対談集が編まれることを願います。それぞれの時代で哲学と人工知能の間の対話の記録を残すことで、時代を渡った議論の系譜を形づくることが可能となるはずです。

三宅 陽一郎

参考文献

［1］「AI哲学マップ」［総論・前編］哲学から人工知能へ15の批判
（人工知能学会誌 Vol.38, No.1, pp.56-63, 2023）https://doi.org/10.11517/jjsai.38.1_56

［2］「AI哲学マップ」［総論・中編］人工知能―哲学対応マップ
（人工知能学会誌 Vol.38, No.2, pp.245-253, 2023）https://doi.org/10.11517/jjsai.38.2_245

［3］「AI哲学マップ」［総論・後編］七つの哲学―人工知能コラボレーション
（人工知能学会誌 Vol.38, No.3, pp.408-412, 2023）https://doi.org/10.11517/jjsai.38.3_408

［4］「AI哲学マップ」開始にあたって
（人工知能学会誌 Vol.36, No.1, pp.74-78, 2021）https://doi.org/10.11517/jjsai.36.1_74

［5］「AI哲学マップ」【中間報告】―哲学と人工知能を結ぶ空間―
（人工知能学会誌 Vol.37, No.1, pp.80-85, 2022）https://doi.org/10.11517/jjsai.37.1_80

注釈語索引

アルファベット

あ

か

さ

西田 豊明（にしだ とよあき）
福知山公立大学理事・副学長。1984年京都大学工学博士。1993年奈良先端科学技術大学院大学教授、1999年東京大学大学院工学系研究科教授、2001年東京大学大学院情報理工学系研究科教授、2004年4月京都大学大学院情報学研究科教授、2020年福知山公立大学情報学部教授・学部長、2022年から現職。2019年東京大学名誉教授、2020年京都大学名誉教授。人工知能とインタラクションの研究に従事。会話情報学を提唱。人工知能学会元会長。著書に『AIが会話できないのはなぜか』（晶文社、2022）がある。

日比野 愛子（ひびの あいこ）
弘前大学人文社会科学部教授。博士（人間・環境学、京都大学）。専門は、社会心理学（グループダイナミクス）、科学技術社会論。萌芽的テクノロジーの社会的成立過程に関心をもち、感染症シミュレーションをはじめ、人工細胞・培養肉の社会的研究を行っている。著書に、『萌芽する科学技術——先端 科学技術への社会学的アプローチ』（共編著、京都大学学術出版会、2009）、『科学技術社会学（STS）——テクノサイエンス時代を航行するために』（共編著、新曜社、2021）ほか。

平井 靖史（ひらい やすし）
慶應義塾大学文学部教授。武蔵野美術大学油絵科卒業後、東京都立大学哲学科・同大学院修士・博士課程を経て2002年より福岡大学人文学部講師。その後、同大学准教授、教授を経て現職。ベルクソンおよびライプニッツを中心とする近現代哲学。時間と心の哲学。記憶の形而上学。PBJ（Project Bergson in Japan）代表。国際ベルクソン協会（Société des Amis de Bergson）、日仏哲学会理事。著書に『世界は時間でできている ベルクソン時間哲学入門』（青土社、2022）、編著に『Bergson's Scientific Metaphysics: Matter and Memory Today』（Bloomsbury、2023）、共訳書に、ベルクソン『意識に直接与えられたものについての試論』（ちくま学芸文庫、2002）、『時間観念の歴史 コレージュ・ド・フランス講義 1902-1903年度』（書肆心水、2019）、『記憶理論の歴史 コレージュ・ド・フランス講義 1903-1904年度』（書肆心水、2023）、共編著に『〈持続〉の力——ベルクソン『時間と自由』の切り開く新地平』（書肆心水、2024）、『ベルクソン『物質と記憶』を解剖する』および同シリーズ『診断する』、『再起動する』（書肆心水、2016、2017、2018）、共著に『物語と時間』（恒星社厚生閣、2017）、『〈現在〉という謎』（勁草書房、2019）、『ベルクソン思想の現在』（書肆侃侃房、2022）など。

松原 仁（まつばら ひとし）
京都橘大学工学部情報工学科教授。1981年東京大学理学部情報科学科卒。1986年同大学院工学系研究科情報工学専攻博士課程修了。工学博士。同年、通商産業省工業技術院電子技術総合研究所（現：産業技術総合研究所）入所。2000年公立はこだて未来大学教授。2016年同副理事長。2020年東京大学次世代知能科学研究センター教授。2024年より現職。著書に、『鉄腕アトムは実現できるか』（河出書房新社、1999）、『先を読む頭脳』（新潮社、2006）、『AIに心は宿るのか』（集英社インターナショナル、2018）など。人工知能学会会長、情報処理学会理事、観光情報学会理事を歴任。

村上 陽一郎（むらかみ よういちろう）
1936年東京生まれ。科学史家、科学哲学者。東京大学教養学部および大学院にて、科学史・科学哲学・科学社会学を学ぶ。東京大学教養学部教授、東京大学先端科学技術研究センター教授、国立ウィーン工科大学客員教授、国際基督教大学教授、東京理科大学教授、東洋英和女学院大学学長、豊田工業大学次世代文明センター長などを歴任。著書に『科学者とは何か』（新潮社、1994）、『文明のなかの科学』（青土社、1994）、『あらためて教養とは』（新潮社、2009）、『安全と安心の科学』（集英社、2005）ほか。訳書にシャルガフ『ヘラクレイトスの火』（岩波書店、1990）、ファイヤアーベント『知についての三つの対話』（筑摩書房、2007）、フラー『知識人として生きる』（青土社、2009）など。編書に『伊東俊太郎著作集』（麗澤大学出版会、2009〜）、『大森荘蔵著作集』（岩波書店、1998）など。

谷 淳（たに じゅん）
早稲田大学理工学部機械工学科を卒業後、千代田化工建設株式会社にて配管設計業務に携わる。その後、工学修士号をミシガン大学にて、工学博士号（乙）を上智大学から授与される。ソニー株式会社本社およびソニーコンピュータサイエンス研究所の主任研究員、東京大学客員助教授、理化学研究所脳科学総合研究所チームリーダを歴任し、2012年にKorean Advanced Institute of Science and Technology（KAIST）の教授に就任、2017年より沖縄科学技術大学院大学教授を務める。2019年よりミュンヘン工科大学客員教授を併任。認知ロボット、脳科学、複雑系、発達心理、現象学などに興味をもつ。著書に『Exploring Robotic Minds: Actions, Symbols, and Consciousness as Self-Organizing Dynamic Phenomena』（Oxford University Press、2016）がある。

谷口 忠大（たにぐち ただひろ）
京都大学大学院情報学研究科教授。立命館大学総合科学技術研究機構客員教授。2006年京都大学大学院工学研究科博士課程修了。博士（工学、京都大学）。2005年より日本学術振興会特別研究員（DC2）、2006年より同（PD）。2008年より立命館大学情報理工学部助教、2010年より同准教授。2015年より2016年までImperial College London客員准教授。2017年より現職。また、パナソニック客員総括主幹技師としてAI研究開発に携わる。記号創発システム論を提唱し、記号創発ロボティクスの研究をリードする。専門は人工知能、創発システム、認知発達ロボティクス、コミュニケーション場のメカニズムデザイン。ビブリオバトルの発案者でもあり、一般社団法人ビブリオバトル協会代表理事も務める。計測自動制御学会学術奨励賞、システム制御情報学会学会賞 奨励賞、論文賞、砂原賞、Advanced Robotics Best Paper Awardsなどを受賞。主著に『記号創発システム論ー来るべきAI共生社会の「意味」理解にむけて』（新曜社、2024）、『僕とアリスの夏物語 人工知能の、その先へ』（岩波書店、2022）、『心を知るための人工知能：認知科学としての記号創発ロボティクス』（共立出版、2020）、『賀茂川コミュニケーション塾』（世界思想社、2019）、『コミュニケーションするロボットは創れるか』（NTT出版、2010）、『ビブリオバトル』（文藝春秋、2013）、『記号創発ロボティクス』（講談社、2014）、『イラストで学ぶ人工知能概論』（講談社、2014）など。

辻井 潤一（つじい じゅんいち）
産業技術総合研究所・フェロー、マンチェスター大学・教授（兼業）、JST研究主監、東京大学名誉教授。京都大学大学院修士課程修了（1973年）。京都大学助手・助教授（1973年）、マンチェスター大学・教授（1988年）、東京大学教授（1995年）、マイクロソフト研究所・首席研究員（2011年）、産業技術総合研究所・人工知能研究センター長（2015年）を経て、2023年より現職。ACL、国際機械翻訳協会（IAMT）、アジア言語処理学会連合（AFNLP）、言語処理学会など国内外の学協会会長を務め、現在、国際計算言語学委員会（ICCL）議長。ACL Fellow。IBM科学賞、大川賞、IAMT栄誉賞、ACL LTA Awardなどを受賞。紫綬褒章（2010年春）、瑞宝中授章（2022年）。博士（工学、京都大学）。

堤 富士雄（つつみ ふじお）
1990年3月九州大学大学院工学研究科情報工学専攻修士課程修了。同年4月、（財）電力中央研究所に入所。現在（一財）電力中央研究所研究参事。2024年6月よりグリッドイノベーション研究本部研究統括室長。博士（工学）。人工知能、画像処理、ユーザインタフェースの研究に従事。

中島 秀之（なかじま ひでゆき）
大学院生であった1978年に、当時世界最高峰のAI研究者の集積であったMIT人工知能研究所に留学して以来、40年間AIの研究を続けている。1983年東京大学大学院情報工学専門課程修了、工学博士。同年、日本のAI研究の最高峰であった工業技術院電子技術総合研究所に入所。産業技術総合研究所サイバーアシスト研究センター長、公立はこだて未来大学学長、東京大学先端人工知能学教育寄付講座特任教授を経て、2018年4月より札幌市立大学学長。

ションを生む会社のつくり方』（早川書房、2007）、『思考のエンジン』（青土社、2012）などがある。

金田 伊代（かねだ いよ）

京都大学大学院人間・環境学研究科博士後期課程在籍中。2009年国際医療福祉大学卒業、2010年皇學館大学神道学専攻科修了。神職の資格を取得し、御香宮神社権禰宜を経て、2015年京都大学大学院人間・環境学研究科修士課程修了。現在は同研究科博士後期課程にて神道のホスピスを創設すべく研究を行っている。「互恵と寛容の世界の構築に向けたプロジェクト」研究会メンバー。「神主さんと京の社を巡ろうの会」代表。修士（人間・環境学、京都大学）。

坂本 真樹（さかもと まき）

東京大学大学院総合文化研究科言語情報科学専攻博士課程修了、博士（学術）。電気通信大学大学院情報理工学研究科および人工知能先端研究センター教授。2020年より同大学副学長。元・人工知能学会理事。IEEE、認知科学会、情報処理学会、VR学会会員。日本学術会議連携会員。自身の特許技術をマーケティング・ヘルスケアなど産業応用する感性AI株式会社取締役COO。著書『坂本真樹先生が教える人工知能がほぼほぼわかる本』（オーム社、2017）は国語の教科書（学校図書）にも転載されている。

杉本 舞（すぎもと まい）

関西大学社会学部社会システムデザイン専攻教授。2010年京都大学大学院文学研究科現代文化学専攻（科学哲学科学史専修）博士後期課程指導認定退学。2013年博士（文学、京都大学）。2012年関西大学社会学部助教、2015年同准教授を経て、2024年より現職。著書に『「人工知能」前夜』（青土社、2018）、『コンピュータ理論の起源 第1巻 チューリング』（佐野勝彦と共訳共著、近代科学社、2014）など。日本科学史学会全体委員、他学会連携企画委員長、Historia Scientiarum編集委員。History of Science Society、Society for the History of Technology各会員。

鈴木 貴之（すずき たかゆき）

東京大学大学院総合文化研究科教授。博士（学術、東京大学）。南山大学人文学部講師などを経て、2022年4月より現職。科学基礎論学会理事、日本科学哲学会理事。専門は心の哲学。2018年度から2021年度まで、JST-RISTEXの「人と情報のエコシステム」研究開発領域で、研究開発プログラム「人と情報テクノロジーの共生のための人工知能の哲学2.0の構築」に取り組む。主な著書に『ぼくらが原子の集まりなら、なぜ痛みや悲しみを感じるのだろう―意識のハード・プロブレムに挑む』（勁草書房、2015）、『100年後の世界―SF映画から考えるテクノロジーと社会の未来』（化学同人、2018）、『実験哲学入門』（編著、勁草書房、2020）、『人工知能とどうつきあうか―哲学から考える』（編著、勁草書房、2023）、『人工知能の哲学入門』（勁草書房、2024）など。

田口 茂（たぐち しげる）

北海道大学大学院文学研究院教授、同大学人間知・脳・AI研究教育センター（CHAIN）センター長。早稲田大学大学院文学研究科博士後期課程にて単位取得後、2003年ドイツ・ヴッパータール大学大学院哲学科博士課程修了。哲学博士（Dr. phil.）。山形大学准教授などを経て現職。専門は哲学、特に現象学。近年は数学者・神経科学者・AI研究者・ロボット工学者らと「意識」や「自己」をめぐる学際的共同研究を行っている。著書『Das Problem des ‘Ur-Ich’ bei Edmund Husserl』（Springer、2006）、『現象学という思考――〈自明なもの〉の知へ』（筑摩書房、2014）、『〈現実〉とは何か――数学・哲学から始まる世界像の転換』（西郷甲矢人氏との共著、筑摩書房、2019）ほか。

対談参加者プロフィール一覧

（五十音順）

石田 英敬（いしだ ひでたか）

パリ第十大学人文科学博士、東京大学名誉教授、アジア国際記号学会名誉会長、日本記号学会、日本メディア学会会員。著書『記号論講義』（筑摩書房、2020）、『新記号論：脳とメディアの出会うとき』（東浩紀氏との共著、ゲンロン、2019）、『現代思想の教科書』（筑摩書房、2010）、『デジタル・スタディーズ』全３巻（監修、東京大学出版会、2015）、『シリーズ 言語態』全６巻（共同編集、東京大学出版会、2001～02）、『ミシェル・フーコー思考集成』全10巻（編集、筑摩書房、1998～2002）ほか。プラットフォーム・シラス『石田英敬の現代思想の教室』（https://shirasu.io/c/igitur）主宰。

伊藤 亜紗（いとう あさ）

東京科学大学未来社会創成研究院、リベラルアーツ研究教育院教授。MIT客員研究員（2019年）。専門は美学、現代アート。2010年に東京大学大学院人文社会系研究科基礎文化研究専攻美学芸術学専門分野博士課程を単位取得のうえ退学。同年、博士号（文学）を取得。主な著作に『目の見えない人は世界をどう見ているのか』（光文社、2015）、『どもる体』（医学書院、2018）。『記憶する体』（春秋社、2019）、『手の倫理』（講談社、2020）。第13回（池田晶子記念）わたくし、つまりNobody賞（2020）、第42回サントリー学芸賞受賞、第19回日本学術振興会賞、第19回日本学士院学術奨励賞受賞。

江間 有沙（えま ありさ）

東京大学国際高等研究所東京カレッジ准教授。博士（学術、東京大学）。2017年1月より国立研究開発法人理化学研究所革新知能統合研究センター客員研究員。人工知能学会倫理委員。専門は科学技術社会論（STS）。人工知能やロボットを含む情報技術と社会の関係について研究。著書に『AI社会の歩き方―人工知能とどう付き合うか』（化学同人、2019）、『絵と図で分かるAIと社会』（技術評論社、2021）など。

大澤 博隆（おおさわ ひろたか）

2009年慶應義塾大学大学院理工学研究科開放環境科学専攻博士課程修了。博士（工学）。2022年より、慶應義塾大学理工学部管理工学科准教授、筑波大学システム情報系客員准教授・HAI研究室主宰者。2024年より、慶應義塾大学サイエンスフィクション研究開発・実装センター所長、ヒューマンエージェントインタラクションの研究に幅広く従事。共著として『人狼知能：だます・見破る・説得する人工知能』（森北出版、2016）、『人とロボットの〈間〉をデザインする』（東京電機大学出版局、2007）、『AIと人類は共存できるか』（早川書房、2016）、『信頼を考える：リヴァイアサンから人工知能まで』（勁草書房、2018）、『SFプロトタイピング：SFからイノベーションを生み出す新戦略』（早川書房、2021）、『AIを生んだ100のSF』（早川書房、2024）など。監修として『アイとアイザワ』（宝島社、2018）、『SF思考ビジネスと自分の未来を考えるスキル』（ダイヤモンド社、2021）など。情報処理学会、日本認知科学会、ACMなど各会員、元日本SF作家クラブ会長（2022-2024）。

奥出 直人（おくで なおひと）

1954年兵庫県出身。1978年慶應義塾大学文学部社会学科卒業。1981年同大学院社会学研究科修士課程修了。1986年ジョージ・ワシントン大学大学院アメリカ研究学科博士課程修了。埼玉大学・筑波大学・日本女子大学講師を経て、1990年慶應義塾大学環境情報学部助教授、1998年教授、2008年同大学院メディアデザイン研究科教授。2020年から同大学名誉教授。専門は認知脳科学ロボティクス、デザイン思考。主な著書として、『アメリカンホームの文化史 生活・私有・消費のメカニズム』（住まいの図書館出版局、1988）、『物書きがコンピュータに出会うとき 思考のためのマシン』（河出書房新社、1990）、『会議力』（平凡社新書、2003）、『デザイン言語2.0 インタラクションの思考法』（慶應義塾大学出版会、2006、脇田玲氏との共著）、『デザイン思考の道具箱 イノベー

[監修者]

人工知能学会

人工知能（AI）に関する研究の進展と知識の普及を図り、もって学術・技術ならびに産業・社会の発展に寄与することを目的として、1986年に設立された。主な事業として、全国大会、国際シンポジウム、インダストリアルAIシンポジウム、研究会、セミナーなどの開催、学会誌・論文誌の発行などを行っている。会員数5,559名（2024年9月現在）。人工知能の基礎理論としての論理学、言語学、心理学、認知科学から、各種応用に至るまで、人工知能に興味をお持ちの方すべての入会を歓迎している。詳しくは学会Webサイト https://www.ai-gakkai.or.jp を参照されたい。

[編者]

三宅 陽一郎（みやけ よういちろう）

ゲームAI開発者。京都大学で数学を専攻し、大阪大学大学院理学研究科物理学専攻修士課程、東京大学大学院工学系研究科博士課程を経て、デジタルゲームにおける人工知能の開発と研究に従事。博士（工学、東京大学）。2020年度人工知能学会論文賞受賞。現在、東京大学生産技術研究所特任教授、立教大学大学院人工知能科学研究科特任教授、慶應義塾大学大学院政策・メディア研究科特別招聘教授、九州大学マス・フォア・インダストリ研究所客員教授を務め、人工知能を人間に近づける探求を続けている。単著に『ボードゲームでわかる！　コンピュータと人工知能のしくみ』（東京書籍）、『戦略ゲームAI解体新書』（翔泳社）、『人工知能のための哲学塾』『同 東洋哲学篇』（ビー・エヌ・エヌ新社）、『人工知能が「生命」になるとき』（PLANETS）、『人工知能の作り方』『ゲームAI技術入門』（技術評論社）、『人工知能のうしろから世界をのぞいてみる』（青土社）などがある。https://miyayou.com

清田 陽司（きよた ようじ）

1975年福岡県生まれ。京都大学にて自然言語処理分野の研究室に配属されて以来、対話システム、テキストマイニング、情報推薦、画像処理など、コンピュータ科学および人工知能の研究開発に一貫して関わってきた。東京大学に助教として在籍中の2007年に東京大学発スタートアップ（株）リッテルを共同創業し、企業買収により2011年から（株）LIFULLにて不動産テック分野の研究開発にたずさわる。2018年から2022年まで（株）メディンプル 代表取締役、2022年から（株）FiveVai 取締役。2024年から麗澤大学工学部教授。人工知能学会編集委員長（2020-2022年）、情報科学技術協会（INFOSTA）会長（2022年-）などを担当。『不動産テック』『スポーツデータサイエンス』（いずれも朝倉書店）を共同執筆。博士（情報学、京都大学）。

大内 孝子（おおうち たかこ）

フリーランスの編集者、ライター。東京科学大学（旧東京工業大学）環境・社会理工学院修士課程（科学史、技術史）に在籍。企画編集に『人工知能のための哲学塾』『同 東洋哲学篇』『同 未来社会篇』『融けるデザイン』『消極性デザイン宣言』（ビー・エヌ・エヌ新社）、『エンジニアのためのデザイン思考入門』（翔泳社）、『+ Gainer』（オーム社）、『iOS × BLE Core Bluetooth プログラミン グ』（ソシム）、『ユメみる iPhone』（ワークスコーポレーション）、著書に『ハッカソンの作り方』（ビー・エヌ・エヌ新社）、『ビジネス教養として知っておくべき半導体』（共著、ソシム）などがある。

人工知能と哲学と四つの問い

2024 年 11 月 15 日　　第 1 版第 1 刷発行

監 修 者　人工知能学会
編　　者　三宅陽一郎・清 田 陽 司・大 内 孝 子
発 行 者　村 上 和 夫
発 行 所　株式会社 オーム社
郵便番号　101-8460
東京都千代田区神田錦町 3-1
電話　03(3233)0641(代表)
URL　https://www.ohmsha.co.jp/

組版　石田デザイン事務所　　印刷・製本　壮光舎印刷
ISBN978-4-274-23284-8　Printed in Japan